高等学校规划教材

相图分析及应用

陈树江　田凤仁
李国华　张　云　编　著

北　京
冶 金 工 业 出 版 社
2022

内 容 提 要

本书分为相图基础知识和应用两部分。基础部分主要介绍有关相平衡的基本概念，相图的制法，单元、二元、三元、四元相图的基本类型及基础知识和基本原理，分析相图的方法和步骤；应用部分主要是利用相图的基本原理通过实例分析在无机非金属材料领域常见的单元、二元、三元和四元实际相图。本书为大学材料科学与工程、冶金工程等专业的本科生或研究生教材，也可作为从事该领域的研究人员、企业技术人员参考用书。

图书在版编目(CIP)数据

相图分析及应用/陈树江等编著．—北京：冶金工业出版社，2007.8(2022.7重印)

高等学校规划教材

ISBN 978-7-5024-4343-6

Ⅰ.相…　Ⅱ.陈…　Ⅲ.相图—高等学校—教材　Ⅳ.TG113.14

中国版本图书馆CIP数据核字(2007)第125425号

相图分析及应用

出版发行	冶金工业出版社	**电　　话**	(010)64027926
地　　址	北京市东城区嵩祝院北巷39号	**邮　　编**	100009
网　　址	www.mip1953.com	**电子信箱**	service@mip1953.com

责任编辑　宋　良　任咏玉　美术编辑　彭子赫　版式设计　张　青

责任校对　王永欣　李文彦　责任印制　李玉山

北京虎彩文化传播有限公司印刷

2007年8月第1版，2022年7月第5次印刷

880mm×1230mm　1/32；8.5印张；252千字；261页

定价20.00元

投稿电话　(010)64027932　投稿信箱　tougao@cnmip.com.cn

营销中心电话　(010)64044283

冶金工业出版社天猫旗舰店　yjgycbs.tmall.com

(本书如有印装质量问题，本社营销中心负责退换)

前　言

相图在无机非金属材料、金属材料、钢铁冶金等许多领域有着广泛的应用。在生产及新产品开发过程中，人们经常要遇到相图基础知识和应用相图解决一些实际问题，急需这方面的参考书。另外，大专院校开设的与相图有关的课程，没有合适的教材，近年来少有这方面新书问世。为此，我们编著了此书。相信本书的出版，可以弥补大学相图及应用课程无合适教材的情况，也为从事该领域的研究人员、企业技术人员提供了一本有实际指导意义的参考书。

本书系作者根据十几年来讲授相图应用课教案，结合多年科研成果，吸取国内外一些有价值素材编成。我们认为，有效应用相图解决生产、科研中实际问题，必须要弄清楚相图基础知识、基本原理，读懂实际相图。书中内容主要分为两大部分：第一部分重点介绍有关相图的基础知识、基本原理；第二部分重点介绍实际相图读法及应用，内容比较全面、系统，由浅入深，重点突出，便于自学。书中对大量比较常见的实际相图进行详细解析，采取先提出问题，再一一解答的方式，通过对这些问题的解答，提高了读者学习兴趣。特别是将作者多年应用相图科研实例写入书中，内容更加生动直观。

本书主要由辽宁科技大学陈树江（教授、博士）、田凤仁、李国华和大连理工大学张云(教授、博士)编写，初稿几经修改，限于编者水平，书中难免有不当之处，诚请读者批评指正。

北京科技大学孙加林博士生导师，原辽镁公司总工程师王诚训教授级高工，辽宁科技大学曲殿利博士生导师，对本书初稿提出了宝贵意见，在此表示感谢。

编 者

2007 年 5 月

目　录

上篇　理论基础

上　篇

理论基础

相图在冶金、化工等工业生产部门及矿物、化学等科学研究领域有着广泛应用和重要指导意义，是解决一些实际问题不可缺少的工具。为更好地应用相图，必须了解、掌握与其相关的基本概念和基础知识。

1　相平衡概述

1.1　基本概念

1.1.1　体系和相

1.1.1.1　体系

体系是指我们所选定的研究对象，你研究什么物质，该物质就称为体系。体系以外与体系有相互作用的一切物质叫环境。例如，当我们研究甲醇水溶液的性质时，可以把一杯甲醇水溶液放在冰浴中，由于溶液是我们研究的对象，则溶液为体系；而烧杯和溶液上面的大气及冰浴，则为环境。

凡是能够忽略气相影响，只考虑液相与固相参加的相平衡体系，称为凝聚体系。一般来说，硅酸盐体系为凝聚体系。

1.1.1.2　相

相就是体系内部物理化学性质完全相同且均匀一致的部分。其基本特征是：相与相之间有分界面，可以用机械方法把它们分开。相与物质数量多少无关，也与物质是否连续无关。例如一桶水，在 0～100℃之间，其各部分均匀一致，物理、化学性质相同，视为一相，而不管是一大桶水还是一小桶水，也不管水是连续的还是分散的。而把冰块加入0℃水的系统，情况就不一样了，虽然冰块与水化学性质一样，具有相同组成 H_2O，但物理性质不同。冰块与水之间有分界面，并可用机械方法把冰水分离，则冰块和水为二相。

一般说来，气体物质总是构成一相。因为不论有几种气体，只要放在一起，就能以任意比例混合均匀。如 N_2、O_2 等组成的空气为一相。对于液相，要视其互溶度而定，两种完全互溶的液体视为一相，如酒精和水体系为一相；两种互不相溶的液体视为二相，如油和水体系。但对真溶液或纯液体，则视为一相，如 NaCl 水溶液为一相。对于固态物质，也要视其互溶度而定。对几种固态物质能以任意比例互溶而形成的固溶体，视为一相，如 MgO-FeO 体系形成 MgO-FeO 连续固溶体为一相；对几种固态物质间不互溶的混合物来说，有几种物质混合就有几相，如铁粉和炭粉混合，尽管混合均匀，也视为二相。还要说明一点，同一种物质可有几个相，如：水(H_2O)可有固相、液相和气相等三相；石英(SiO_2)具有多种变体，每一种变体就是一相。

一个体系中所含相的数目称为相数，一般用符号 P 表示。按照相数不同，可将体系分为单相体系、二相体系、三相体系等。

1.1.2　组分和独立组分

1.1.2.1　组分

组分就是形成一体系的各种纯物质。比如我们研究 Y_2O_3-Al_2O_3 体系，则 Y_2O_3 和 Al_2O_3 就是组分。这种纯物质是能够单独分离出来而存在的。纯物质的数量称组分数，用符号 S 表示。

1.1.2.2　独立组分

独立组分数是构成平衡体系中所有各相组成所需要的最少组分数，用符号 C 表示。在没有化学反应的体系中，独立组分数等于组分数，$C=S$。例如，把铝粉和铁粉混合在一起，由于它们之间不发生化学反应，组分数为 2，独立组分数也为 2。若体系中各组分之间有化学反应，则独立组分数要少于组分数，一般说，体系的独立组分数等于组分数减去所进行的独立的化学反应数，$C=S-n$（n 为独立化学反应数）。例如，在煅烧菱镁矿 $MgCO_3$ 时，发生如下热分解反应：$MgCO_3 \rightarrow MgO + CO_2 \uparrow$，体系中组分数 $C=3$（$MgCO_3$、MgO、CO_2），有一个化学反应，$n=1$，则独立组分数 $C=S-n=2$。

1.1.3 自由度和自由度数

1.1.3.1 自由度

自由度就是在平衡体系中可以独立改变的变量。如组分的浓度、温度、压力、电场、磁场、引力场等，除组分的浓度外，温度、压力对多相平衡有较大影响，而其他条件影响较小，所以，一般独立变量指组分浓度、温度和压力。对单元体系，只有一个组分，所以组分不是变量；而对二元体系，组分是一个变量；三元体系组分是两个变量，依此类推。

1.1.3.2 自由度数

自由度数是指在不改变相平衡体系中原有平衡相数的条件下，可以独立改变的变量数，一般用符号 F 表示。也可以这样理解，自由度数就是在上述这些变量中，可以在一定范围内任意改变而不致引起旧相消失，新相产生的数目。例如，所研究的体系是液相水，我们可以在一定范围内任意改变水的温度，同时任意改变压力，仍能保持水处于液相。则在这个范围内，该体系的自由度数等于 2（温度和压力）。

按自由度数不同，可将体系分为无变量体系、单变量体系、双变量体系等。

1.1.4 相平衡和相图

1.1.4.1 相平衡

就宏观而言，体系处于平衡态必须温度恒定，成分均匀，压力均匀，用热力学讲就是此时体系自由能最低；就微观而言，在平衡状态时，分子或离子间反应仍在不断进行，只是体系中物质变化的速度和数量相等而已。举一例说明，对水和水蒸气二相体系，当每个时刻从液相转入气相的分子数正好等于从气相转入液相的分子数,这时,我们就说该体系达成了气-液两相平衡。

相平衡分单相平衡和多相平衡,多相平衡是指相之间的平衡。具体说相平衡是研究物质在多相体系中相的平衡问题,即主要研究多相体系的状态如何随温度、压力、组分的浓度等变数的变化而改变的规律。多相平衡主要分为固-液平衡、固-气平衡和液-气平衡。这里重点讨论固-液多相平衡问题。

1.1.4.2　相图

根据多相平衡的实验结果,制成几何图形来描述温度、压力、组分的浓度在平衡状态下的变化关系,这种图形就称相图,又叫状态图或平衡图。简单说相图就是表示温度、压力、组分的浓度之间关系的图形,由点、线、面、体构成,以温度、压力、组分的浓度为坐标表示。相图上可以反映出许多与我们工业生产、科学研究有重要价值的内容,通过对相图研究,可以帮助我们预测化合物的生成,控制相组成,选择最佳配料点,制定合理生产工艺过程,生产出所需要性能的产品,因此具有重要的实际意义。但必须指出,相平衡是在平衡条件下去研究讨论问题的,所研究的是完全达平衡状态的体系,而实际生产中,体系往往达不到真正的平衡状态,使得从相图上分析的结果与实际生产有一定误差。尽管如此,应用相图来分析、研究生产中的问题,特别是对于科学研究仍具有重要指导意义。

1.2　相律

相律是美国学者吉布斯(Gibbs)以热力学定律为基础,于 1876 年提出的。它是多相平衡体系重要而普遍的规律,有人称之为相图大厦的支柱。它确定了多相平衡体系内自由度数(F)、相数(P)、独立组分数(C)及对体系平衡状态能够发生影响的外界因素之间的关系,其数学表达式为:$F=C-P+n$。其中 n 表示能够影响体系平衡状态的外界因素的数目,如温度、压力、电场、磁场、重力场等,一般情况只考虑对平衡体系影响较大的温度、压力两个因素,此时,相律表达式为:$F=C-P+2$。对硅酸盐凝聚体系,可不考虑气相的影响,压力为一个常数,$n=1$,此时,相律表达式为:$F=C-P+1$。从公式可见,自由度数随体系中独立组分数增加而增大，随相数增加而减小。值得指出的是：相律是用热力学方法严格推导出来的，它只适用于平衡状态，适用于一切宏观状态。

为更好地理解和掌握自由度数和相律，这里以 H_2O 单元相图为例来进一步说明，见图 1-1。对于单元相图，组分不是变量，用温度和压力为坐标轴表示，相图由点、线、面构成，表示了水这一体系中各相之间的平衡情况。Ⅰ区为蒸汽稳定存在相，Ⅱ区为液相稳定存在相，Ⅲ区为冰稳定存在相。*OA* 线为冰-水平衡共存线，称溶解线，*OB* 为冰-蒸汽平衡共存线，称升华线，*OC* 线为水-蒸汽平衡共存线，称蒸发线。*O* 点为冰-水-蒸汽平衡共存点。在Ⅱ区，稳定存在相只有液相一相，$P=1$，$C=1$(H_2O)，按相律公式，自由度数 $F=C-P+2=3-P=2$，说明在Ⅱ区有两个独立变量，一个是温度，一个是压力。如图 1-1 中，*M* 点处于Ⅱ区，当 *M* 点左右移动一定范围，上、下移动一定范围，仍可在Ⅱ区，保持液相存在，也就是说在一定范围内任意改变体系的温度和压力，不产生新相，旧相也不消失，所以，自由度数 $F=2$。同理，在Ⅰ区和Ⅲ区，自由度数也等于 2。在线上情况就不一样了，如 *OC* 线，为液相-蒸汽平衡共存，$P=2$，自由度数 $F=3-P=1$，说明在线上只有一个自由度温度或压力，因为线上所有点的变化，必须在线上变化才能保证液相-蒸汽两相平衡共存，如 *N* 点，温度变化，压力必须随着变化，反过来，压力变化，温度也必须随着变化，即温度、压力两个变量不能同时独立变化，否则，*N* 点将偏离 *OC* 线进入Ⅱ区或Ⅰ区，旧相消失，所以，线上独立变量数只能有一个，即自由度数 $F=1$。同理，在其他线上，自由度数也等于 1。对于 *O* 点情况又不一样了，*O* 点是冰-液相-蒸汽三相平衡共存点，$P=3$，自由度数 $F=3-P=0$，可变数为零，说明，要维持冰-水-蒸汽三相平衡共存，体系的变量温度、压力都不能改变，只能为一确定值，否则，*O* 点将移到线上或区里，这势必引起旧相消失，所以在 *O* 点自由度数为零。通过 H_2O 相图这

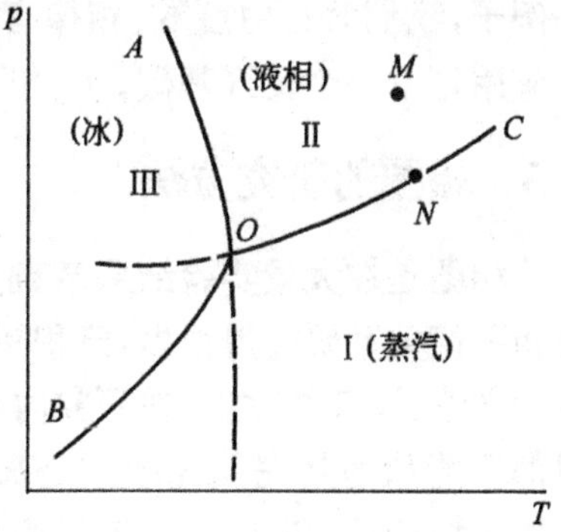

图 1-1 H_2O 相图

一例子，我们对自由度数、相律有了进一步理解，为后面学习各类相图及应用打下一个良好基础。

1.3 相图的研究方法

相图是在大量实验结果基础上绘成的。现在，人们对硅酸盐系统的相平衡关系研究得很多，已积累了相当丰富的知识，但随着研究相平衡的方法、设备的改进，在研究内容和范围上还在进一步发展。任何相图都不能认为是完美无缺或是最后的，必须进行不断的完善和修正。例如，对 Al_2O_3-SiO_2 二元实际相图，从 1909 年发表第一张起，已发表十几张，不断地进行改进，逐步趋于统一。

体系在发生相变时，结构、物理化学性质和能量等也将发生变化，研究相图的实质，就是利用体系发生相变时引起的性质和能量的变化，准确测出相变温度和相变过程。研究相平衡的方法很多，下面简单介绍一下在硅酸盐体系中常用的两种基本研究方法：动态法和静态法。

1.3.1 动态法

这种方法实质是通过体系在加热和冷却过程中发生的热效应，画出加热和冷却曲线，以确定相变温度。常用有两种方法：加热或冷却曲线法和差热分析法。

1.3.1.1 *加热或冷却曲线法*

这种方法是制作相图最常采用的方法，原理非常简单，其过程是：作出体系中所有组成（实际是选一些有代表性的）加热或冷却曲线（温度-时间曲线），找出各相变温度，如开始析晶温度、转熔温度、析晶终了温度等，再将各组成相应相变温度连起来。

那么，怎样在加热或冷却曲线上找出相变温度呢？假如某熔体在冷却过程中，不发生任何相变，则作出的温度-时间曲线必是光滑的，见图 1-2。若熔体在冷却过程中发生相变（如析晶），则结构变化，必然释放热量，当这部分热量部分或全部补偿体系向外散失的热量时，该熔体冷却速度发生变化，结果在温度-时间曲线上出现折点或水平段，见图 1-3，当析晶完成后，熔体温度才又开始下降。折点或水平段处温度即为相变温度。

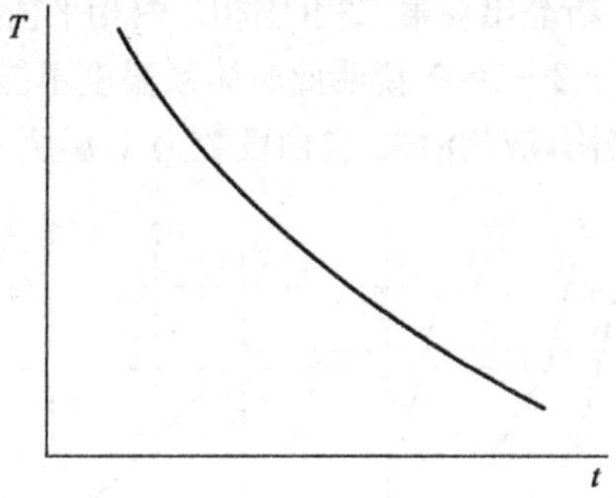

图 1-2 熔体在冷却过程中不发生相变的温度-时间曲线

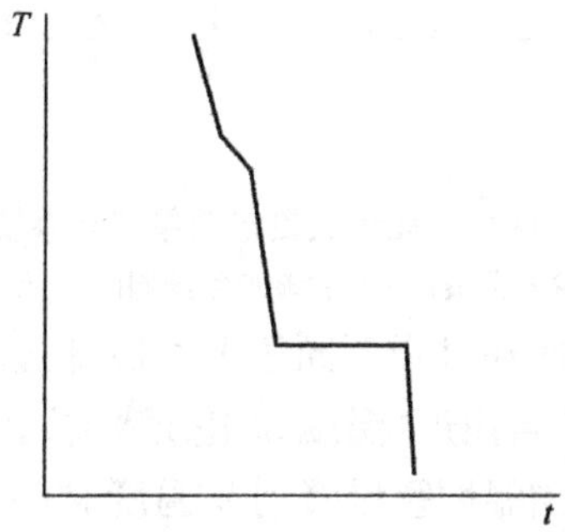

图 1-3 熔体在冷却过程中发生相变的温度-时间曲线

下面举例说明怎样用冷却曲线(步冷曲线)绘制相图。已知 A-B 二元体系,将不同比例的 A、B 配合成一系列混合物,见表 1-1。

表 1-1 混合物组成

混合物	1	2	3	4	5	6
A/%	100	80	60	40	20	0
B/%	0	20	40	60	80	100

将各混合物加热熔融后作冷却曲线,见图 1-4(a)。曲线 1 为纯 A 物质冷却曲线。当纯液体在恒压下冷却时,温度对时间作图线具有一个近乎为常数的非零斜率,当温度缓慢降到凝固点 1′(熔点)时,冷却曲线变为水平,这是由于此时开始析出固体,由于析晶放的热,足以抵消体系向环境所散失的热量,故体系温度保持不变。反映在冷却曲线上则出现水平段,直到液体全部凝固,温度又继续下降。出现水平段也

可从相律解释，由于析晶出现第二相(固相)，两相平衡共存 $P=2$，自由度数 $F=C-P+1=1-2+1=0$，说明此时体系温度不能变动，故出现水平段，直到全部液相凝固，液相消失，自由度数为 1，温度才继续下降。

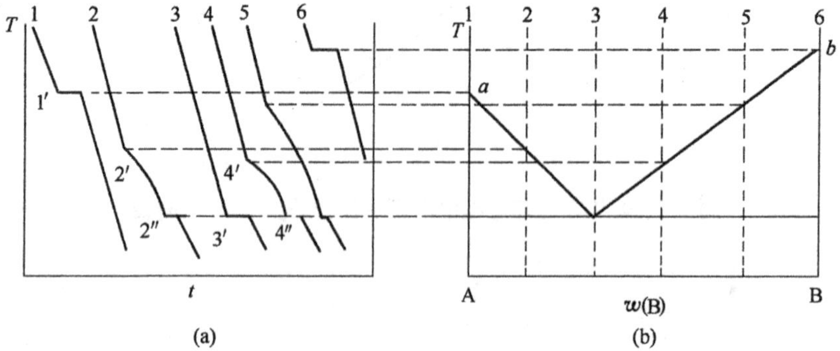

图 1-4 用冷却曲线法测定简单二元系统相图

(a) 冷却曲线；(b)由冷却曲线绘制的二元相图

对于二组分体系冷却过程不同于上述冷却过程，其除压力这一自由度固定外，还有两个自由度(温度和组分浓度)。如曲线 2 为 A 与 B 的混合物冷却曲线。当温度缓慢降到 2′温度时(一次相变温度)，开始析出固体 A，此时溶液中 A 相含量越来越少，需要更低温度才能继续结晶，故温度仍然下降，由于结晶时释放热量抵消了体系向环境所散失的一部分热量，使下降速度减慢，冷却曲线斜率有了变化，出现了一个转折点，而不是水平段。从相律来看此时体系中有两相平衡共存，$P=2$，自由度数 $F=C-P+1=2-2+1=1$，说明，随着 A 的析出，液相组成不断改变，在液相组成改变的同时，体系温度必然变化。由于 A 不断析出，液相中 B 浓度增加，当冷却到 2″温度时(二次相变温度)，B 也开始析出，此时，体系有三相平衡共存 $P=3$，A、B 固相和液相，自由度数等于零($F=C-P+1=2-3+1=0$)，温度保持不变，冷却曲线上出现水平段。只有当全部液相消失，析晶结束，温度才可继续下降。

曲线 4、5 与曲线 2 类似，这里不再讨论。

曲线 3 冷却过程又不同于上述情况，在冷却过程中，不是先析出 A 相或 B 相，而是在 3′温度(二次相变温度)，A、B 同时析出，析出的混合物称为最低共熔混合物，相应的 E 点称为最低共熔点。此时，A、B 固相和液相三相平衡共存，自由度数为零，温度不变，冷却曲线上出现水平段。当全部液相消失，析晶结束，自由度数为 1，温度继续下降。

将不同组成溶液冷却曲线上的折点和水平段所显示的温度对组成作图，得到 A-B 二元相图，见图 1-4(b)。这是二元相图中最简单的具有最低共熔点的二元相图。

值得提出的是，该法要求试样均匀，测温要快而准，对相变时产生热效应吸收、发热量很少时，在温度-时间曲线上就不易观察，出现较大误差，对这种情况用差热分析法比较合适，因该法灵敏度高。

1.3.1.2 *差热分析法*

差热分析法，国际上简称 DTA，其基本原理是：在差热分析中，选定一个标准物，作为比较标准，硅酸盐材料通常选高温煅烧的氧化铝 Al_2O_3，要求标准物在所研究的温度范围内必须不发生任何相变。将样品与标准物以同一速率同时升温或冷却，把温差电偶的两个相反接头，一个插入样品内，一个插入标准物内，见图 1-5。在待测试样不发生相变的情况下，检流计读数为零；待测试样如发生相变，有热效应，则在试样和标准物间产生温差，检流计指针偏转不为零。试样发生的热效应越大，检流计指针偏转越大，读数越高。以体系温度为横坐标，以检流计读数为纵坐标，可作出差热曲线。在试样没有热效应时，曲线为平直状；有热效应时，呈峰形或谷形，表示放热峰或吸热峰。图 1-6 为高岭石的差热曲线。可见，DTA 曲线上断折点处有一温度范围，到底哪一点才能真正代表相变温度呢？历史上曾引起一些争论，以前认为，峰值温度 T_a 为相变温度，但经大量研究证明，准确相变温度应该是外推起始温度 T_b，见图 1-7。

通过作 DTA 曲线，就可以确定任一组成物质在加热过程中发生的相变温度，粗略作出相图。

差热分析可以准确地确定相变温度及相变时反应热，它也是鉴定未知矿物的方法之一，但对热效应很小、反应速度很慢的研究过程，有一定难度。

动态法研究相图，除加热或冷却曲线法、差热分析法外，还有膨胀计法、电导率法等。读者可参阅有关资料，这里就不再赘述。

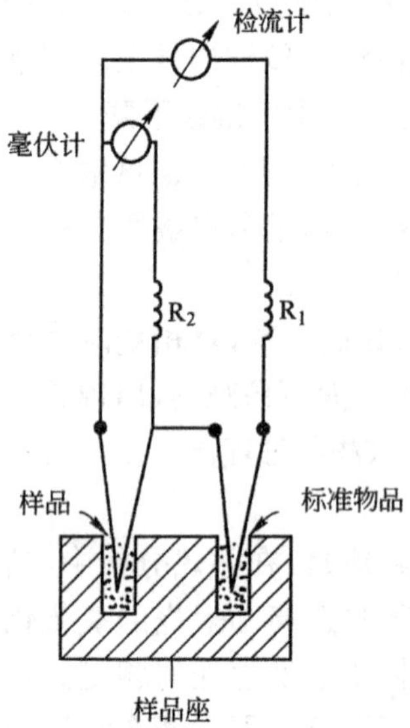

图 1-5　差热分析仪工作原理简图

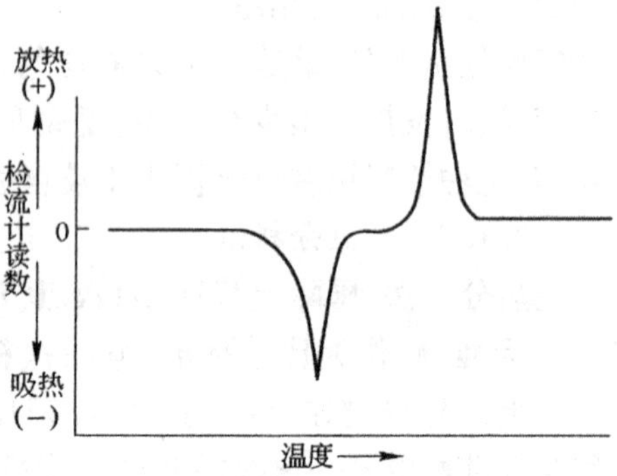

图 1-6　高岭石的差热曲线

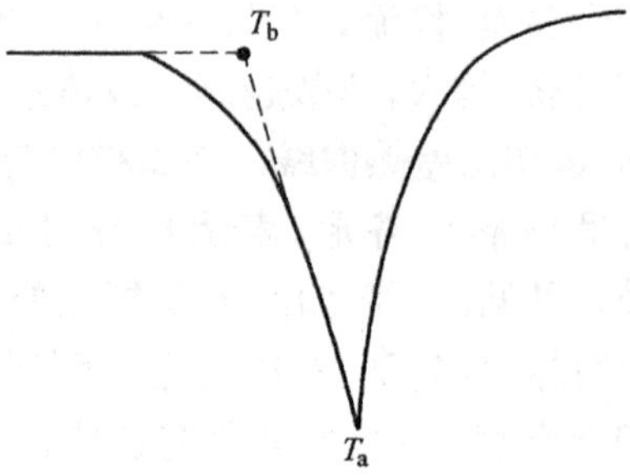

图 1-7　相变温度图

动态法测定相图，方法简单，测定相变温度准确，但最大的问题就是它不能确定物质在升温或降温过程中发生相变，产生热效应是何种反应，以及相变物质的种类和数量，必须借助其他研究手段，如配合使用高温 X 射线衍射、高温电子显微镜等，才能准确完整绘出相图。

对于研究物质发生的相变速度很慢或相变滞后情况，用动态法测相变温度就不准确，绘出相图误差较大，这时需用静态法研究。

1.3.2　静态法(淬冷法)

静态法就是将一系列不同组成的混合物,加热到各预定温度下长时间保温,达到平衡状态,然后迅速淬冷,放入水浴、油浴或汞浴中,使其来不及发生各种相变,将高温状态保持到常温,再在常温下,对淬火试样进行显微镜或X射线物相分析,就能确定某一组成在某一预定温度下存在的相及数量,把所有组成混合物在各温度下的研究结果,绘成几何图形就得到相图。下面举一例说明:假设有一A-B二元体系,选取7个不同组成的混合物X_1-X_7(选取的组成间隔越小,作出的相图越准确),把每一组成分别加热到不同温度(选的温度间隔越小,作出的相图越准确)下长期保温,以达平衡状态,然后将试样迅速淬冷到常温,用显微镜或X射线衍射对淬冷试样进行物相分析,结果见图1-8。对组成X_1混合物来说,若加热到某一温度下的淬冷试样全部为玻璃相,说

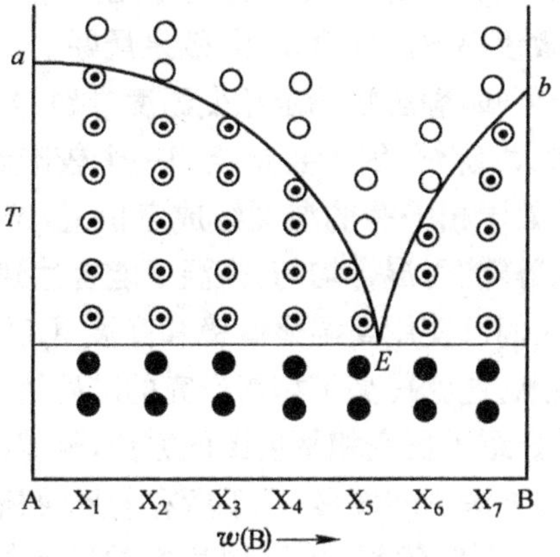

图1-8　由淬冷法求作相图的示意图

○—全部玻璃体;●—全部晶体;⊙—玻璃体+晶体

明X_1在该温度下的平衡相只有一个液相,这一温度组成点位置一定在相图液相线以上处,图中○所示。若淬冷试样全部为晶相,X_1在该温度下平衡相有A和B相,这一温度组成点位置一定在固相线以下处,图中●表示。若淬冷试样中既有固相又有玻璃相,说明X_1在该温度下有固、液两相平衡共存,这一温度组成点位置一定在液相线以下,

固相线以上,图中⊙表示。由此可找出 X_1 组成在加热或冷却过程中各相变温度位置。同理,通过对 X_2～X_7 各组成淬冷试样分析,同样可以找出各相变温度位置,把相应相变温度点连起来即可得到 A-B 二元相图。若用显微镜对淬冷试样进行物相分析,则称显微镜法,该法最大特点是直观性,人们在显微镜下可直观观察到试样在高温状态下的相分布情况,从而可以发现成分是否均匀,增加可信感。但通过显微镜观察,要求有熟练技能和经验,否则出现误差。若用 X 射线衍射对淬冷试样进行物相分析,则称 X 射线法。该法最大特点是可以准确鉴定晶相,因为每一种晶相有它自己特征的 X 射线衍射花样,只要与标准图谱对照即可确定其晶相是什么。另外,通过 X 射线可以计算晶格常数,通过晶格常数的变化,可以研究二元区域固-固界限(固溶度曲线),因为固溶体成分变化,则相应晶格常数变化,其缺点是,晶相含量较少时,研究有一定困难,因为晶相含量少,衍射花样不明显或没有,如含量$<1\%$很难观察;另外,同时存在几个晶相时,由于衍射线重叠,造成分析误差,一般与显微镜等方法配合使用,效果最好。

通过上面分析可知,静态法测定相变温度准确,方法简单、可靠,最大的问题是工作量大、麻烦,因为要想绘制一个较准确相图,必须确定很多在各个温度下处于相平衡的温度组成点位置,这就必须有大量的实验数据。另外,试样能否混合均匀,高温下能否达到平衡状态等也有一定问题。近年,人们已使用高温显微镜和高温 X 射线衍射来直接研究高温下的相变问题,这就提高了相图研究的准确性。

以上我们简单介绍了研究相平衡图的方法,随着科学进步,实验手段改进,研究相图的方法不断发展,几乎所有能反映相变的物理性质都可以用来作为制作相图的依据,可以用热力学推导相图。近二、三十年,国际上已开始将计算机引入相图计算中。人们对相图的研究会不断深入进行下去,已有的相图不断改进、完善,新相图不断产生。

2 二元体系

2.1 二元体系基础

2.1.1 相律应用

二元体系与一元体系相比多了一个可变参数，也就是说构成二元体系的纯物质有两个，$C=2$。根据相律公式有 $F=C-P+2=4-P$，此时已考虑了温度、压力对体系的影响，当相数最少时，$P_{min}=1$，自由度数最大，$F_{max}=3$，自由度数也是独立改变的变量数，说明要完全表征一个二元体系的状态，必须要用三个参变量表示，即温度 T、压力 P 和组分浓度 C。这样的状态图必须是三维的，用三度空间坐标表示，见图 2-1，三个坐标分别为温度、压力和组分浓度。如空间中 a 点为单相区，$P=1$，自由度数 $F=4-P=3$，说明在这一区里，三个变量温度、压力、组成可任意改变，不会引起旧相消失，也不会产生新相。用立体图来研究问题总是比较麻烦，一般在实际应用中，希望在平面上作图，使问题简单化。硅酸盐体系均为凝聚体系，即压力影响很小，可以忽略，一般总是把研究体系限制在 0.1 MPa 下或接近 0.1 MPa 情况下进行，这样影响体系的外界因素压力为一常数，恒压下的二元相图中可变因素就只有温度和组成了。对二元凝聚体系相律表达式为 $F=C-P+1=3-P$，最少相数 $P_{min}=1$，最大自由度数 $F_{max}=2$，这两个自由度，一个是温度，另一个是两个组成中的一个，因为对于总量一定的二元体系，只要确定了其中一个组分的浓度，另一个组分的浓度也就随之确定了。如组分 A 的浓度为 $x\%$，组分 B 的浓度则一定是 $(100-x)\%$。这样，表征二元凝聚体系的独立可变量为温度和组成两个。将图 2-1 沿压力方向投影即可得到二元凝聚体系相平衡图，见图 2-2。下面所讨论的二元体系均指二元凝聚体系，简称二元体系。

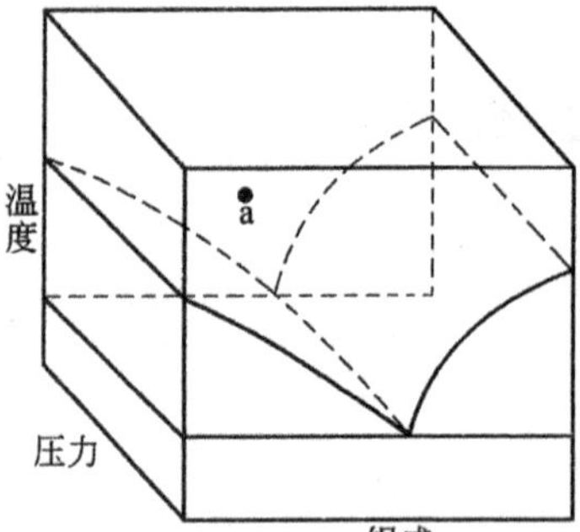

图 2-1　简单二元相图

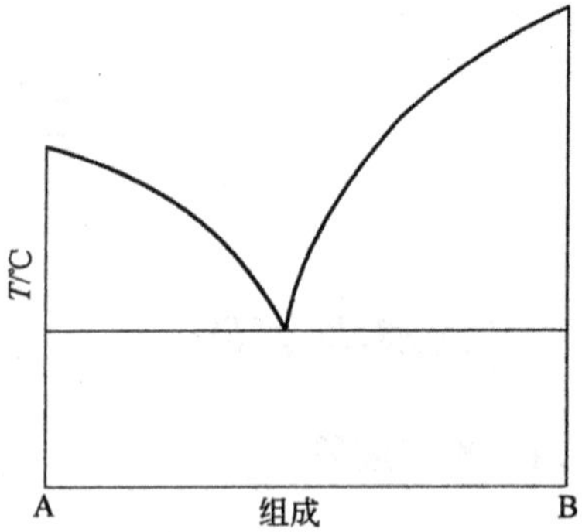

图 2-2　二元相图

2.1.2　二元相图组成表示法

二元相图为平面图，用二维直角坐标表示，纵坐标表示温度，横坐标表示组成，一般表示组成的方法有两种。

2.1.2.1　质量百分比

通常假设体系总量为一定数，视为常数，所说 A 或 B 组成都指相对浓度，若用质量百分比表示浓度，则为 A 或 B 成分质量占总质量的百分数，见图 2-3。A 点表示纯 A，A 浓度为 100%，B 点表示纯 B，B 浓度为 100%，A-B 间任一点都代表由 A、B 组成的混合物含量，如混合物 a，a 中含 B20%，含 A80%。含 20%B 的意义是，若 A、B 总量为 100，则 B 成分质量为 20，占总量 20%，同理，A 成分质量为 80，占总量 80%，也就是说，体系中各组分分数之和为 1，而质量百分数之和为 100。

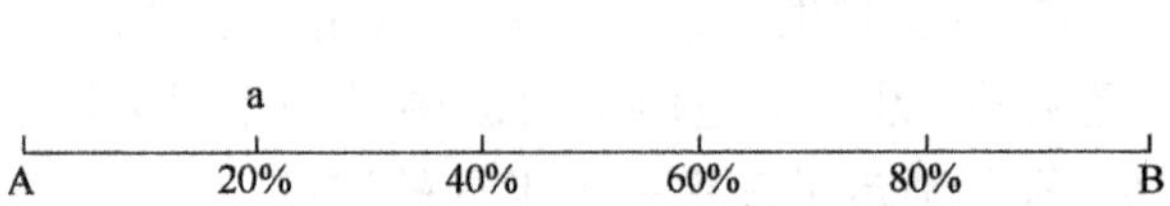

图 2-3　A-B 质量百分比组成线

2.1.2.2　摩尔比百分数

用摩尔百分数表示组成就是用 A 或 B 成分的摩尔数除以 A、B 摩尔数之和，确定占的百分数，见图 2-4。A 点为 100%A，B 点为 100%B，A、B 间任一点都代表由 A、B 组成的混合物含量。a 为 A、B 混合物,含 20 mol%B,80 mol%A,其意义是:若 A、B 总摩尔数为 100,则 B 成分摩尔数为 20,占总量 20%,A 成分摩尔数为 80,占总量 80%。

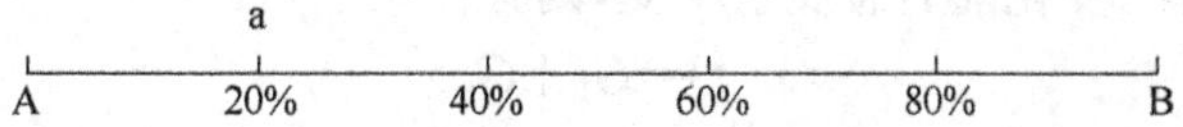

图 2-4　A-B 摩尔百分比组成线

表示组成不管是用质量百分数还是用摩尔百分数,主要是根据实际需要、方便而定。一般常用质量百分数表示,因为这种表示方法计算简单、直观。

2.1.3　杠杆规则

在相平衡体系中,总发生这样一些过程,某一相分解为两个相或两个相又合成一个相,如何确定这些变化中旧相和新相量,在相图分析和应用中是经常遇到的一个问题,应用杠杆规则就能解决这一问题。杠杆规则是定量研究相平衡的一个非常重要的规则,它能帮助我们根据一些条件计算各相的组成及其相对百分含量。如要确定一个相平衡体系,在某一温度下存在什么相,可以从相图上直观看出,但若要定量确定这些相的相对数量,就必须借助杠杆规则解决。杠杆规则内容是:如果一个相分解为两个相,则生成的两个相数量比与原始相的组成点到两个新生相的组成点之间线段成反比。为加深理解,更好应用,证明如下:

已知:A-B 二元体系,组成见图 2-5,A 点为 100%A,B 点为 100%B,A-B 间任一点均为 A、B 混合物,只是 A、B 比例不同。假设:A-B 间有一混合物 M(旧相),质量为 G,M 分解为两个新混合物(新相)M_1、M_2,质量分别为 G_1、G_2,从图可见:M 组成为 b%B,质量 G,M 中含 B

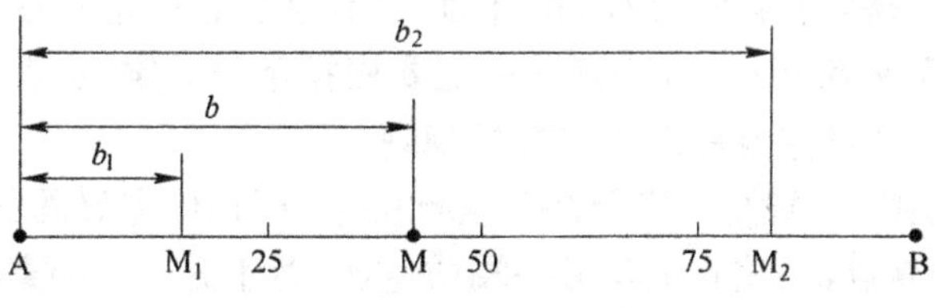

图 2-5　A-B 二元组成

的量为 $G \cdot b\%$；M_1 组成为 $b_1\%$B，质量 G_1，M_1 中含 B 的量为 $G_1 \cdot b_1\%$；M_2 组成为 $b_2\%$B，质量 G_2，M_2 中含 B 的量为 $G_2 \cdot b_2\%$。根据物质不灭定律，变化前后总质量不变，则有：

$$G=G_1+G_2 \tag{1}$$

变化前后 B 的总质量也应不变，则

$$G \cdot b\%=G_1 \cdot b_1\%+G_2 \cdot b_2\% \tag{2}$$

将式(1)代入式(2)得：

$$(G_1+G_2) \cdot b\%=G_1 \cdot b_1\%+G_2 \cdot b_2\% \tag{3}$$

对式(3)整理后得：

$$\frac{G_1}{G_2}=\frac{b_2-b}{b-b_1}=\frac{\mathrm{MM_2}}{\mathrm{M_1M}} \tag{4}$$

从图 2-5 可见，$b_2-b=\mathrm{MM_2}$，$b-b_2=\mathrm{M_1M}$，式(4)为杠杆规则数学表达式。这个关系好像力学杠杆中力×力臂＝重力×重力臂(或力/重力＝重力臂/力臂)一样，见图 2-6。杠杆规则不仅适用于一相分为两相情况，也适用于两相合成一相情况，而且也适用多相体系。应用杠杆规则需要注意的问题如下：

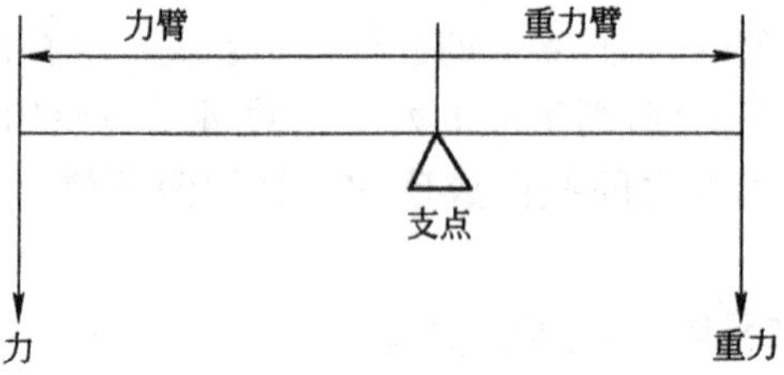

图 2-6 杠杆示意图

(1) 找准杠杆线：不管对二元体系，还是三元、四元体系，用杠杆规则总是解决一相分为两相或两相合为一相，这三相一定是在一条直线上，而且处于平衡状态，这条直线一定要根据条件确定，也就是说在平衡状态下，根据某些条件来应用杠杆规则。

(2) 应用杠杆规则一定要注意反比关系：即在确定好的杠杆线上，以支点为分界点，一端质量与另一端质量比，等于另一段距离与这段距离之比。

2.2　二元凝聚体系相图基本类型

单元体系只能发生熔融、析晶、多晶转变等过程，而二元体系可发生熔融、析晶、多晶转变、转熔、生成化合物或化合物分解、形成各类固溶体及液相分层等过程。所以，二元体系要比单元体系复杂得多，一般分成 7 种类型，一个比较复杂的二元实际相图，总是由几个基本二元相图组合而成的，为了更好应用二元实际相图，就必须把二元基本类型相图结构、析晶过程等分析清楚。下面分别介绍各类二元相图。

2.2.1　组分间无任何作用的简单低共熔型二元相图

A、B 二组分间没有任何作用，既不互溶也无化合物，从液相中析出的固相为纯组分，这种体系的状态图，见图 2-7。图中 A、B 分别表示两个纯组分组成点，T_A、T_B 则表示它们的熔点，A-B 线表示含有不同 A、B 量的组成线。T_AE、T_BE 线表示液相和固相平衡共存时液相组成曲线，称液相线，线上每一点的温度表示固相混合物完全熔融的温度，所以又称液化曲线。在固液平衡时，连接固、液组成的线，即两平衡相间的连线，称为结线，如图中 cd 线。E 点是两条液相线温度最低点，由熔点下降原理，由于溶质的影响，溶液的蒸气压要比纯溶剂低，从而当纯组分中加入第二组分总是使原来组分液态蒸气压降低，所以总是使固、液平衡温度下降，第二组分量越大，降低越多。如：纯组分 A(B 也如此）熔点 T_A，当引入第二组分 B 时，熔点下降，随着 B 的引入，熔点不断下降，直到 E 点。所以，E 点为两条液相线 T_AE、T_BE 的交点，当熔体冷却到 E 点温度时，L＋A 及 L＋B 两个平衡相区的结线将汇合成一条直线 aEb，这时组成为 E 的液相和 A 及 B 两固相平衡，因此，这条线上的任何位置，都

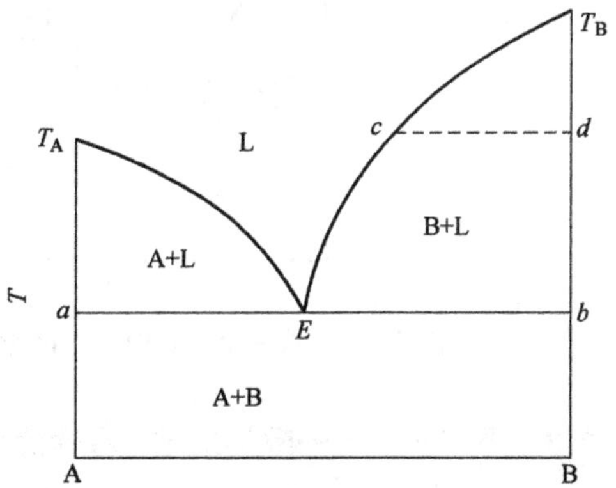

图 2-7　具有最低共熔点的二元系统相图

表示三相平衡，三个相的组成在图 2-7 中以 a、E、b 表示，表示液相组成的 E 点称低共熔点，此时的温度称低共熔温度，一般用 T_E 表示，直线 aEb 称低共熔点线，低共熔点线以下为 A、B 两固相共存，故 aEb 线又称固相线。整个相图分四个平衡相区，液相线以上为单一液相区，由相律 $P=1$，自由度数 $F=2$，为双变量过程。固相线以下为 A、B 二固相区，A+B平衡共存，$P=2$，$F=1$，以上为单变量过程。而 aEb 线（含 E 点），$P=3$，$F=0$ 为无变量过程，E 点称为无变量点。

2.2.2 具有一个一致熔二元化合物的二元相图

见图 2-8，该相图特点是，在 A、B 二元组分间有一个化合物 A_mB_n，将 A_mB_n 加热熔化生成液相，其液相组成与化合物组成相同，称这样的化合物为一致熔化合物。也可简单这样理解，只要在加热到熔化前不分解也无其他相变化的化合物就是一致熔化合物。若把 A_mB_n 化合物看作是一个纯组分，则 A-B 二元化合物就是由两个简单低共熔型 A-A_mB_n，A_mB_n-B 二元体系构成。这样一来问题简化了，相图中点、线、面与第一类型一致。硅灰石（$CaO \cdot SiO_2$）-铝酸钙（$CaO \cdot Al_2O_3$）二元体系相图就是这种类型。

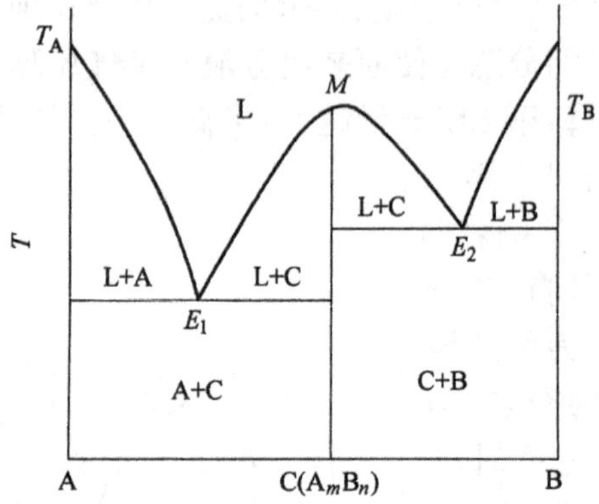

图 2-8 生成一个一致熔二元化合物的二元系统相图

2.2.3 具有一个不一致熔二元化合物的二元相图

在 A、B 二元体系中有一个二元化合物 C（A_mB_n），将 C 加热至 T_P

温度时，发生分解反应：C→B+L，分解为一种晶相和液相，液相中组成与化合物组成完全不同，称这样的化合物为不一致熔化合物。该化合物不能视为纯组分，即不能把这样的相图分解为简单相图考虑，只能作为一个独立相图看，很显然，这一类相图要比前两类复杂些，见图 2-9。各相区平衡相示于图中，T_AE、EP、PT_B 线为液相线，T_EJ 线为固相线，E 点为低共熔点，这些与前述一样，所不同的是，PCT_P 线为转熔线，T_P 温度为转熔温度，也是化合物 C 生成、分解温度。P 点为二元无变量点，称转熔点，在 P 点发生如下反应：$C \rightleftharpoons L_P + B$，这是一个转熔过程而不是低共熔过程。

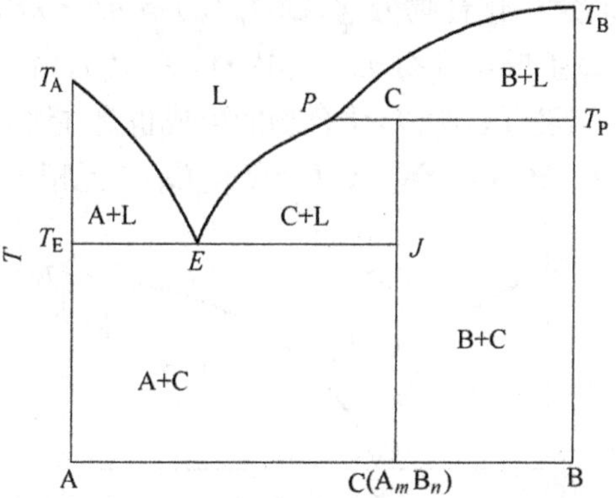

图 2-9 生成一个不一致熔二元化合物的二元系统

2.2.4 具有化合物分解的二元相图

如图 2-10 所示，体系在低于共熔点温度下，A、B 间生成一个化合

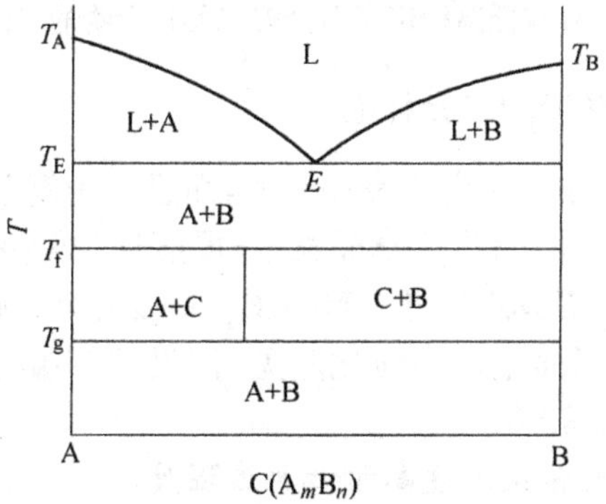

图 2-10 具有高温稳定低温分解化合物的二元系统相图

物 $C(A_mB_n)$，该化合物的特点是：有一个稳定存在的温度范围 T_g-T_f，加热到 T_g 温度时，化合物生成 $mA+nB \rightarrow C(A_mB_n)$，加热至 T_f 温度时，化合物又分解，$C(A_mB_n) \rightarrow mA+nB$。在化合物生成与分解的温度，自由度数为零，为无变量过程。另外，化合物的生成与分解温度都在低共熔温度 T_E 以下，也就是说，化合物不是从二元溶液中直接析出的，而是在固态下由 A、B 生成的。

还有一种类型，见图 2-11。在低共熔点温度下，A、B 也生成一个二元化合物 $C(A_mB_n)$，该化合物的特点是低温稳定，高温分解，即在加热过程中，到 T_f 温度时发生化合物分解，$C(A_mB_n) \rightarrow mA+nB$，而在冷却过程中，到 T_f 温度 A、B 生成化合物 $mA+nB \rightarrow C(A_mB_n)$，由于化合物生成温度 T_f 低于低共熔温度 T_E，所以，化合物的生成也是在固态条件下，由 A、B 经固相反应生成。$2CaO \cdot SiO_2$-$CaO \cdot 2Fe_2O_3$ 二元相图就是这一类型。

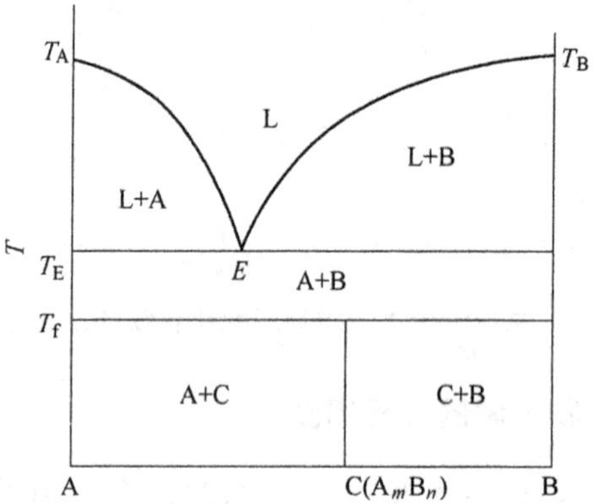

图 2-11　具有低温稳定高温分解二元化合物的二元系统

2.2.5　具有晶型转变的二元相图

体系组分发生晶型转变这是经常的，而且较为复杂，可能只有一个组分有晶型转变，也可能两组分都发生；可能这种转变只有一次，还可能发生多次等等。晶型转变将引起相图一些变化，情况复杂，但其基本规律是一样的，也很简单。为简化起见，假设只有组分 A 发生晶型转变，且只有一次晶型转变。

2.2.5.1　晶型转变温度高于低共熔温度

组分 A 有两种晶型 α-A，β-A，$T_P > T_E$，其转变温度高于低共熔温度，这种类型的相图如图 2-12。在转变温度 T_P 下，发生 β-A→α-A，此时，液相 L 不但与 β-A 平衡，而且也和 α-A 平衡。因此，将有 β-A、α-A 和 L 三相共存，由相律，$F=0$。则其组成和温度都是严格确定不变的，所以，尽管整个体系的总组成能在一定范围内(视温度不同)改变，其中的固相 A 却总在同一温度下进行晶型转变，这一转变可表示为：L+β-A→L+α-A，于是在状态图上，在有 β-A 和 α-A 的范围内，将出现一水平线(T_PP)，虽然这种转变是在液相参与下进行的，但液相也只是一种媒介，组成点始终位于 P 点。

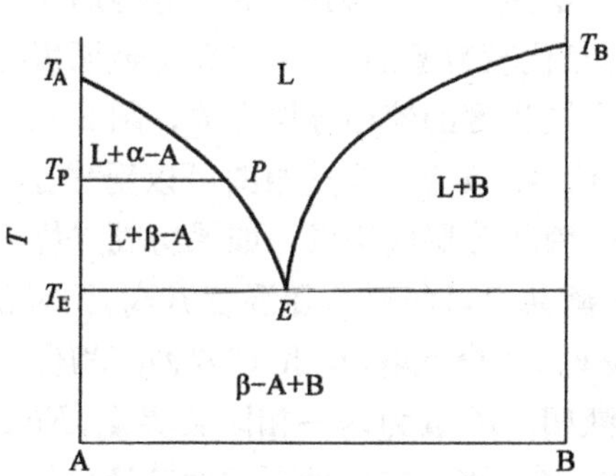

图 2-12 晶型转变温度高于低共熔温度的二元系统

2.2.5.2 晶型转变温度低于低共熔温度

组分 A 晶型转变温度低于低共熔温度($T_P<T_E$)时，同样在状态图上出现一水平线，如图 2-13 中 T_PP 线，为 β-A→α-A 晶型转变线。由于水平线的温度低于低共熔温度，因此，晶型转变时，无液相参与，表

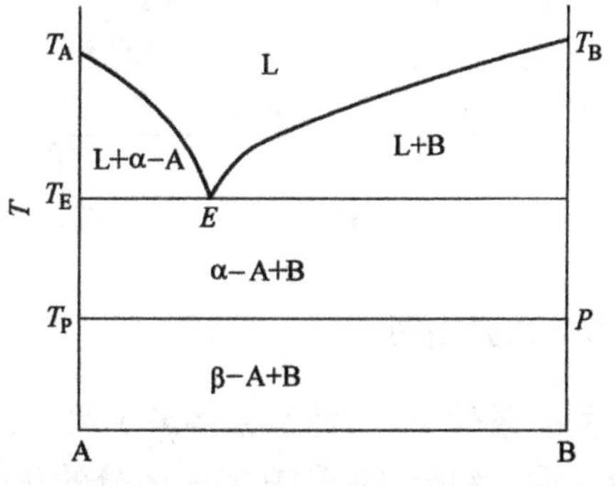

图 2-13 晶型转变温度低于低共熔温度的二元系统

示晶型转变的反应式为 β-A→α-A，这时，β-A、α-A 与 B 三相共存，$F=0$。

2.2.6 具有液相分层的二元相图

在前面所讨论的几个二元相图中，不论是哪一个二元组成，当加热至熔融状态时，各组分间均处于完全互溶情况，即液相为一相，$P=1$。但有一些实际二元相图，两组分在液态下并不完全互溶，如水和酚两种液体，彼此间少量互溶，当混合在一起时，就出现分层现象，就是说形成的液体分为两层，一层为水、一层为酚，液相分为两相 $P=2$。液相分层在硅酸盐体系中也是比较普遍的，如一些碱土金属氧化物与 SiO_2 构成的二元体系，都有不同程度的液相分层现象。图 2-14 即为这一类二元相图。图中，*FKG* 区为二液区，这类相图可以看成是一个具有低共熔点的相图，插入这个液相分层区构成。如果组成点位于这一相区内，意味着有两种液相平衡共存，L′→L″，随温度升高，两种液相间互溶度增加，当温度达到 T_K 时，完全互溶，在 *K* 点两种液相合二为一，分层现象消失，又变成一种液相。*K* 点为这一相区临界点，*FKG* 线是液相分层界限，又称汇溶曲线，在 *FKG* 线以外不发生二液分层现象。

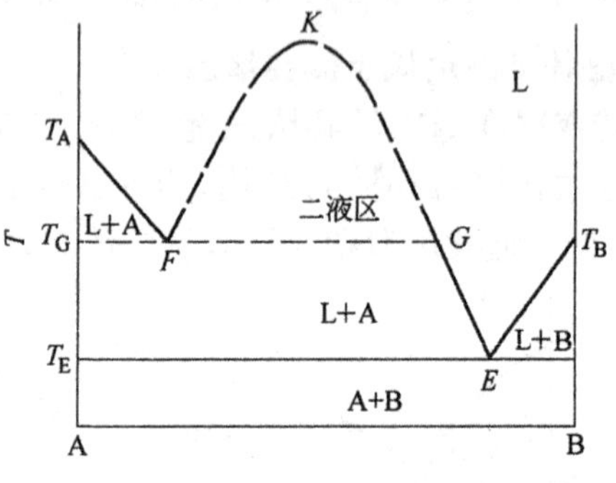

图 2-14 具有液相分层的二元相图

2.2.7 形成固溶体的二元相图

固溶体就是在固态条件下，一种组分溶解了另一组分形成的单一均相晶体。其特点是第二组分（溶质）在第一组分的晶体中的分布是完全无序的。如果考虑两种组分的互溶程度即溶解度，可能有两种不同情况：1）两种组分可以以任意比例互溶，就好像水和乙醇一样，称为连续固溶体。2）两种组分的互溶是有限的，A（或 B）晶格中只能容纳有限数目的 B（或 A）组分，这在硅酸盐材料中比较普遍，这种固溶体称为有限固溶体。这种有限固溶体在结构上和相应的纯组分晶格相同，在组成上直接与纯组分相毗邻。溶解度不同则会产生不同类型的状态图。下面按生成连续固溶体和有限固溶体，分别叙述它们状态图的特征。

这里在未讨论具体相图之前，先来分析一下形成固溶体时液相线温度随组成改变的变化趋势。和液态溶液引入溶剂组分会降低溶剂蒸气压一样，生成固溶体同样会降低作为“溶剂”的组分的蒸气压，这可用图 2-15 说明。由图可知，根据固相和液相蒸气压降低的多少不同，固—液平衡的温度可能低于纯组分（溶剂）的熔点（图中 $T_1 < T_0$），也可能高于纯组分的熔点（$T_2 > T_0$）。因此，当组分在固相中互相溶解生成固溶体时，熔点可能降低也可能升高，液相线的温度变化趋势也将可能下降也可能上升。这与前面讨论的组分在固态时没有作用的情况完全不同。由于液相线变化趋势有这样两种可能，就使表达生成固溶体的状态图变得复杂多样了。

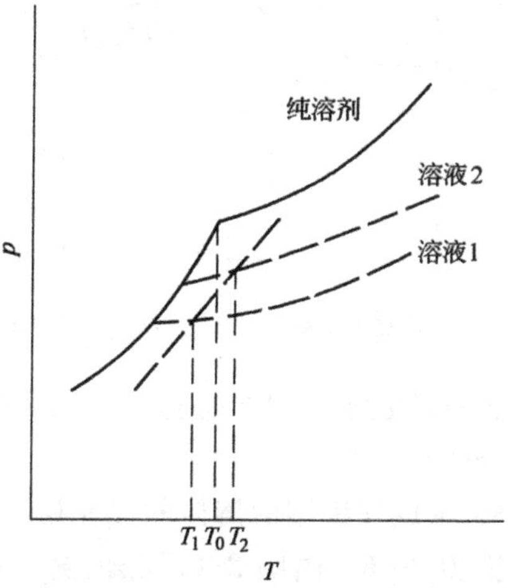

图 2-15　生成固溶体时溶质对溶剂蒸气压影响示意图

2.2.7.1　形成连续型固溶体的二元相图

根据液相线的变化趋势，形成连续固溶体的二元相图有三种类型：

(1) 在一组分附近，液相线上升，在另一组分附近则下降，也可以说，加入一种组分使体系熔点升高，反之，对另一组分而言则熔点下降，其状态图为图 2-16。

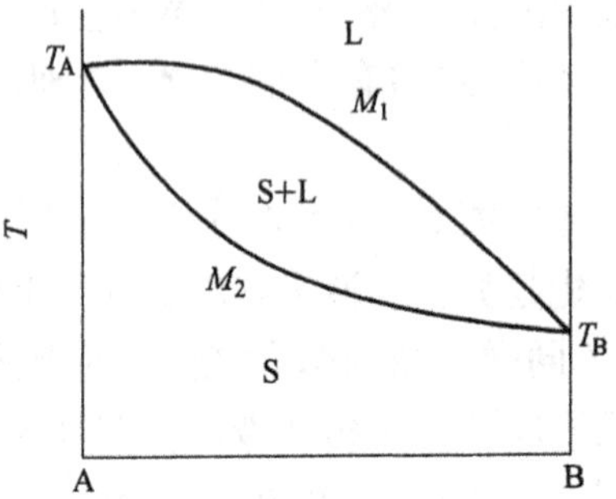

图 2-16　形成连续固溶体的二元相图

(2) 加入任一组分都使熔点升高，因而液相线离开纵轴时总是上升的，这时图形上有一最高点，见图 2-17。

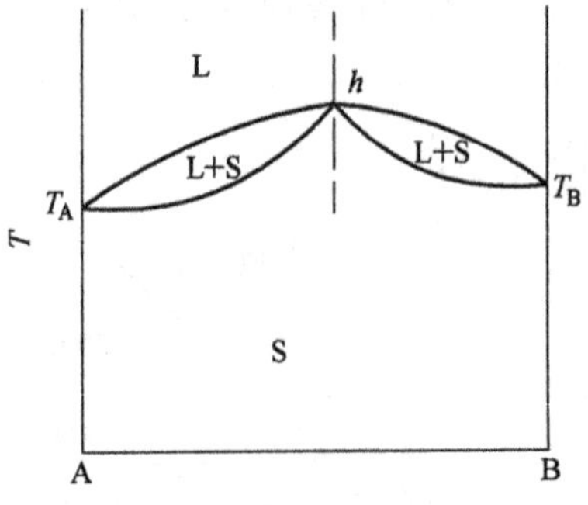

图 2-17　具有最高点的连续固溶体型的二元系统相图

(3) 加入任一组分都使熔点下降，显然，这时的液相线将下降而在图形上出现最低点，见图 2-18。

对于硅酸盐材料，形成连续型固溶体的二元相图主要是第一种类型。故这里重点讨论图 2-16。由图 2-16 可知，整个相图没有低共熔点，没有 A 相区和 B 相区，只有两条线三个区，$T_AM_1T_B$ 线为液相线，

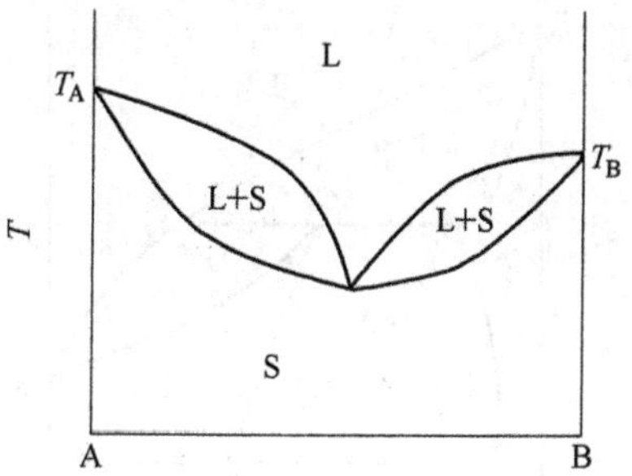

图 2-18 具有最低点的连续固溶体型的二元系统相图

$T_AM_2T_B$ 线为固相线，液相线以上为液相区，固相线以下为固相区，是A、B两成分以任一比例生成的连续固溶体，用S表示。液相线以下，固相线以上为固溶体S和液相L两相平衡共存区。

2.2.7.2 形成有限型固溶体的二元相图

当A、B二组分生成有限固溶体时，只有两种类型的状态图：

(1) 任一纯组分加入其他组分都使液相线降低的低共熔型，见图2-19。

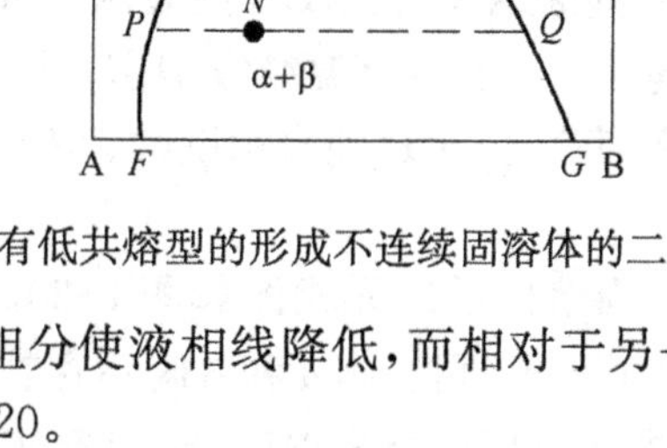

图 2-19 具有低共熔型的形成不连续固溶体的二元系统相图

(2) 加入一个组分使液相线降低，而相对于另一组分使液相线升高的转熔型见图2-20。

这两类相图，特别是第一种类型，在硅酸盐材料中比较普遍。

A 低共熔型

在A-B二元体系中，生成两种固溶体，一种表示为 α，意思是少量

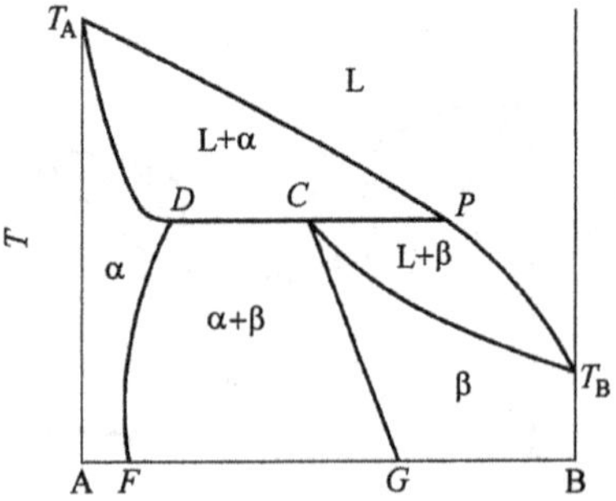

图 2-20 具有转熔型的形成不连续固溶体的二元系统相图

B 组分溶解于 A 组分中形成的固溶体;一种表示为 β,意思是少量 A 组分溶解于 B 组分中形成的固溶体。它们的相互溶解是有限的,且其中任一组分加入第二组分都使液相线降低,两条液相线汇交于 E 点(低共熔点)形成低共熔型有限固溶体,见图 2-19。图中 T_AE、T_BE 为液相线,两条液相线有一公共最低点 E,液相线以上为液相区。T_AC、T_BD、CD 为固相线,固相线以下为固相区。CF 和 DG 线称为溶解度曲线,CF 线表示 B 组分在 A 组分中的极限固溶度,最大固溶量为 C 点含 B 组分的量。DG 线表示 A 组分在 B 组分中的极限固溶度,最大固溶量为 D 点含 A 组分的量。相图分为六个区,一个单液相区,两个单固相区,两个固、液平衡区,一个双固相平衡区。在 α 相区内,晶体结构和 A 相同,在 β 相区内,晶体结构和 B 相同。在 α+β 相区内任一点均为 α 与 β 两相平衡,且 CF 线表示 α 组成,DG 线表示 β 组成。对任一点 N,在某一温度下相平衡的 α、β 点由等温结线确定,见图 2-19,为 P-Q,其数量比例可由杠杆规则确定。CD 线自由度数为零。

B 转熔型

具有转熔型有限固溶体的二元相图如图 2-20。这类相图与共熔型相图主要区别是在 CP 段,固溶体 α 和 β 间不存在低共熔点,而存在一个转熔点 P,凡是在 DP 段内组成熔体,冷却到 T_P 温度时均发生转熔反应 L+α(L)→β(L)。图中 T_AP、PT_B 为液相线,DP 为转熔线,T_AD、CT_B 为固相线。DF 和 CG 为固溶度曲线。C、P、D 三点为无变量点,自由度数为零。各相区平衡相标在图中。

2.3 二元凝聚体系相图结晶分析

对二元凝聚体系的结晶过程分析就是：将某一组成物加热至熔融状态后，研究从熔体逐渐冷却直到液相完全消失这一段过程。在这一过程中，将发生析出初晶体，低共熔反应，转熔反应，多晶转变，化合物生成与分解，二液分层等。下面结合冷却曲线，对典型的几种情况结晶过程加以分析。

2.3.1 析出初晶过程

所谓初晶指的是液体冷却时最先从中析出的晶体。一般情况，初晶的组成和液体组成不同，因此，析出初晶总是使液体组成发生变化。了解初晶析出过程，也就是要了解当析出固相时，液相和固相的组成如何变化，温度如何变化等。

由于从液相中析出的固相，可能是纯组分，也可能是固溶体，它们的结晶过程有所不同，下面分别分析。

2.3.1.1 固相为纯组分时

见图 2-21，在整个结晶过程中，固相组成始终在图中纵轴或与纵轴平行的直线上（组成不变）。当原始混合物 M 加热至熔融态后为 M′，M′M 为等组成线。当温度从 T_1 降到 T_2 时，开始有固相 A 析出（初晶体），由杠杆规则计算，此时析出的固相量极少。由于固体析出，液相组成将向离开固相组成轴的方向变化。此时，有两相（固相 A+液

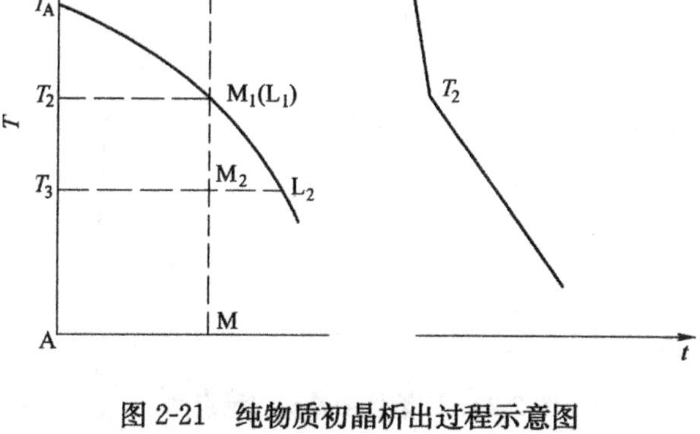

图 2-21 纯物质初晶析出过程示意图

相)平衡共存，$P=2$，自由度数 $F=1$。温度继续下降，固相 A 不断析出，液相组成沿液相线 T_AL_2 变化，当温度降到 T_3 时，液相组成变为 L_2，此时，根据杠杆规则有：$A\%=M_2L_2/T_3L_2\times100\%$，可知固相 A 量已大大增加了。必须指出，温度从 T_2 降到 T_3，固相 A 不断析出时，根据相律和物料平衡关系，在某一温度下，固相、液相始终处于平衡状态，各相组成都是严格规定的。

在整个结晶过程中，温度都是连续变化的，但在 T_1T_2 区间和 T_2T_3 区间是不同的，在 T_2T_3 区间有固相 A 析出而放热，造成温度下降速度减慢，反映在冷却曲线上，在 T_2 处出现一个折点。

2.3.1.2 固相为固溶体时(包括连续固溶体和有限固溶体体系)

见图 2-22，当混合物熔体 M′冷却到 T_1 温度到达 $M_1(L_1)$点时，开始析出固相，这里的固相是组成为 S_1 的固溶体。继续冷却，液相组成沿 L_1、L_2、L_3 液相线变化，固相组成相应沿固相线从 S_1 变到 S_2、S_3，在 $T_1\rightarrow T_2$ 这一段中，固、液两相始终处于平衡状态，某一温度下，液相组成点与固相组成点均由相应等温结线(水平线)确定。如液相组成为 L_2 时，与之平衡的固相组成必是 S_2。在 T_1 到 T_3 区间，固、液相量的相对比例都可由杠杆规则方便求出。如在 T_2 时，(固相量)/(液相量)$=M_2L_2/S_2M_2$。在 T_1 时，固相析出量极少，在 T_3 时，液相量极少，析晶即将结束。

由于从 T_1 降到 T_3 之间，始终有固相(固溶体)析出放热，造成温度下降速度减慢，在相应冷却曲线上 T_1 和 T_3 处出现折点。显微结构

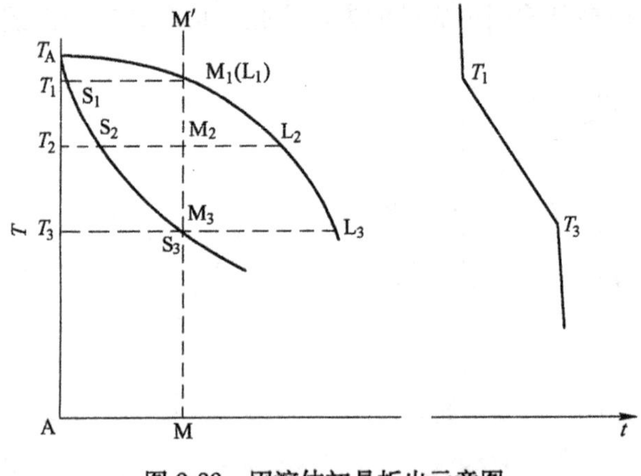

图 2-22 固溶体初晶析出示意图

观察，$T>T_1$ 时，全部为液相，在 T_1-T_3 之间为固溶体和液相两相平衡共存，$T<T_3$ 时，只有固溶体存在。

下面分析一下固溶体结晶过程中的一个重要特点：滞后现象。

见图 2-23(a)，当混合物熔体 M′到达 $M_1(L_1)$点时，析出组成为 S_1 的固相，根据前面的讨论，当液相组成变化到 L_2 时，与之平衡的固相组成为 S_2，但 S_2 比 S_1 含有较多的组分 B(或较少组分 A)，所以，虽然这时新析出的固相的组成是 S_2，但要使整个固相组成都等于 S_2，就要求已经先结晶出的，组成为 S_1 的固体增加 B 的含量(或减少 A 的含量)。要使固体增加或减少某个组分的含量，从而改变自己的组成，只能通过固相中的扩散作用，这种作用一般说是十分缓慢的(尤其当温度比固相线低得多时)。因此，在平常的冷却速度下，这个作用来不及进行，而整个固相将是不均匀的。如图 2-23(b)，其中有先析出的 S_1，也有最后析出的 S_2，平均组成将是 S_1 和 S_2 之间的某个值 S'_2。同理，当液相组成变到 L_3 时，固相组成将不是平衡值 S_3，而是 S'_3。根据杠杆规则，这时的液相量显然还没有趋近于零，只是在进一步冷却，使液相组成变到 L_4，而固相的平均组成为 S'_4 时，结晶过程才告结束。由此可见，由于固相中扩散缓慢，固相组成不能及时达到平衡值，将使结晶结束温度降低，这种现象称为结晶过程中的滞后现象。由于滞后现象，用热分析测定结晶结束温度所得到的固相线将比真正达到平衡的固相线的位置偏

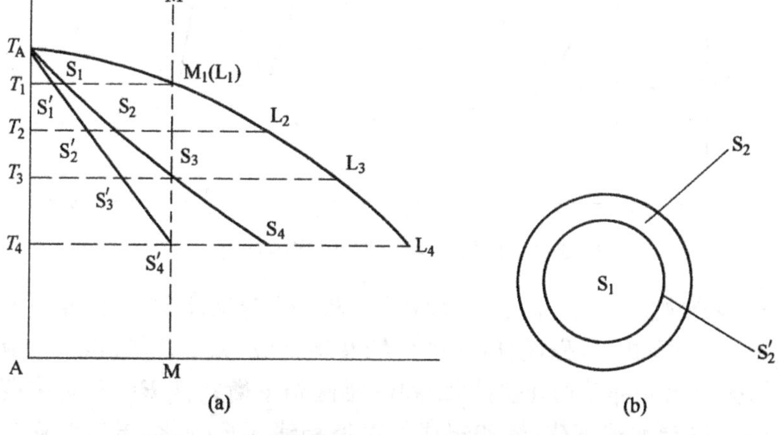

图 2-23 考虑滞后现象时固溶体析出过程示意图

低，如图 2-23(a)中曲线 $T_AS'_4$ 所表示的那样。

上面讨论的两种情况，有一个共同点，即只析出一种固相，体系最多只有固、液两相平衡共存，自由度数等于 1，温度可继续下降。

2.3.2 低共熔反应

在简单低共熔型和生成低共熔有限固溶体型二元体系中，当温度降到低共熔线上时就会发生低共熔反应，此时为三相平衡共存，见图 2-24。对混合物熔体 b 而言，在低共熔温度以上 $T>T_E$，体系全部为液相，当温度到达低共熔温度 T_E 时，将有两种固相同时从液相中析出(共析晶)，这两种固相组成，分别由结线端点 k、m 代表，对简单低共熔型体系，k、m 等于纯物质 A、B，对生成有限固溶体的低共熔型体系中，k、m 为固溶体 α、β 组成。由于两种固相同时析出，则有三相平衡共存，表示为 L(液)→α+β，$P=3$，自由度数等于零，说明此时没有变量变化，即体系低共熔温度恒定不变，平衡共存的三个相组成也不能变化。根据杠杆规则，在 kEm 线上可以算出，进行低共熔过程的两个固相的相对百分含量，当最后一滴液相消失，析晶结束，析晶产物为具有一定比例的两个固相的混合物。

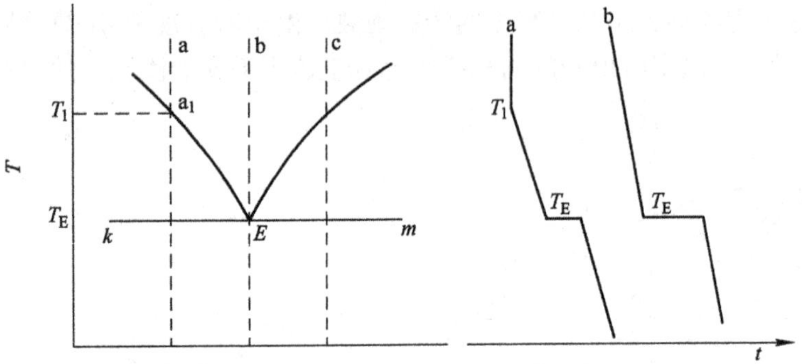

图 2-24 低共熔反应结晶过程示意图

对混合物熔体 a 或 c 而言，其结晶过程与 b 略有不同，要先经过析出初晶(一个固相)过程，然后才进行低共熔反应，如 a 熔体，当冷却到 T_1 时，先析出一种固相，此时固相和液相两相平衡共存 $P=2$，自由度数 $F=1$，温度继续下降，液相组成将沿液相线 a_1E 变化，当温度降到

T_E,液相组成到达 E 点时,则同时析出两种固相,进行低共熔反应。混合物 c 冷却过程与 a 类似,只是先析出的是另一种固相。

从上面分析可知,混合物 a 在冷却到 a_1 时,先析出一种固相,由于结晶放热,使温度下降速度减慢,在冷却曲线上 T_1 处出现折点,在低共熔温度 T_E 处,由于进行低共熔过程,自由度数为零,所有变量不能变化,温度恒定,所以,在冷却曲线上 T_E 处出现水平段(b 熔体在冷却到 T_E 处同样出现水平段)。a 熔体析晶产物是由先析出的初晶体和低共熔混合物构成,初晶的量和低共熔物量之比等于液相组成刚变到低共熔点时固相量和液相量之比。低共熔物也可由杠杆规则,根据 a 熔体位置(低共熔线处)求出。b 熔体的析晶产物是由具有一定比例的两个固相的低共熔物组成。

2.3.3 转熔反应

能发生转熔反应的二元相图有两种,一种是生成不一致熔二元化合物的相图,见图 2-9;另一种是生成有限固溶体的,见图 2-20。和低共熔反应不同,任何组成的体系从液态冷却时,都必须先经过两相平衡的初晶析出过程,才可能开始进行转熔反应。另外,低共熔反应结束总是意味着整个结晶过程结束,而对转熔反应来说,情况要复杂些。有些组成体系,转熔反应结束,液相就消失,全部生成固相,而有些组成体系,转熔反应结束后,液相不消失,开始另一个两相平衡过程,见图2-25。

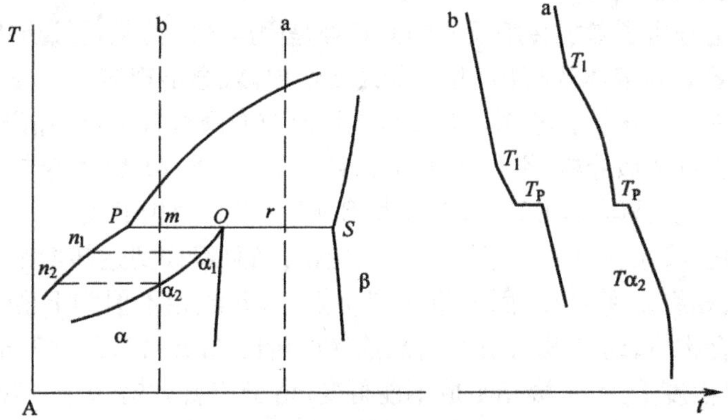

图 2-25 转熔反应结晶过程示意图

例如，混合物熔体 a，冷却到液相线时，析出初晶体 β(固溶体)，继续冷却，液相组成沿液相线向 P 点变化，固相组成沿固相线向 S 点变化，当总组成变化到转熔线上 r 点时，液相组成到 P 点，固相组成到 S 点，这时，液相不但和 β 相平衡，也和组成为 O 的 α 相平衡，因此，将从液体中析出 α 相，此时三相平衡共存，自由度为零，液相组成不能再变，P 点不位于 O 和 S 之间，根据物料平衡关系，唯一的出路就是消耗一部分已经析出的 β 固体，使之与液相作用生成 α 固体，表示为 $L+\beta\rightarrow\alpha$，这就是转熔反应，其重要特点是进行转熔反应时，两固相组成分布在液相组成同一侧。在上述转熔过程中，液相和 β 相不断减少，而 α 相不断增多，结果，液相消失，β 相过剩，其结晶过程和转熔过程同时结束，析晶产物为 α、β，析晶过程表示为：$L\rightarrow(L+\beta)\rightarrow(L+\beta+\alpha)\rightarrow\alpha+\beta$。对混合物熔体 b 的结晶过程就不同了，当总组成变化到 m 点时，液相组成到达 P 点，固相 β 组成到达 S 点，此时，液相与固相 α、β 三相平衡共存，也发生转熔反应：$L+\beta\rightarrow\alpha$，其结果是 β 相消失，液相过剩，即转熔过程结束，但析晶过程并未结束，此时，液相和 α 相两相平衡共存，自由度数等于 1，温度可继续下降，液相组成和 α 相组成分别沿液相线 pn_2 及固相线 $O\alpha_2$ 变化，直到 α 相组成变到 α_2 时，液相消失，析晶结束。最终析晶产物是 α 相，其结晶过程表示为：$L\rightarrow(L+\beta)\rightarrow(L+\beta+\alpha)\rightarrow(L+\alpha)\rightarrow\alpha$。了解了上述析晶过程及转熔反应的无变量过程就可懂得，冷却曲线折点是由于析出初晶体结晶放热所致，水平段是由于转熔反应为无变量过程，温度不变所致。

以上分析了参加转熔反应的固相都是固溶体的情况，要说明的是，一般只要有固溶体的析出，并不断改变组成，就会出现滞后现象，但这里为使叙述简化没有考虑。对参加转熔反应的固相有化合物情况的结晶过程也可类似分析，举一例说明。见图 2-26，当 M′熔体冷却到 M_1 点时，析出初晶体 B，继续冷却，固相 B 不断析出，固相组成在 B 纯组成线上变化，液相组成沿液相线向 P 点变化，当总组成到达转熔线上 M_2 点时，液相组成到 P 点，固相组成到 f 点，这时液相不但和 B 相平衡，也和化合物 A_mB_n 平衡，因此，将从液体中析出 A_mB_n 相，此时三相平衡共存，自由度数为零，液相组成不能再变，由于 P 点没有位于 c 和 f 之间，根据物料平衡关系，必然发生转熔反应，即先析出的 B 相与液相反

应生成 A_mB_n 相，表示为：$L+B \rightarrow A_mB_n$，随着转熔过程进行，液相和B相不断减少，A_mB_n 相不断增加，反映在图上，固相组成离开 f 点向 c 点变化，当到达 c 点时，固相B转熔完而消失，液相过剩，析晶不结束，此时，液相和 A_mB_n 两相平衡共存，自由度数为1，温度可继续下降。

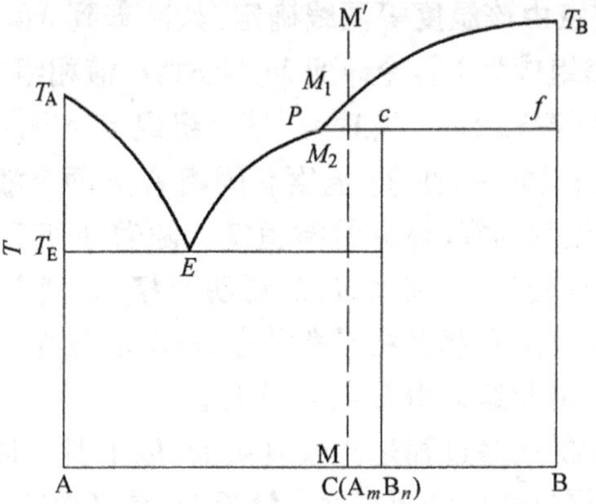

图 2-26 转熔反应析晶过程

2.3.4 液相分层

对一般体系，熔融液相为一相，而有的体系液相为二相，如硅酸盐体系中，一些碱土金属氧化物与二氧化硅构成的二元体系，却有不同程度的液相分层现象，这样一来，总液相组成就要发生变化，下面举例加以说明，见图2-27。当 M′熔体从高温冷却到 L'_1点以上时，熔体为一

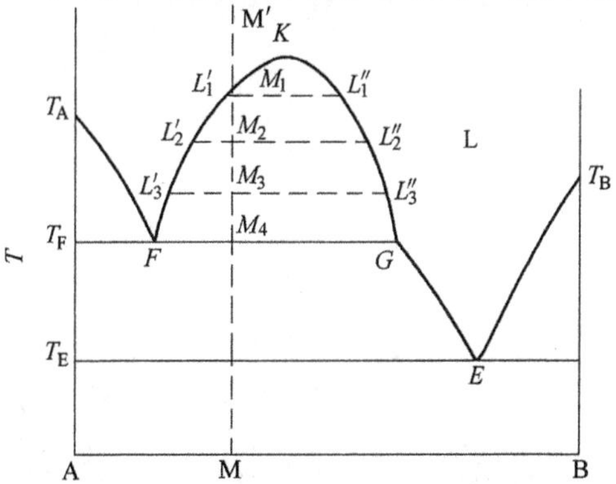

图 2-27 有液相分层的冷却析晶过程

相，A、B组成完全互溶，当冷却到L'_1点开始分层，形成组成不同的两种液相，L′和L″，此时，L′液相组成点为L'_1，L″液相组成点为L''_1，继续冷却，L′液相组成沿KF线变化，$L'_1 \to L'_2 \to L'_3 \to F$，L″液相组成沿$KG$线变化，$L''_1 \to L''_2 \to L''_3 \to G$，在某一确定温度下，L′和L″两液相始终处于平衡状态，其组成点由该温度等温线确定，如冷却到M_2点时，L′液相组成为L'_2，L″液相组成为L''_2，冷却到M_3点时，L′液相组成为L'_3，L″液相组成为L''_3。继续冷却到M_4点时，L′液相组成点为F，L″液相组成点为G，并开始析出初晶体A，在T_F温度有固相A和两个液相L_F、L_G三相平衡共存，自由度数为零，体系维持恒定。随着液相L_F中A的析出，L_F组成将向G点变化，当到达G点，说明液相L_F消失，仅为一个液相L_G，此时，液相L_G和A相两相平衡共存，自由度数为1，温度可继续下降，A不断析出，液相组成由G向E变化。

二元体系中的结晶过程是比较复杂的，以上我们讨论了几种类型的结晶过程，掌握这些对全面正确了解相图，更好地应用相图解决实际问题，都有很大帮助。

3 三元系统相图

三元系统以二元系统为基础,把研究对象扩大为三个独立组分,对于三元凝聚系统,根据相律:$F=C-P+1=4-P$。如 $P=1F=3$;$P=2F=2$;$P=3F=1$;$P=4F=0$,即当 P 分别为 1、2、3、4 时,F 分别为 3、2、1、0。相数最多不超过 4,自由度最大不超过 3。自由度为 3 表明有三个独立变数,它们是温度以及组成中两个独立组元的百分含量,第三个独立组元的百分含量,可由计算得到。例如,已知物质的组成中 A 的含量为 30%,B 的含量为 50%,则 C 的含量为 100%-30%-50%=20%。

无机非金属材料往往由多组分构成,运用三元相图分析问题比二元相图更接近实际情况,更有实用价值,对实际的科研、生产和使用有重要指导作用,应用广泛。

3.1 三元系统相图一般原理

3.1.1 组成表示法

三元系统组成通常以等边三角形表示,称为浓度三角形或吉布斯三角形。三元系统中的任一组成,在等边三角形上都能找到对应的一点;同理,等边三角形上的任一点都表示所对应的三元系统的一个组成。

如图 3-1 所示,三角形的每边长定为 100%,等分为 10 格,每格为 10%。三角形的每个顶点表示纯独立组元的组成,如图 3-1 三角形顶点 A、B、C 分别表示纯组分 A、B、C 的含量为 100%。三角形的每条边表示二元系统的组成,BC 边表示 B-C 二元系统的组成,BC 边的 N 点表示组成为 70%C,30%B。对于三角形内部的点(如 M 点),要确定它们的组成通常有两种方法,平行线法和垂直线法。

3.1.1.1 *平行线法*

此方法是利用正三角形的一个性质:通过正三角形内任一点作各

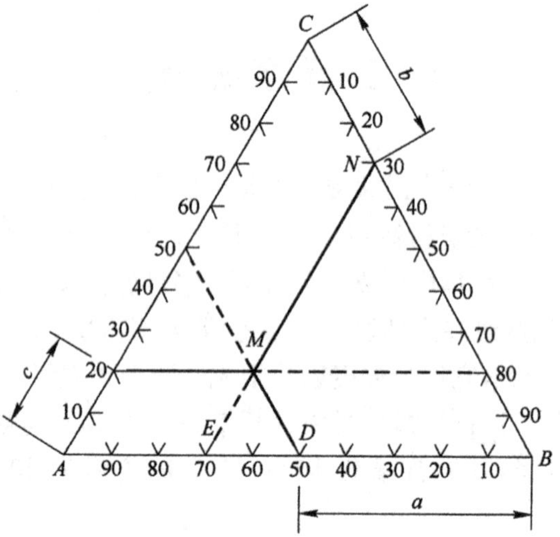

图 3-1 浓度三角形组成表示法

边平行线，在各边上所截的线段长度之和等于三角形的一边长。如图 3-1 中的 M 点，过 M 点分别作三条边的平行线，在三条边上所截的线段分别为 a、b、c，则 $a+b+c=AB=100$。因此可以利用这三段截线的长度，分别表示三个组分的百分含量(浓度)：

以 a 表示组分 A 的质量百分数 $a=DB=\mathrm{A}\%=50\%$

以 b 表示组分 B 的质量百分数 $b=CN=AE=\mathrm{B}\%=30\%$

以 c 表示组分 C 的质量百分数 $c=ME=ED=\mathrm{C}\%=20\%$

掌握平行线法，必须抓住它的对顶转移关系。即通过 M 点作顶角 A 对边 BC 的平行线，在两邻边上的截线 a 即为 A 的含量。同理过 M 点作顶角 B 对边 AC 的平行线，在两邻边截线 b 即为 B 的含量，过 M 点作顶角 C 对边 AB 的平行线，在两邻边截线 c 即为 C 的含量。

从平行线法推理，M 点的组成，可以通过 M 点作平行于三角形两条边的直线，然后根据它们在第三条边上所得到截线长度来表示，如图 3-2 所示，过 M 点作 $DE/\!/BC$，$FG/\!/AC$，得到一个与外面正三角形相似的小三角形，该小三角形把大三角形的一边 AB 分成三段。其中，中间一段 FE 表示顶点 C 的含量，AF 表示远离 BE 段顶点 B 的含量，而 BE 则表示远离该段顶点 A 的含量，从图中可知 $a\%+b\%+c\%=100\%$。

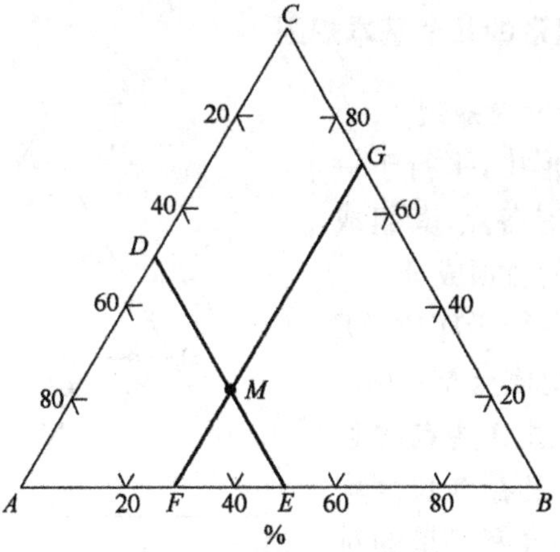

图 3-2 三元系统组成表示法

该方法比较简单，且适用任意三角形中某点组成的确定。

3.1.1.2 垂直线法

此方法也是利用正三角形的一个性质：过正三角形内任一点分别向各边作垂线，三条垂线长度的总和等于三角形的高，如图 3-3 所示。如果把三角形的高定为 100，即把三垂线之和定为 100，则各垂线的长度可分别表示各组分的含量。这个方法中同样具有“对顶转移关系”。如过 M 点向顶角 A 对边 BC 作垂线，则垂线之长 a 为 A 组分的含量，同理可以作出 b 及 c，得 $a+b+c=CD=100$。

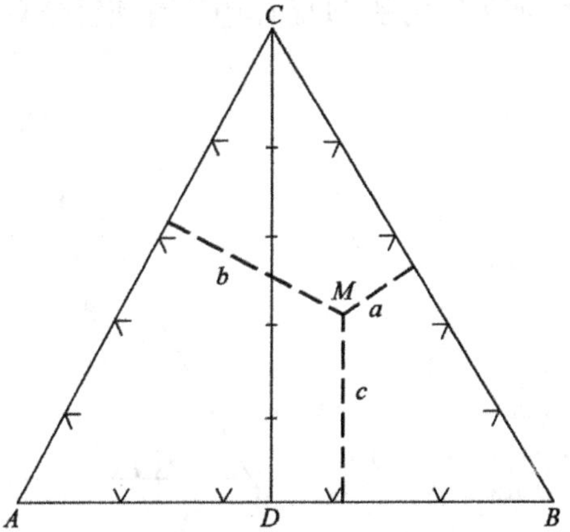

图 3-3 垂直线法

3.1.2　浓度三角形的几个基本规则

3.1.2.1　等含量规则

在浓度三角形中，平行于一边的直线上的所有各点，其组成中都含有等含量的对顶成分。

如图 3-4 中平行于底边 AB 的直线 DE 上的组成点 M_1、M_2、M_3 等各点，由于过这些点的直线(DE)在邻边上的截线长度均相等，所以各点都含有等量的对顶成分 C。

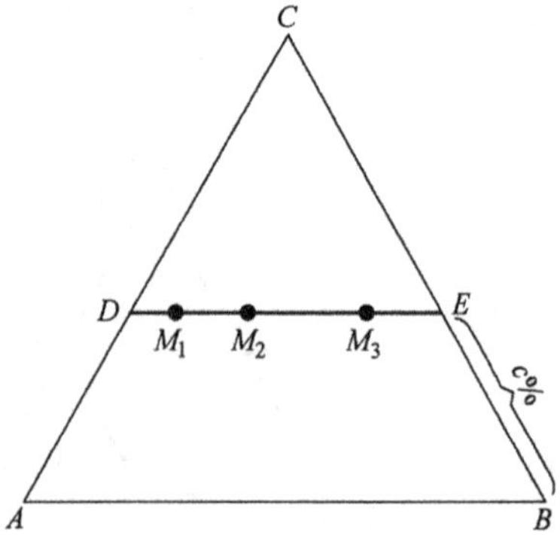

图 3-4　等含量规则

3.1.2.2　等比例规则

浓度三角形中，任一顶点向对边引一射线，则线上所有各点含其余两组分的数量比例均相等。

如图 3-5 所示，由 C 引一射线 CD，在 CD 线上任取 M_1、M_2 等点，并过 M_1、M_2 等点作 AB 平行线，由三角形相似关系则可证明下列等式：

$$\frac{a}{b}=\frac{a_1}{b_1}=\frac{a_2}{b_2}=\cdots=\frac{DB}{DA}\text{(定值)}$$

3.1.2.3　背向性规则

如图 3-6 所示，如果原物系 M 熔体中只有纯组分 C 析晶时，则随

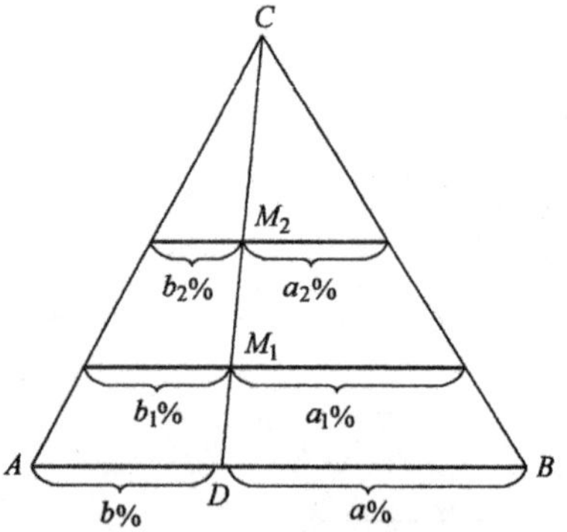

图 3-5　等比例规则

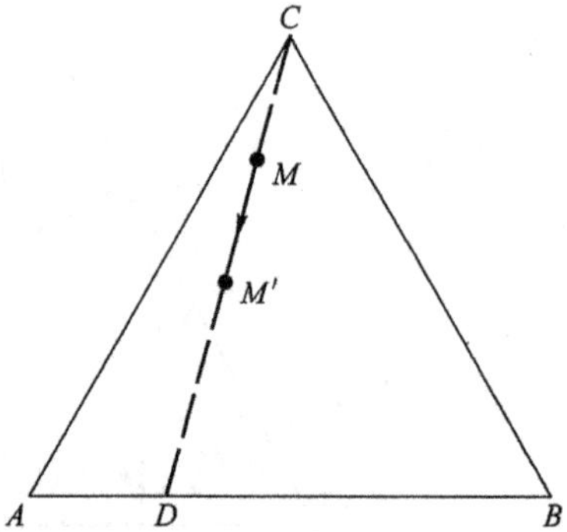

图 3-6　背向性规则

着析晶过程进行，组成 M 的熔体将沿 CM 延长线并背离顶点 C 的方向变化，如由 M 移动到 M'，析出的纯组分 C 愈多则移动的距离愈长（离 C 点愈远），说明剩余熔体（如 M′）组成中组分 C 的含量减少，而其他两组分（如 A、B）的数量比例不变。这个规则可以看作是等比例规则的一个自然推论。

3.1.2.4 杠杆规则

三元系统的杠杆规则与二元系统的基本相同，只是由于增加一个独立组分，较为复杂而已。当两种旧物质合为一种新物质时，利用杠杆规则，根据已知条件可计算各个物质的组成及其相对数量比例。

如图 3-7 所示，设有两个原始物系 M、N，组成为 M，质量为 m，组成为 N，质量为 n。把两者混合为新混合物，新物系组成点 P 必在 MN 连线上，MP 和 NP 的长度与原物系质量 m、n 成反比，即：$\frac{MP}{NP}=\frac{n}{m}$。

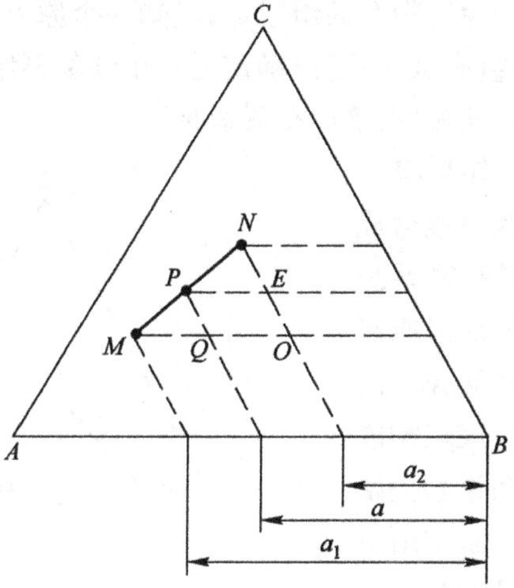

图 3-7 杠杆规则

证明：设原物质 M 的组成为 $a_1\%$A，$b_1\%$B，$c_1\%$C，质量为 G_1，原物质 N 的组成为 $a_2\%$A，$b_2\%$B，$c_2\%$C，质量为 G_2，混合物 P 的组成为 $a\%$A，$b\%$B，$c\%$C，质量为 G。变化前后物质的总质量应保持不变，

所以 $$G_1+G_2=G \tag{1}$$

变化前后 A 的总质量应保持不变

$$G_1 \cdot \frac{a_1}{100} + G_2 \cdot \frac{a_2}{100} = G \cdot \frac{a}{100} \tag{2}$$

将式(1)代入式(2)中，$G_1a_1 + G_2a_2 = (G_1 + G_2)a$

经过整理得
$$\frac{G_1}{G_2} = \frac{a - a_2}{a_1 - a} \tag{3}$$

而从图中看出
$$\frac{a - a_2}{a_1 - a} = \frac{OQ}{MQ} = \frac{NP}{MP} \tag{4}$$

将式(4)代入式(3)中

$$\frac{G_1}{G_2} = \frac{NP}{MP} \quad 或 \quad G_1 \times MP = G_2 \times NP$$

所以，三元系统的杠杆规则是：两个原物系的质量比例与连接各原物系组成点至新(总)物系组成点的线段长度成反比。

杠杆规则适用于两个原物系合成为一个新(总)物系的情况，也适用于一个原物系分解为两个新物系的情况。即已知两个原物系组成点，可以确定两者合为新物系的组成点；已知一个原物系组成点和其分解后的一个新物系组成点，也可以确定另一个新物系组成点。

3.1.2.5　重心规则(或重心位置规则)

如图 3-8 所示，如果有三个原物系(M_1、M_2、M_3)混合成为一新物系(M)，则新物系组成点，必在三个原物系组成点连成的三角形($\triangle M_1M_2M_3$)内的重心位置。四个组成点构成的这种位置关系称为重心关系或重心规则。这种关系常用下式表示：$M_1 + M_2 + M_3 = M$。

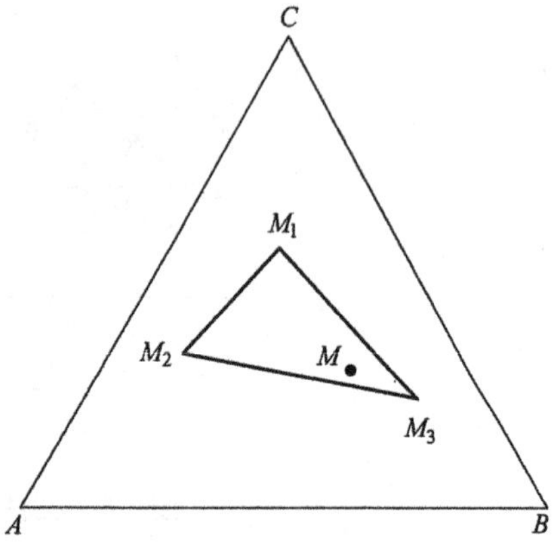

图 3-8　重心规则

新物系组成(点)M 可用作图方法求出，也可用计算方法求出，现参照图 3-9 举例说明如下。

用作图法求 M 点的位置：设原物系 M_1 重 2 kg，M_2 重 3 kg，M_3 重 5 kg，可应用两次杠杆规则在图上求出 M 点的位置。

首先把 M_1、M_2 合成为物系 M'，把 M_1、M_2 连线分成$(M_1 + M_2) = 5$

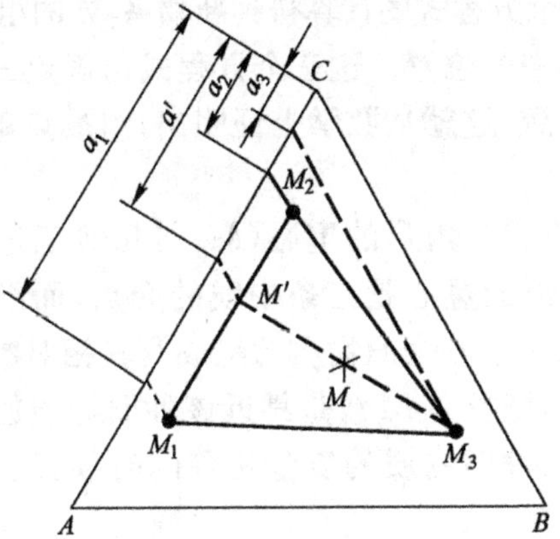

图 3-9 重心规则例题

等份，取 M' 点位于 $\frac{M'M_1}{M'M_2}=\frac{3}{2}$。然后联结 $M'M_3$，将 $M'M_3$ 连线分成 $(M'+M_3)=10$ 等份，取 M 点位于 $\frac{MM'}{MM_3}=\frac{5}{5}$，则 M 点为所求新物系组成点的位置，即可用平行线法读出 M 点的组成。

用计算方法求 M 的组成。

设三个原物系的组成和质量为：

M_1—$a_1=70\%$，$b_1=10\%$，$c_1=20\%$

M_2—$a_2=20\%$，$b_2=10\%$，$c_2=70\%$

M_3—$a_3=10\%$，$b_3=70\%$，$c_3=20\%$

$G_1=2$ kg，$G_2=3$kg，$G_3=5$ kg

对于各组分来说，变化前后的总质量保持不变，应具有下列数量关系：

$$G=G_1+G_2+G_3=2+3+5=10\text{ kg}$$

$$\begin{cases} aG=a_1G_1+a_2G_2+a_3G_3 \\ bG=b_1G_1+b_2G_2+b_3G_3 \\ cG=c_1G_1+c_2G_2+c_3G_3 \end{cases}$$

所以

$$\begin{cases} a=\frac{1}{G}(a_1G_1+a_2G_2+a_3G_3)=25\% \\ b=\frac{1}{G}(b_1G_1+b_2G_2+b_3G_3)=40\% \\ c=\frac{1}{G}(c_1G_1+c_2G_2+c_3G_3)=35\% \end{cases}$$

通过以上三个方程式的计算得到新物系 M 的组成，由此即可确定 M 在浓度三角形中的位置。这三个方程式与确定三个物体重心位置的方程式完全一致，这就从数学上证明出，组成点确在$\triangle M_1M_2M_3$ 内的重心位置。

应该注意，组成三角形的重心(M)与几何三角形的重心是有区别的。几何三角形的重心是三条中线的交点，而组成三角形的重心 M 的位置则要取决于各个旧物质的组成及其相对数量比例。某种原物质的质量愈大，则重心 M 愈是靠近该种旧物质的组成点。只有在特殊情况下，当三种旧物质的质量相等的时候，组成点 M 才与几何重心重合。

应用重心规则可以说明如下问题：若有一原物系（如果也是组成点）在某三个晶相组成构成的三角形内，则该物系可以分解（或析晶）出这三个组分的晶相，其组成及数量比例关系可用重心规则确定。

3.1.2.6 相对位(交叉位)规则

如图 3-10 所示，欲从三种原物质 M_1、M_2、M_3 中得到新物系 M，而 M 点的位置在组成点$\triangle M_1M_2M_3$ 之外，且处于 M_1M_3 和 M_1M_2 延长线范围之内。显然，此情况不能适用重心规则。

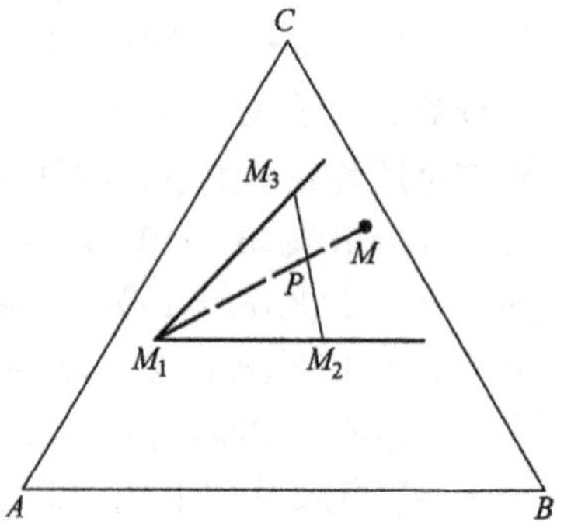

图 3-10 交叉位规则

新物系组成点 M 可用下述方法确定：联结 M_2M_3 两点，交 M_2M_3 线于 P 点，设想 P 为一中间物系。P 可用两种方法得到：

$$M_3+M_2=P \quad 或 \quad M+M_1=P$$

所以 $M_3+M_2=M+M_1$ 或 $M=M_2+M_3-M_1$

上式即为相对位关系式。它表明：为了得到新物系 M，必须从两个旧物系 M_3+M_2 中取出若干的 M_1 才能得到。取出 M_1 的量愈多，则 M 点沿着 M_1M 线并背离 M_1 点的方向移动得愈远。此时，MM_1 线与 M_2M_3 线发生交叉，故 M 点的位置称为“交叉位”。又 M 点是与 M_1

点相对而存在的，所以，称这种关系为交叉位或相对位关系。

由相对位规则可推知，如果要从物系 M 分解为两新物系 M_2、M_3，则必须向物系 M 中加入若干量的 M_1，即：$M+M_1=M_2+M_3$。

3.1.2.7 **共轭位规则**

如图 3-11 所示，欲从三个物系 M_1、M_2、M_3 中得到新物系 M，而 M 点的位置，在其组成点 $\triangle M_1M_2M_3$ 之外，并处于 M_2M_3、M_1M_3 交叉延长线范围内。

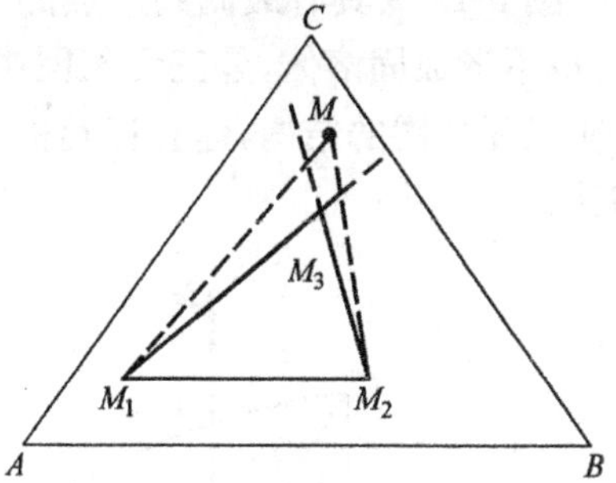

图 3-11 共轭位规则

引直线 MM_2、MM_1，因 M_3 在组成点的 $\triangle M_1MM_2$ 之内，根据重心位规则：

$$M+M_1+M_2=M_3 \quad 或 \quad M=M_3-(M_1+M_2)$$

上式即为共轭关系式。该式表明：为了得到物系 M，必须从原物系 M_3 中取出若干量的 M_1 和 M_2。此时，M 点与 M_3 点处于共轭位置，故称为“共轭位关系”。由此可推知，如果要从原物系 M 中得到新物系 M_3 时，则必须向 M 中加入若干量的 M_1 和 M_2，即：$M_3=M+(M_1+M_2)$。

值得注意，凡 M 点处在 $\triangle M_1M_2M_3$ 任一角两边的延长线范围内，则为相对位或交叉位；如果 M 处在 $\triangle M_1M_2M_3$ 任一角两边的反向延长线范围内，则为共轭位。

上述各规则，在三元相图中对分析熔体的析晶过程及其相量的计算方面有重要作用，这在后面的实际应用中，将进一步加深理解。

3.2 三元相图的基本类型和基本规律

三元系统的相图可归纳为 10 种基本类型。而三元实际相图往往是这些基本类型相图的组合，因此它们是研究三元实际系统相图的基础。

3.2.1 具有三元最低共熔点的系统

如前所述，二元系统的相图以平面坐标表示。三元系统的相图组成以等边三角形表示，这时温度已不能在等边三角形的平面上表示，在垂直于等边三角形的平面上设一垂直轴以表示温度，因此三元系统的相图是以空间坐标表示的。

图 3-12 为具有最低共熔点的三元系统状态图。它既不生成化合物，也不形成固溶体，是三元相图中最简单的类型。现以它作为示例，说明三元相图的结构，建立三元相图的空间概念，为讨论其他类型打下基础。

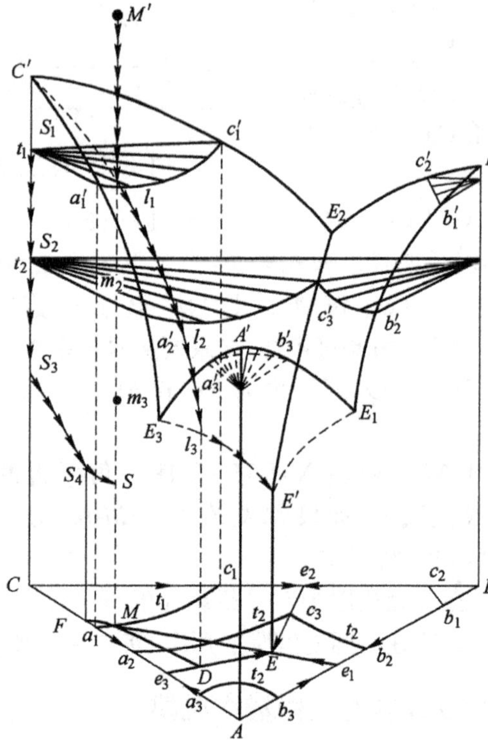

图 3-12　简单低共熔类型三元立体图

3.2.1.1　立体状态图的构成

三元立体相图以浓度三角形为底面，用垂直底面的高为温度坐标，整个图形是个三棱柱体。它的三个侧面表示三个简单二元系统，A'，B'，C'是三个组分的熔点，三个侧面分别表示三个简单二元系统 A-B，

B-C,C-A 的状态图,E_1、E_2、E_3 分别为二元低共熔点。三元相图是由三个二元系统构成的。

顶面由三个花瓣状的液相面构成:$A'E_1E'E_3A'$、$B'E_1E'E_2B'$ 和 $C'E_2E'E_3C'$,分别以纯组分的熔点为最高点。液相面以上的空间(不含液相面)为一相,即液相,$F=3$。在液相面上为固、液两相平衡共存,$F=2$,面上每一点的温度都表示该系统全部熔融为液相的温度,也是从熔体中开始析晶的温度。在三个液相面上,首先析出的晶相分别是 A、B、C,所以也分别称 A 初晶面、B 初晶面、C 初晶面(图中以Ⓐ、Ⓑ、Ⓒ表示。注意:下文中凡 A 初晶区或 A 相区在图中均以符号Ⓐ表示,其他类推)。

根据熔点降低原理,当二元系统中加入第三组分,随着加入量的增加,二元低共熔点不断下降。从而形成三条低共熔曲线:E_1E'、E_2E'、E_3E',是三个液相曲面的交界线,故又称为界线曲线(或界线)。在界线上液相与两个晶相 A、B(或 B、C 或 C、A)平衡共存,$F=1$。

三条界线在空间汇交于 E' 点,它是液相面和界线上的最低温度点,故称 E' 为最低共熔点。在 E' 点上液相与三个晶相(A、B、C)平衡共存,即 $P=4$,$F=0$,故 E' 为三元无变量点。在 E' 点的温度(t'_E)是加热三元混合物时出现液相的最低温度,也是冷却三元熔体时全部析晶为固相的温度。因而 E' 点也是析晶终了点(或析晶结束点)。在 E' 点析晶出来的物质称三元低共熔混合物,通过 E' 点作平行底面的截面,这个截面称为固相面。它表示所有三元系统的熔体,冷却至固相面温度(即 $t_{E'}$ 温度)将全部析晶为固相。

总之,在液相曲面以上为单一液相空间,固相面以下是固相空间(体积)。在液相面和固相面之间为液相与固相平衡共存的空间,其中又分为单固相(与液相)空间及双固相(与液相)空间。这两个空间在立体相图模型上可以看清楚(图 3-12 中未标出),我们将在等温截面一节中详细介绍。

3.2.1.2　平面投影图

立体相图易于建立三元相图的立体概念,但不便于应用,因而普遍采用立体图的投影相图,即把立体图上所有点、线、面均垂直投影到浓度三角形底面上,如图 3-12 所示。单独表示则得图 3-13。此图即为简单三元低共熔型相图。A、B、C 三点因与棱重合，所以它们既表示三元纯组分含量为 100%，又代表各自的熔点 t_A、t_B、t_C。浓度三角形的三条边代表立体图上三个侧面二元系统，e_1、e_2、e_3 为二元低共熔点的投影。e_1E、e_2E、e_3E 为三条低共熔线的投影。E 即为三元低共熔点。立体图上三个初晶面，投影后变成以低共熔线为界线的三个相区，即 A、B、C 的初晶区。立体图上液相面的形状，代表熔融温度高低变化情况，在平面图上则用箭头表示其温度下降方向。

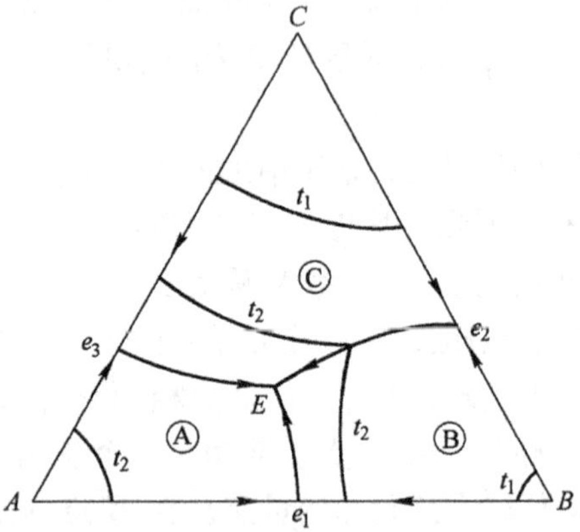

图 3-13　简单低共熔型三元投影图

3.2.1.3　温度的表示方法

在投影图上温度的表示方法有以下 3 种：

(1) 一些固定点(如纯组分或化合物的组成点、二元和三元的无变量点等)的温度直接标注在图上，或者单独列表说明。

(2) 界线上，画上箭头表示温度下降方向。三角形边上的箭头，则表示二元系统中液相线上温度下降的方向。

(3) 图形内部，用等温线表示温度。三元相图的等温线类似于地图上的等高线，它是利用等温截面得到的。方法是用平行于浓度三角形的平面(该平面代表着某一特定温度，面上温度相等)去切割相图，截面与液相曲面的交线(截线)投影在浓度三角形上即表示某温度的等温线。如果以一定温度间隔(如每隔 100℃或 50℃等)分别作等温截面，可得到一系列等温截线，投影在平面上则成为一系列的等温线。

如图 3-12 中在 t_1 温度（$t_A>t_1>t_C$、t_B）作一等温截面，截线 $a_1'c_1'$ 投影 a_1c_1，即表示 t_1 温度的等温线，并注明其温度。在投影图的等温线上，可以确定熔体在什么温度开始析晶以及系统在某温度时与固相平衡的液相组成（应用杠杆规则还可以计算各相的相对含量）。此外，等温线在各相区分布的疏密程度有所不同。其等温线较密的相区，表示空间的液相曲面陡度较大；其等温线稀疏相区，表示空间液相曲面较平坦。以此可以大致判断出组成的变化对完全熔融（液化）温度的影响，以及某组成物随温度的改变固、液两相的组成与数量的变化规律。

3.2.1.4　析晶过程分析

以图 3-12 中物系组成点 M' 为例，图中垂直底面的 $M'M$ 线为物系 M 的等组成线，线上各点代表物系 M 的总组成不变，但线上各点的温度（高度）不同。等组成线投影后为 M 点（图 3-14），所以在投影图上它是不变的。若组成为 M 的熔体冷却时发生析晶后，物系将分解为固相和新的液相，这新的液相在冷却降温过程中，随着组成的改变其组成点将与一系列等温面（或线）相交，这些交点的温度即相当于等组成线上的相应温度，所以无论在立体图上还是在平面图上，可用液相组成点所在位置代表温度（平面图上用等温线判断）。下面分析 M 点熔体的冷却析晶过程：

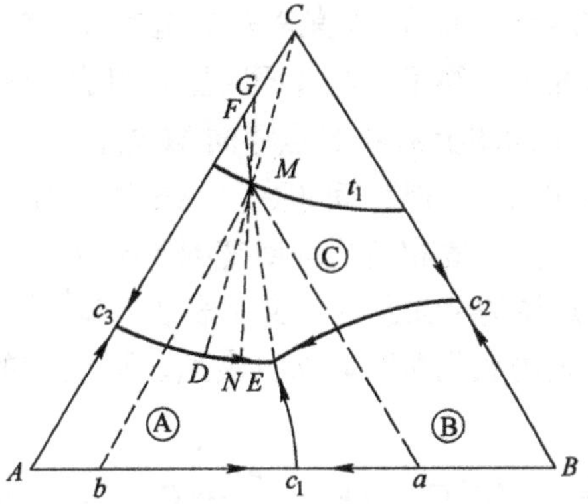

图 3-14　三元低共熔相图析晶过程

（1）当温度较高时，物系 M 全部为熔融的液相。物系组成点与液相组成点是一致的。随着温度的下降，物系组成点将沿着等组成线自上而下移动。当物系的组成点降至 l_1 点，即碰到液相面 $C'E_2E'E_3C'$ 时，则开始析出固相 C(因为 M 点位于 C 初晶面内)。此时液相刚刚析出微量的固相 C，故液相组成在析晶前后可视为不变，仍以 l_1 点表示。

(2) 当温度继续下降时，固相 C 不断析出，整个固相组成为 C。由于固相 C 刚析出，液相组成相应地改变。液相组成将沿着 C 初晶曲面变化，其变化方向和路程由背向性规则所决定。在立体图上是沿着由 C'、C、l_1 三点的平面与其初晶面相交而成的曲线($l_1-l_2-l_3$)变化；在平面图上即沿着 CM 延长线并背离 C 的方向由 M 向 D 移动。

(3) 温度继续下降，液相组成到达 E_3E' 界线上的 l_3 点时，液相 l_3 同时析出固相 C 与 A，整个固相组成中开始出现微量 A 相。固相组成仍以 C 表示(对应 C 棱上 S_3)。

(4) 温度继续下降，液相组成从 l_3 沿 E_3E' 线向 E' 移动。在立体图上液相组成由 $l_3 \to E'$，固相组成则由 $S_3 \to S_4 \to S$；在平面图上液相组成由 $D \to E$，固相组成则由 $C \to F$。

(5) 当温度最后降至 t'_E 时，液相组成在 E' 发生共析晶变化：

$$L_{(E')} \to C + A + B_{出现}$$

此时 $P=4$，$F=0$，说明是个等温变化过程。当体系处于最高容量状态时，相变开始，出现固相 B。随着相变的进行，固相 B 与 C、A 同时不断析出，E' 点液相量不断减少，直至全部消失(用完)为止，体系处于最低能量状态，析晶才告终了。与此同时固相组成从 S_4 点逐渐移向三棱体内的 S 点，在平面图上则从 F 点移向 M 点。

(6) 在温度 t'_E 以下，全部为固相(C+A+B)。此后的过程只是温度下降，而无相变发生。固相组成即回复到原始物系组成 M 点。

上面讨论 M 熔体的结晶路程用文字表达冗繁，我们常用平面投影图上固、液相点位置的变化简明地加以表达。M 熔体的结晶路程可以表示为：

$$M'(\text{熔体}) \xrightarrow[P=1,F=3]{L} M[C,(C)] \xrightarrow[P=2,F=2]{L \to C} D,[C, C+(A)] \xrightarrow[P=3,F=1]{L \to C+A}$$

$$E(\text{到达})[F, C+A+(B)] \xrightarrow[P=4,F=0]{L \to A+B+C} E(\text{消失})[M, C+B+A]$$

上述析晶路程的表达式中，$M' \to D \to E$ 表示液相的变化，箭头上方表示析晶、熔化或转熔的反应式，箭头下方表示相数和自由度，方括号内表示固相的变化，如[*C*，(C)]表示固相总组成点在 *C* 点，(C)表示晶体 C 刚析出，[*C*，C+(A)]表示固相总组成点在 *C* 点，固相中有 C 析出，A 晶体刚要析出，[*F*，C+A+(B)]表示固相总组成点在 *F* 点，固相中有 C 和 A 析出，B 晶体刚要析出。

关于析晶过程表示方法，可用冷却曲线法，如图 3-15 所示，在三元相图中常用上面的方法表示。

在析晶过程中，总组成点即原始组成点在投影图上的位置是不动的。根据杠杆规则，在整个结晶过程中液相组成点、原始组成点和固相组成点三点必在一条直线上(简称三点一线)。此杠杆随着液相组成的变化，以原始组成点为支点而旋转。相应的固相组成点，若固相中只有一种晶相时，则在三角形顶点上；有两种晶相时，则在三角形的边上；有三种晶相时，则必在三角形内。

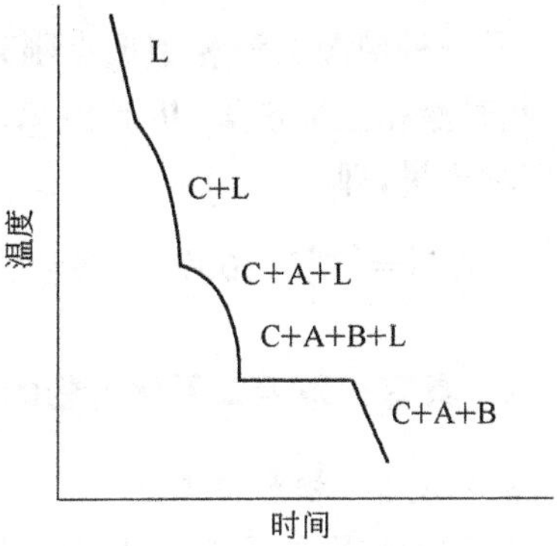

图 3-15 冷却曲线

根据重心位规则，在这种系统里，不论原始组成点落在三角形 *ABC* 的哪个位置，其最终产物必定都是三个组分 A、B 和 C 的晶相(位置的比例不等)，因此，其析晶结束点一定在三个组分初晶区相交的无变量点上。

(7) 在三元系统中计算相量的方法主要是应用杠杆规则：

用杠杆规则计算(参见图 3-14)

液相组成为 *D* 点时：$\frac{液相量(L_D)}{固相量(S_C)}=\frac{CM}{MD}$

所以 $L_1\%=\frac{CM}{CD}\times100\%$，$S_C\%=\frac{MD}{CD}\times100\%$；

液相组成为 *N* 点时：$\frac{液相量(L_N)}{固相量(S_{C+A})}=\frac{GM}{MN}$

因为$\frac{S_C}{S_A}=\frac{AG}{GC}$，所以 $S_C\%=\frac{MN}{GN}\times\frac{AG}{AC}\times100\%$，$S_A\%=\frac{MN}{GN}\times\frac{CG}{AC}\times100\%$；

液相组成为 E 点时，分为两种情况：

一种为液相刚到 E 点时，即体系处于最高热容量状态，各相的相对含量计算同液相组成为 N 点时的情况，即 $L_E\%=\frac{FM}{FE}\times 100\%$。$S_C\%=\frac{ME}{FE}\times\frac{FA}{AC}\times 100\%$；$S_A\%=\frac{ME}{FE}\times\frac{FC}{AC}\times 100\%$。

另一种情况为液相组成点刚离开 E 点，即体系处于最低热容量状态，此时液相全部消失，析晶出 A、B、C 三相，用平行线法计算 A、B、C 的相对含量，即

$$A\%=\frac{aB}{AB}\times 100\%,B\%=\frac{Ab}{AB}\times 100\%,C\%=\frac{ab}{AB}\times 100\%$$

3.2.2　具有一致熔二元化合物的三元系统

3.2.2.1　相图特点

该类型相图如图 3-16 所示，该相图特点是在 A-B 二元系中形成一个一致熔二元化合物 A_mB_n(S)，在图中 S 有对应初晶区。如将化合物 S 视为一个纯组分，则连接 C-S 即可构成一个独立的二元系统，CS 与 E_1E_2 的交点 m 是该二元的低共熔点。由图可见，连线 CS 把相图分成

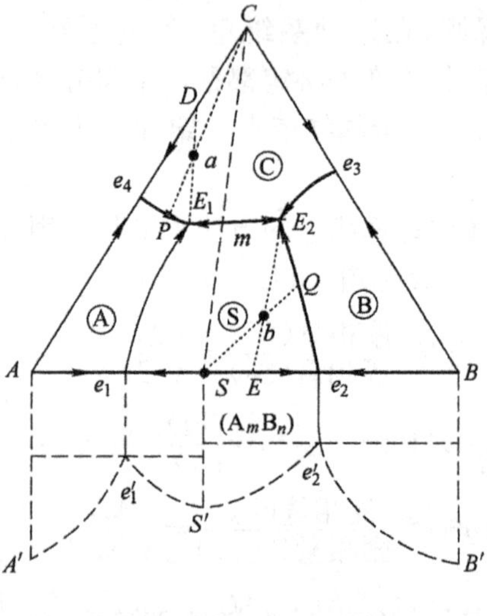

图 3-16　具有一致熔二元化合物的三元相图

两个分三角形：$\triangle ACS$ 和 $\triangle SBC$，则每个分三角形相当于一个简单低共熔型的三元相图。图中 E_1、E_2 分别为两个三元的低共熔点，其中温度较低者为该系统的最低共熔点。

在此指出判断化合物性质的原则：凡化合物组成点在其初晶区内，即为一致熔化合物；凡化合物组成点在其初晶区外，即为不一致熔化合物(后面将讨论具有这类化合物的相图)。本图中 A_mB_n 的组成点在 S 初晶区内，即属于一致熔化合物。

还要指出 m 点的特殊性。m 是 C-S 二元低共熔点，所以是 CS 线上的最低温度点；而从 E_1E_2 界线上来看，其温度下降方向由 m 点分别指向 E_1 和 E_2，所以 m 点又是界线 E_1E_2 上最高温度点。因此常称 m 这类点为鞍心点(或鞍形点)。

3.2.2.2 析晶过程分析

图 3-16 中组成点 a、b 的析晶过程：

$$a(\text{熔体})\xrightarrow[P=1,F=3]{\text{L}}a[C,(\text{C})]\xrightarrow[P=2,F=2]{\text{L}\to\text{C}}P,[C,\text{C}+(\text{A})]\xrightarrow[P=3,F=1]{\text{L}\to\text{C}+\text{A}}$$

$$E_1(\text{到达})[D,\text{C}+\text{A}+(\text{S})]\xrightarrow[P=4,F=0]{\text{L}\to\text{A}+\text{S}+\text{C}}E_1(\text{消失})[a,\text{C}+\text{A}+\text{S}]$$

$$b(\text{熔体})\xrightarrow[P=1,F=3]{\text{L}}b[S,(\text{S})]\xrightarrow[P=2,F=2]{\text{L}\to\text{S}}Q,[S,\text{S}+(\text{B})]\xrightarrow[P=3,F=1]{\text{L}\to\text{S}+\text{B}}$$

$$E_2(\text{到达})[E,\text{S}+\text{B}+(\text{C})]\xrightarrow[P=4,F=0]{\text{L}\to\text{S}+\text{B}+\text{C}}E_2(\text{消失})[b,\text{S}+\text{B}+\text{C}]$$

3.2.2.3 连接线规则(温度最高点规则)

图 3-16 中 E_1E_2 与其他各线不同，线上带有两个箭头，一个指向 E_1 点，另一个指向 E_2 点。这究竟是如何确定的呢？温度最高点规则就能帮助我们解决界线上箭头方向问题，换句话说，它能够确定界线上的温度最高点的位置以及温度下降方向。

温度最高点规则的要点是：连接相邻初晶区的两固相组成点的直线(或其延长线)与其界线(或界线延长线)相交，则此交点为界线上温度最高点，界线的温度随离开此点而下降。如图 3-16，连接相邻相区 $C_{相}$、$S_{相}$ 的组成点 C、S，CS 线与其界线 E_1E_2 直接相交于 m 点，则 m 点为 E_1E_2 线上温度最高点，线上的温度随离开 m 点向两侧下降，即温度箭头应指向 E_1 和 E_2。各种界线的温度下降方向均可用该规则来确定。

在三元系统中应用连接线规则时，有可能发生 3 种情况，如图 3-17 所示。A、B 表示两固相组成点，$A_{相}$、$B_{相}$ 为相邻初晶区，1-2 表示界线曲线。不论是出现哪种情况，交点总是界线上的温度最高点。

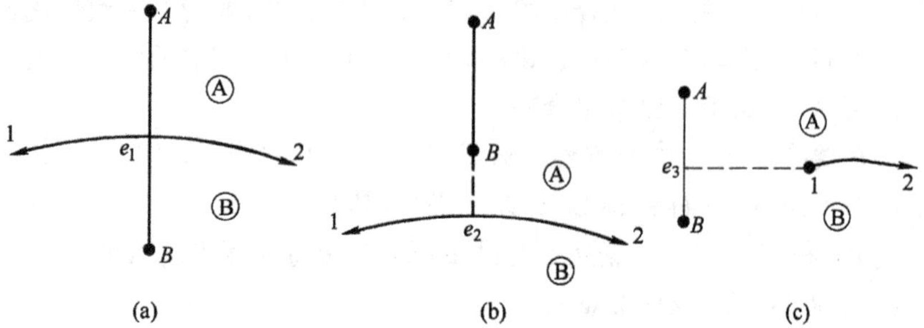

图 3-17　连接(点)线规则

(a)连接线与界线直接相交；(b)连接线的延长线与界线相交；
(c)连接线与界线延长线相交

3.2.2.4　三角形划分法(三角形化)

图 3-16 相图类型由于存在化合物，因此要较具有一个最低共熔点的三元系统相图稍稍复杂些。利用三角形划分法，可以把复杂的相图进行简化，并能正确地预测物质的冷却进程。

从图 3-16 已知，因化合物 A_mB_n 出现，连接 CS 线可将原系统划分成两个分三角形(或称基本三角形)，即成为两个简单低共熔型的三元相图。因此得出一个重要方法：对于生成化合物的复杂相图，可以把某些固相组成点连接起来，将原相图划分成若干个分三角形，使之简化。这种方法简称为“三角形化”。

三角形化的原则是：一般根据三元无变量点而划分。即每个三元无变量点都对应一个分三角形，该点上平衡共存的三个固相为其分三角形的三个顶点。无变量点可能在其分三角形内，也可能在其分三角形外。其具体方法是：凡是相邻初晶区的固相组成点应连成直线，不是相邻初晶区的固相组成点则不能连成直线。

例如图 3-18 具有一致熔二元化合物：$m(A_nC_m)$、$n(B_nC_m)$。有五个初晶区：$A_{相}$、$B_{相}$、$C_{相}$、$m_{相}$ 及 $n_{相}$。根据三角形化的方法，应该连接 An 线、mn 线，而不是连接 Bm 线。因为图中 $B_{相}$、$m_{相}$ 两初晶区不相邻，没有交界关系。这样将 A-B-C 三元系统，划分成三个分三角形。它们与无变量点的对应关系是：$\triangle ABn$ 对应 E_1 点，$\triangle Amn$ 对应 E_2 点，$\triangle Cmn$ 对应 E_3 点。

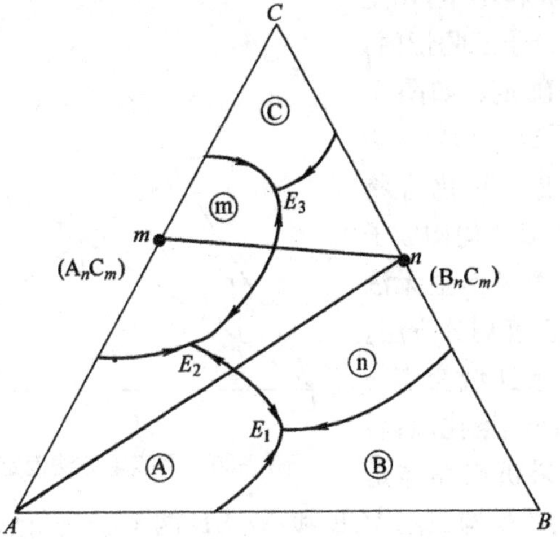

图 3-18 分三角形划分法

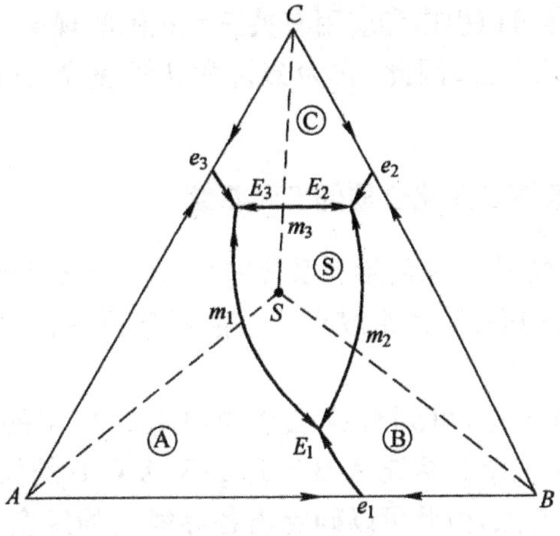

图 3-19 具有一致熔三元化合物的三元相图

划分分三角形要注意下面几点：

(1) 总系统中有几个无变量点就有几个分三角形，但多晶转变时的三元无变量点不包括在内。

(2) 以每个无变量点周围的初晶区所对应的三个组元为子三角形顶点构成子三角形系统。

(3) 如果资料不全，用上述两点无法划分子三角形时，可以通过实验确定。如图 3-20 中 A 和 C 形成二元化合物 D；B 和 C 形成二元化合物 E。连接 AE 或 BD 均构成子三角形。但因资料不全无法确定哪一种是正确划分方法。这时可以取两条连线交点 g 的组成混合物加热熔化，然后冷却析晶。如果析出晶体是 A 和 E，则连接 AE 构成△ACE 和△AEB 两个子三角形是正确的；反之析出的晶体是 B 和 D 时，则连接 BD 是正确的。

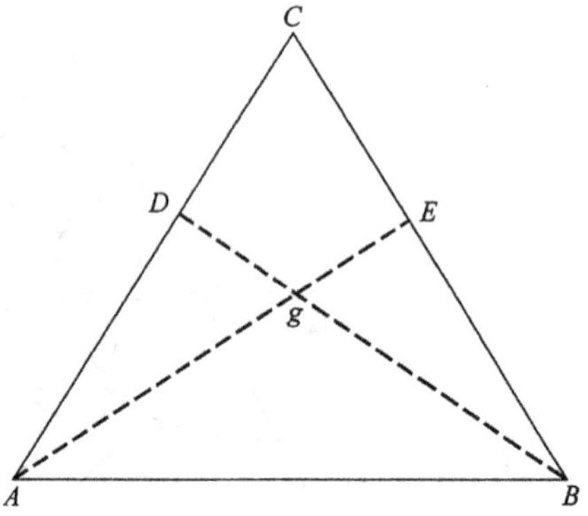

图 3-20　用实验方法确定子三角形

应该指出，三角形化之后，每个分三角形可成为各种不等边三角形，但在其中同样可以引申和应用有关三元相图的规律，只是各边采取的刻度大小不同而已。因此，它为分析和认识复杂相图提供了有利条件。

3.2.3　具有一致熔三元化合物的三元系统

该类型相图如图 3-19 所示。系统中生成一个三元化合物 $A_xB_yC_z$ (S)，图中有它的初晶区，其组成点 S 在它的初晶区内，故 S 为一致熔化合物。

将该图三角形化，可划分成三个简单低共熔型的分三元系统。E_1、E_2、E_3 分别是三个分系统 A-B-S、B-C-S、A-C-S 的低共熔点。m_1、m_2、m_3 是三个鞍心点，由此可以确定出各界线上的温度下降方向。这类相图的析晶过程及其规律性，与前两种类型基本相同，可自行分析比较。

3.2.4　具有不一致熔二元化合物的三元系统

3.2.4.1　相图特点

图 3-21 为具有不一致熔二元化合物的三元相图，首先是在 A-B 二元系统中生成一个二元化合物 $D(A_mB_n)$，它的组成点 D 在其初晶区的外面，故属不一致熔化合物。其次是无变量点 P 和界线 Pu 所具有的特殊性。下面分别讨论 P 点和 Pu 线的性质。

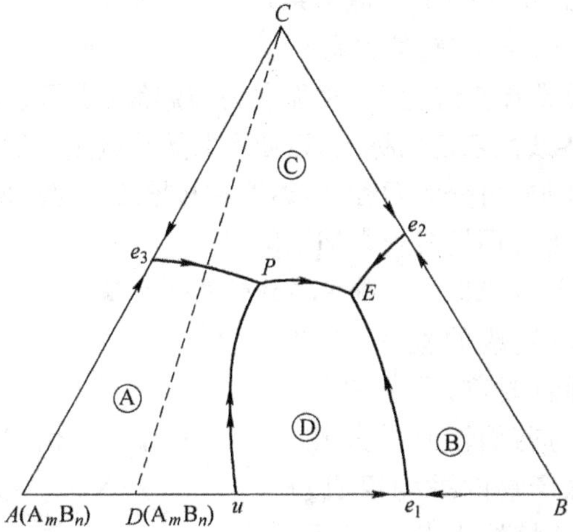

图 3-21　具有不一致熔二元化合物的三元相图

无变量点 P 和 E 点相比，具有不同的性质。E 点是 $B_{相}$、$C_{相}$、$D_{相}$ 三个初晶区的汇交点，处于对应△BCD 之内，构成重心位置关系，符合重心规则：E＝B＋C＋D。如果 E 点是液相组成点，则在 E 点的平衡是：$L_{(E)} \rightleftharpoons B+C+D$。即为共熔（或共析晶）关系，故 E 为低共熔点。而 P 点是 $A_{相}$、$C_{相}$、$D_{相}$ 三个初晶区的汇交点，处于对应△ACD 之外，构成相对位关系，P＋A＝D＋C，如果 P 点是液相组成点，则在 P 点的平衡关系是 $L_{(P)}+A \rightleftharpoons C+D$。

上述关系表明，当液相 P 冷却析晶时，原有的晶相 A 转熔（溶解或回吸）入液相中，而析出两个晶相 C 和 D。所以称这种相变过程为转熔过程，称 P 点为转熔点（或单转熔点，有一个固相被转熔）。

另外，汇交 E 点的三条界线上的温度箭头均指向 E 点，而汇交 P

点的三条界线中，有两条界线上温度的箭头指向 P 点，有一条线上的温度箭头离开 P 点。如果从 P 点出发，即有两条界线上的温度是上升的（高于 P 点温度），故又称 P 点为双升点。因此可以得出结论：根据无变量点与其对应分三角形的位置关系，或者汇交无变量点的三条界线上温度箭头的指向，可以确定无变量点的性质。

Pu 界线与低共熔线相比，也具有不同的性质。我们知道，在界线上是液相和两个固相平衡共存，但共存的性质可有不同。现比较如下：

e_3P 界线 $L \rightleftharpoons A+C$（共析晶关系）

Pu 界线 $L+A \rightleftharpoons D$（转熔关系）

由于 Pu 线具有转熔性质，故称它为转熔线（或回吸线）。在三元相图上的转熔界线用双箭头标出，以便和共熔线区别。因此，三元相图的界线按性质不同，可分为两种：共熔线和转熔线。对这两种界线的不同性质，在相图上常用切线规则加以确定。

3.2.4.2 切线规则——确定界线性质的方法

先介绍瞬时组成的概念，即：液相在某一瞬间（时刻）所析晶的固相组成。它与前面谈到的固相组成（即析晶总产物的平均组成）不同。要确定共熔线上某一点析出的瞬时固相组成可通过以下的方法：图 3-22 表示共熔线上的析晶情况，欲求 e_1E 共熔线上从 M 到 N 液相析出的固相组成，可连接 MN，并延长与 AB 相交于 P 点，P 点为在此段析晶路程中析出的总固相组成。设想 M 点不断向 N 点接近，则固相组成从 P 逐渐向 Q 靠近。当 M 与 N 重合时，NP 变为在 N 点对 e_1E 所作的切线 NQ，Q 是组成为 N 的液相所析出的瞬时固相组成。由此可见，欲求位于共熔线上的液相组成所析出的瞬时固相组成，可在此点引共熔线的切线和沿此共熔线析出的两固相组成点的连线相交，其交点即为所求的瞬时固相组成。瞬时组成可以反映析晶过程中不同时刻的微小变化，因而可以用来判断析晶过程的性质。

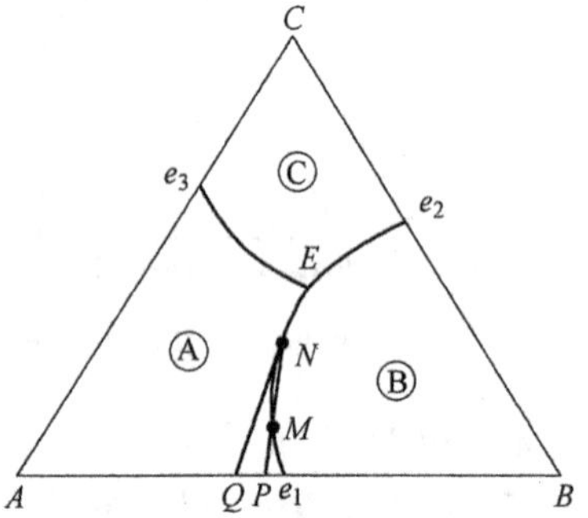

图 3-22 瞬时组成的确定

切线规则的要点是：通过界线上各点作切线与两平衡晶相组成点的连线相交，如果交点都在连线之内，则为共熔界线；如果交点都在连线之外（即与延长线相交）则为转熔界线，而且是远离交点的那一相（如A相）转熔；如果交点恰好和一晶相组成点重合，则为性质有转变的界线，切点是界线性质转变点。

下面以图3-23为例加以具体说明。界线 uE 的 kE 线段内，切线 hA' 交在 AD 连线之内的 A' 点，即有如下平衡关系：

$L(h) \rightleftharpoons A'$　而　$A' = A + D$

则有 $L(h) \rightleftharpoons A + D$（共熔关系）

经过 kE 线上各点作切线判断，都具有与 h 点相同的性质，故确定 kE 线（段）为共熔线，在图中 kE 段用单箭头表示。

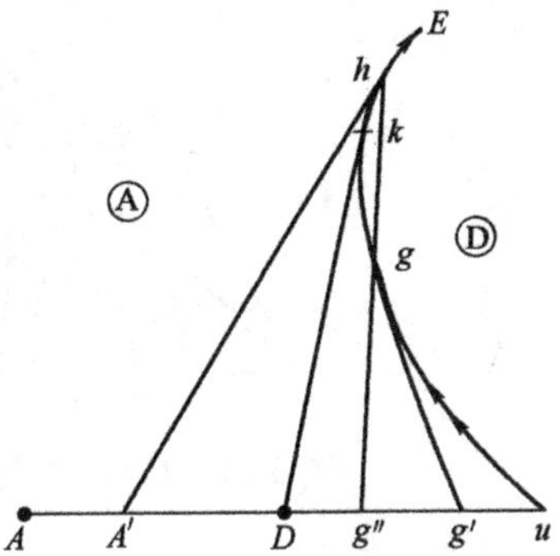

图3-23　切线规则

界线 uE 的 uk 线段内，切线 gg' 交在 AD 连线以外（AD 延长线）的 g'，即有如下平衡关系：

$$L(g) \rightleftharpoons g' \quad 而 \quad g' = D - A$$

则有 $L(g) + A \rightleftharpoons D$（转熔关系）

经过 uk 线上各点作切线判断，都具有与 g 点相同的性质，故确定 uk 线（段）为转熔线，远离交点（g'）的A相被转熔，在图中 uk 段用双箭头表示。

uE 界线上的 k 点，它的切线 kD 恰好与D晶相组成点重合，故 k 点的液相只析出晶相D。应该注意，具有性质转变点的界线，并不是所有界线必然出现的现象。

3.2.4.3　析晶过程分析

如图3-24所示，全图可划分为14个小析晶区，各小区的析晶过程均有所差别。下面选⑥和④区的 m、n 点进行分析。如图3-25所示，组成点 m 在A相区的第⑥小区内，处于△DBC 中，所以先析出A相并在 E 点析晶终了，最终产物为D、B、C三相。

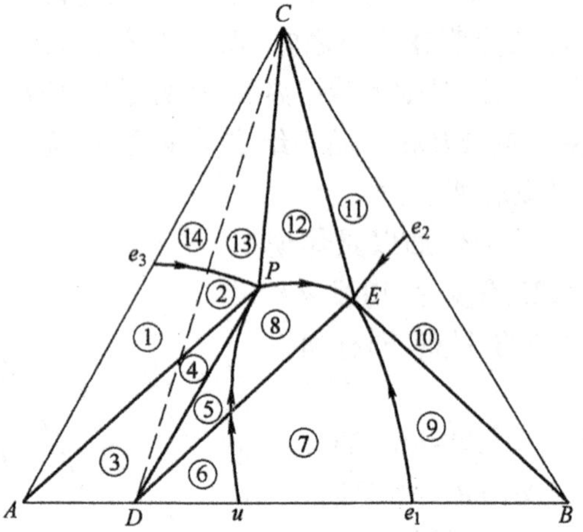

图 3-24　有不一致熔二元化合物三元相图分区图

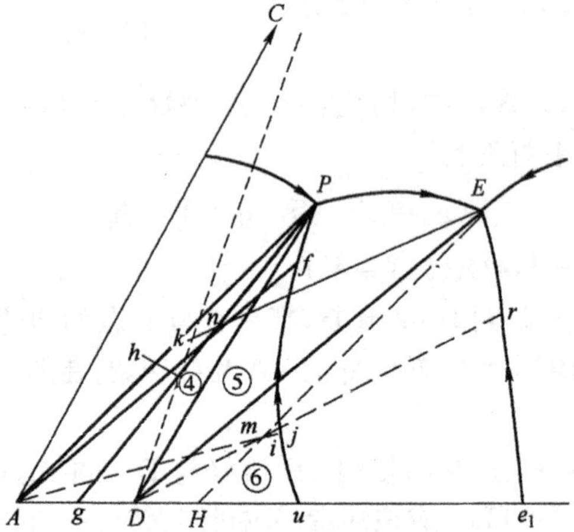

图 3-25　图 3-24 的典型析晶过程

m(熔体)$\xrightarrow[P=1,F=3]{\text{L}}$$m[A,(\text{A})]$$\xrightarrow[P=2,F=2]{\text{L}\to\text{A}}$$i[A,\text{A}+(\text{D})]$$\xrightarrow[P=3,F=1]{\text{L}+\text{A}\to\text{D}}$
$j[D,\text{D}$(A 消失)$]$$\xrightarrow[P=2,F=2]{\text{L}\to\text{D}}$$r[D,\text{D}+(\text{B})]$$\xrightarrow[P=3,F=1]{\text{L}\to\text{D}+\text{B}}$$E$(到达)$[H,\text{D}+\text{B}+(\text{C})]$$\xrightarrow[P=4,F=0]{\text{L}\to\text{D}+\text{B}+\text{C}}$$E$(消失)$[m,\text{D}+\text{B}+\text{C}]$

$$n(\text{熔体})\xrightarrow[P=1,F=3]{L}n[A,(A)]\xrightarrow[P=2,F=2]{L\to A}f[A,A+(D)]\xrightarrow[P=3,F=1]{L+A\to D}P(\text{到达})[g,D+A+(C)]\xrightarrow[P=4,F=0]{L+A\to D+C}P(\text{离开})[h,D+C(A\text{ 消失})]\xrightarrow[P=3,F=1]{L\to D+C}E(\text{到达})[k,D+C+(B)]\xrightarrow[P=4,F=0]{L\to D+B+C}E(\text{消失})[n,D+C+B]$$

由以上的讨论可以看出，有转熔现象存在的析晶过程，必须弄清楚两个问题：穿相区的规律性和在双升点上的转熔结果。

析晶过程中穿相区的规律性可概括如下：

(1) 穿相区现象必发生在有转熔存在的析晶过程中。但有转熔存在的过程不一定都发生穿相过程。只有当转熔相被转熔完毕，液相组成点、物系组成点与不转熔相(化合物)组成点三点在一条直线上时，液相组成的变化才开始穿越相区。

(2) 穿相区现象仅限于某些区域的组成点析晶时才出现。如图 3-24 中 D-u-P 范围内(即⑤、⑥两个小区)的组成点，在其析晶过程中才有穿相区现象。穿越相区后液相组成的变化路程，则由它与哪条界线直接相遇而定。

(3) 发生穿相区现象的原因，可由相律给予说明。如 up 界线上的相律关系：

$$L(up)+A\rightleftharpoons D\quad P=3,F=1$$

而相区 $D_{相}$ 内的相律关系：$L_{D相}\rightleftharpoons D\quad P=2,F=2$

所以，在转熔线上，当 A 相被转熔完时，即变成单相区的相律关系，液相组成点必须离开界线进入相区才能符合相律的要求。

在双升点(P)上可能有三种转熔结果(参照图 3-24)：

(1) 液相消失，A 相有剩余，在 P 点析晶终了。在△ADC 中的组成点属于这种析晶情况。

(2) A 相被转熔完，液相有剩余，成为液相与 D 相、C 相平衡共存。这时液相组成点将沿着 PE 界线继续变化，直到 E 点析晶终了。在△BCD 中②④⑬小区内组成点属于这种析晶情况。

(3) 液相和 A 相同时用完消失，在 P 点析晶终了，最终产物为 C 和 D 两个晶相。在 DC 连线上的组成点才属于这种析晶情况。

下面我们不再分析每一区中的详细析晶情况，因为所依据的原则都是以前讨论过的。

3.2.5 具有不一致熔三元化合物的三元系统

该系统中形成一个不一致熔三元化合物 S，根据组成点 S 在其初晶区之外的位置不同，又可构成两种不同型式：双升点型和双降点型。下面分别进行讨论。

3.2.5.1 具有双升点型式的相图

相图特点如下：

图 3-26 为具有不一致熔三元化合物的三元相图（双升点型），无变量点的性质：E_1、E_2 是低共熔点，P 是双升点（单转熔点），其对应的三角形分别是：$\triangle BSC$、$\triangle ASC$ 和 $\triangle ASB$。

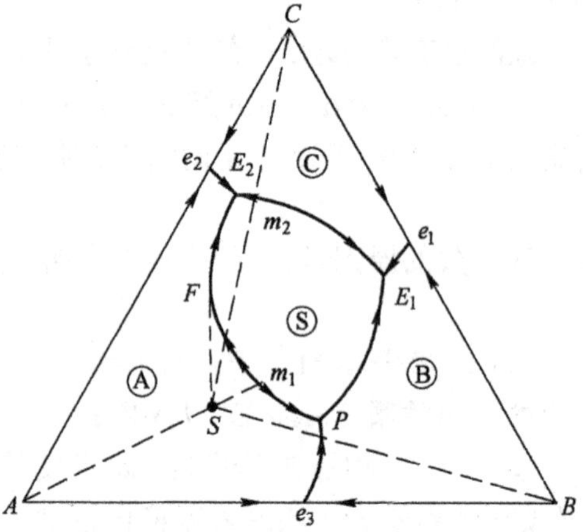

图 3-26　具有不一致熔三元化合物的三元相图（双升点型）

根据连接线规则，延长 AS 交 PE_2 界线于 m_1 点，则 m_1 点是该界线上的温度最高点。从 m_1 点向两侧以箭头注明温度下降的方向，m_1 点也是化合物 S 加热熔融分解的温度点。化合物的分解反应是：$S \xrightarrow{t℃} A + L_{(t)}$。因化合物属不一致熔，所以它的最高温度点在立体图上被液相曲面所掩蔽。

根据切线规则判断，通过界线 E_2P 的任意一点作一切线，过 F 点作切线与 S 点相交，则 F 点是性质转变点，在 FP 段任意一点作切线，与

AS 延长线相交，所以 FP 段为转熔线，FE_2 段为共熔线：$L_{(PF)}+A \rightleftharpoons S$，$L_{(FE_2)} \rightleftharpoons A+S$。

该图的特点是 P 点在对应△ASB 之外构成相对位关系，故 P 点是双升点。在 P 点上的转熔平衡关系为：$L_{(P)}+A \rightleftharpoons S+B$。

3.2.5.2　具有双降点型式的相图

A　相图特点

如图 3-27 所示，该图的特点是无变量点 R 与对应△ASB 构成共轭位关系：$R+A+B \rightleftharpoons S$。如果 R 点是液相组成，则 R 点的析晶过程是：$L_{(R)}+A+B \rightleftharpoons S$，它表明 A、B 两种晶相同时发生转熔而析出化合物 S。由于在 R 点进行双相转熔反应，故称 R 点为双转熔点。又因汇交于 R 点的三条界线中，有两条界线上的温度是下降的，故又称 R 点为双降点。它的出现将导致该图某些区域的析晶过程变得更加复杂。

B　析晶过程分析

在此相图中选取几个有代表性的点做一下析晶过程分析，如图 3-27 中的 m 点和图 3-28 中的 n 点。

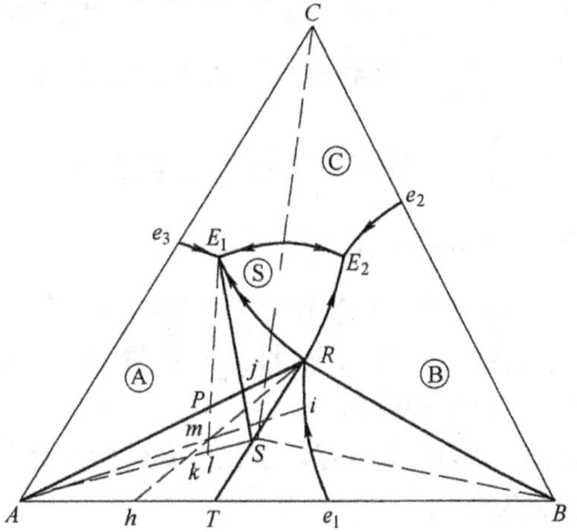

图 3-27　具有不一致熔三元化合物的三元相图（双降点型）

$$m(\text{熔体})\xrightarrow[P=1,F=3]{L} m[A,(A)]\xrightarrow[P=2,F=2]{L\to A} i[A,A+(B)]\xrightarrow[P=3,F=1]{L\to A+B}$$

$$R(\text{到达})[h,A+B+(S)]\xrightarrow[P=4,F=0]{L+A+B\to S} R(\text{离开})[k,A+S(B\text{ 消失})]$$

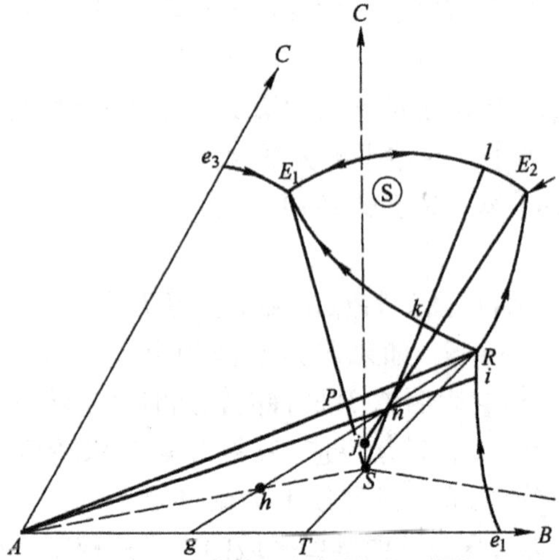

图 3-28　有穿相区的析晶过程放大图

$\xrightarrow[P=3,F=1]{L+A\to S}E_1$(到达)$[l,S+A+(C)]\xrightarrow[P=4,F=0]{L\to S+A+C}E_2$(消失)$[m,S+A+C]$

n(熔体)$\xrightarrow[P=1,F=3]{L}n[A,(A)]\xrightarrow[P=2,F=2]{L\to A}i[A,A+(B)]\xrightarrow[P=3,F=1]{L\to A+B}R$(到达)

$[g,A+B+(S)]\xrightarrow[P=4,F=0]{L+A+B\to S}R$(离开)$[h,A+S$(B 消失)$]\xrightarrow[P=3,F=1]{L+A\to S}k$

$[S,S$(A 消失)$]\xrightarrow[P=2,F=2]{L\to S}l\,[S,S+(C)]\xrightarrow[P=3,F=1]{L\to S+C}E_2$(到达)$[j,S+C+$

$(B)]\xrightarrow[P=4,F=0]{L\to S+C+B}E_2$(消失)$[n,S+C+B]$

从图 3-27 中可以看出，在△*ARB* 内的物系点，其析晶过程较复杂。它们都要经过或到达双降点 *R*，根据其位置不同，在 *R* 点双转熔点的结果可能出现下列几种情况：

(1) 液相先消失，A 相、B 相有剩余，在 *R* 点析晶终了。在△*ABS* 中组成点属于这种情况。

(2) 固相 A 和 B 同时转熔完毕，液相有剩余，成为液相和 S 相两相平衡共存，则液相组成将从 *R* 点开始穿相区 S 相。而后的析晶路程是液相组成沿 RE_2 界线(对图 3-27 而言)继续变化。这种特殊的析晶情况，只有在 *RS* 连线上的组成点才会出现。

(3) A 相先转熔完，B 相、液相有剩余。成为液相、B 相和 S 相平衡共存，则液相组成将沿 RE_2 界线变化，到 E_2 点析晶终了。在$\triangle RSB$ 中的组成点属于这种情况。

(4) B 相先转熔完，A 相、液相有剩余。成为液相、A 相和 S 相平衡共存，则液相组成将沿 RE_1 界线变化，在$\triangle RSA$ 中的组成点属于这种析晶情况，由于 RE_1 界线是转熔线，其中$\triangle RSj$ 的组成点还会出现穿相区现象（如图 3-28 中 n 点），所以其析晶终点可能在 E_1 点，也可能在 E_2 点。在$\triangle ASC$ 中的组成点在 E_1 点析晶终了。

对于某一物系组成点的析晶过程，在 R 点的双转熔结果，晶体应该属于上述哪种情况，可以根据杠杆定律及有关析晶规律性加以判断。但对于较复杂的析晶过程，常需要选择一种特殊的析晶情况，来作为比较和判断其他析晶情况的基准。例如，在图 3-27 中，化合物组成点 S 的熔体在 R 点发生双转熔所具有的相量关系，可作为判断其他组成点双转熔结果的判断基准。说明如下：

组成点 S 的析晶过程，在 R 点的双转熔结果是：液相、A 相和 B 相三相同时消失，只剩下 S 相。这是因为在这种特殊情况下，在 R 点平衡共存的液相、A 相和 B 相所具有的数量比例，恰好都形成化合物 S。由 R-S-T直线（T 为 RS 延长线与 AB 的交点）即可看出它具有的相量关系。

$$\frac{\mathrm{A}}{\mathrm{B}}=\frac{TB}{TA},\quad \frac{\mathrm{L}(R)}{\mathrm{A+B}}=\frac{ST}{SR}$$

例如，以此数量关系为基准，判断物系 m 点在 R 点的双转熔结果：

$\frac{\mathrm{A}}{\mathrm{B}}=\frac{hB}{hA}>\frac{TB}{TA}$，故 A 相剩余，B 相消失；

又$\frac{\mathrm{L}(R)}{\mathrm{A+B}}=\frac{mh}{mR}>\frac{ST}{SR}$，故液相剩余，固相(B)消失。

所以，在 R 点双转熔之后，液相组成点应沿 RE_1 界线变化，而不应沿 RE_2 界线变化。

3.2.6 具有高温稳定(低温分解)的二元化合物的三元系统

3.2.6.1 相图特点

本类型的相图如图 3-29 所示。在 A-B 二元系统中形成一个二元化合物 S，它在高于 t_m 温度时稳定存在，低于 t_m 温度时分解为 A 相和 B 相。由此不难理解，化合物 S 初晶区与 A-B 二元边相连接。图中 t_m

点是S相区的最低温度点，也是化合物S分解（冷却时）或形成（加热时）的温度点。

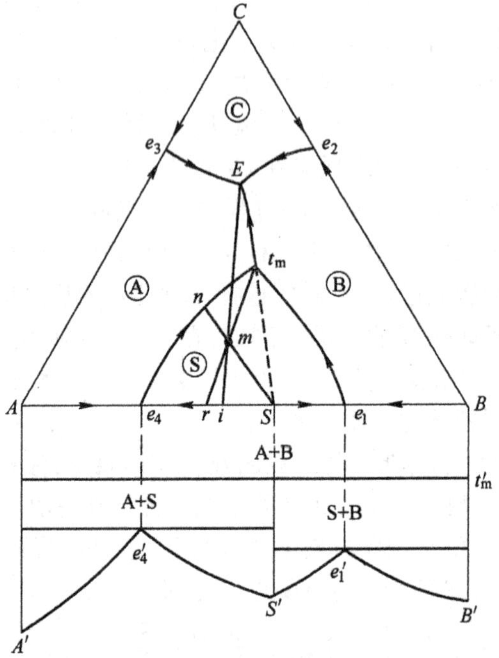

图 3-29 具有高温稳定（低温分解）二元化合物的三元相图

该类相图特点，首先是 t_m 点形如双升点，但在 t_m 点并不发生单转熔过程，而是化合物的分解过程。t_m 点的液相不参与化合物的分解反应，只作为介质存在，当无液相存在时，化合物的分解依然进行。t_m 点的相平衡关系表示如下：

$$(L)+A_mB_n \underset{t_m\uparrow}{\overset{t_m\downarrow}{\rightleftharpoons}} mA+nB+(L)$$

其另一特点是无变量点 t_m 无对应的分三角形。在该点上平衡共存的A、B和S三个晶相组成点在一条直线上，没有构成对应三角形。所以，t_m 点不能成为析晶终点，只是析晶路程上的经过点，故称 t_m 点为过渡点或分解点。

图中 t_mS 虚线是 Et_m 延长线，表示当无化合物存在时，A相区和B

相区的界线。

3.2.6.2 析晶过程分析

选取图中有代表性的 m 点，做一冷却析晶过程分析。

$$m(\text{熔体})\xrightarrow[P=1,F=3]{L} m[S,(S)]\xrightarrow[P=2,F=2]{L\rightarrow S} n[S,S+(A)]\xrightarrow[P=3,F=1]{L\rightarrow A+S} t_{m}$$

$$(\text{到达})[r,S+A+(B)]\xrightarrow[P=4,F=0]{L+mA+nB\underset{t\downarrow}{\overset{t\uparrow}{\rightarrow}}A_{m}B_{n}+L} t_{m}(\text{离开})[r,A+B(S\text{消失})]$$

$$\xrightarrow[P=3,F=1]{L\rightarrow A+B} E(\text{到达})[i,A+B+(C)]\xrightarrow[P=4,F=0]{L\rightarrow A+B+C} E(\text{消失})[m,A+B+C]$$

3.2.7 具有低温稳定(高温分解)的二元化合物的三元系统

3.2.7.1 相图特点

本类型的相图如图 3-30 所示。它在 A-B 二元中形成一个二元化合物 S，化合物在低于 t_x 温度时稳定存在，高于 t_x 温度时分解为 A 相和 B 相。因此，化合物初晶区不与二元边相连接，而在相图的中部。这表示化合物

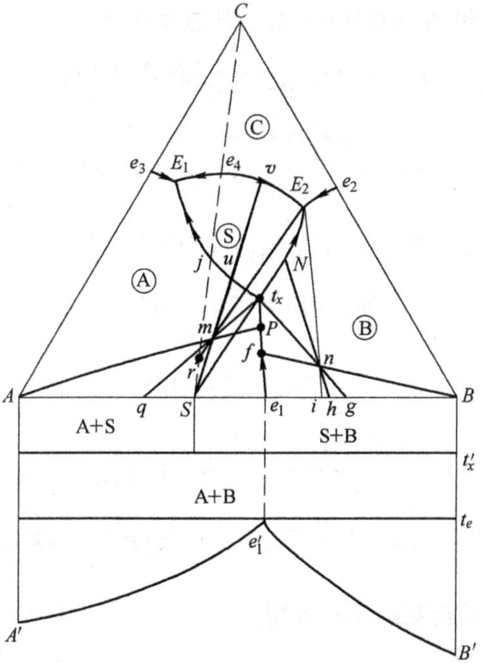

图 3-30 具有低温稳定(高温分解)的二元化合物的三元相图

与二元熔体无共存关系，只与三元熔体有平衡共存关系。这是该图的特点之一。

该相图的另一特点，是 t_x 形如双降点，但在该点不发生双转熔过程，而是化合物 S 的形成(或分解)过程。t_x 点的液相只作为介质存在而不参与化合物的形成反应。t_x 点的相平衡关系可表示如下：

$$(L)+A_mB_n \underset{t_m\downarrow}{\overset{t_m\uparrow}{\rightleftharpoons}} mA+nB+(L)$$

显然，无变量点 t_x 也无对应的分三角形，不能成为析晶终点，而是析晶路程上的经过点。所以称 t_x 点为过渡点或形成点。在冷却析晶时，在 t_x 点形成化合物之后，总有一个固相(A 或 B)消失。如果固相 A 消失，则液相组成点将沿 t_xE_2 线移动；如果固相 B 消失，则液相组成点将沿 t_xE_1 线变化，最后在 E_2 点或者 E_1 点析晶终了。若在 t_x 点上的 A 相、B 相同时消失，即成为液相与 S 两相平衡，则有穿相区现象发生。这种情况只有在 St_x 连线上的组成点析晶时才会出现。

3.2.7.2　析晶过程分析

选取有代表性的 m 点和 n 点作冷却过程分析。

$$m(\text{熔体})\xrightarrow[P=1,F=3]{L} m[A,(A)]\xrightarrow[P=2,F=2]{L\to A} P[A,A+(B)]\xrightarrow[P=3,F=1]{L\to A+B} t_x(\text{到达})[q,A+B+(S)]\xrightarrow[P=4,F=0]{(L)+S\underset{t\downarrow}{\overset{t\uparrow}{\rightleftharpoons}}A+B+(L)} t_x(\text{离开})[q,A+S(B\text{消失})]$$

$$\xrightarrow[P=3,F=1]{L\to A+S} u[S,S(A\text{消失})]\xrightarrow[P=2,F=2]{L\to S} v[S,S+(C)]\xrightarrow[P=3,F=1]{L\to S+C} E_2(\text{到达})[r,S+C+(B)]\xrightarrow[P=4,F=0]{L\to S+C+B} E_2(\text{消失})[m,S+C+B]$$

$$n(\text{熔体})\xrightarrow[P=1,F=3]{L} n[A,(A)]\xrightarrow[P=2,F=2]{L\to A} f[A,A+(B)]\xrightarrow[P=3,F=1]{L\to A+B} t_x(\text{到达})[g,A+B+(S)]\xrightarrow[P=4,F=0]{(L)+S\underset{t\downarrow}{\overset{t\uparrow}{\rightleftharpoons}}A+B+(L)} t_x(\text{离开})[g,B+S(A\text{消失})]$$

$$\xrightarrow[P=3,F=1]{L\to B+S} E_2(\text{到达})[i,S+B+(C)]\xrightarrow[P=4,F=0]{L\to S+C+B} E_2(\text{消失})[n,S+C+B]$$

3.2.8　具有多晶转变的三元相图

当二元系统中某组分有多晶转变时，可以有两种形式：1)转变温度高于低共熔温度，如图 3-31(a)；2)转变温度低于低共熔温度，如图 3-31(b)、(c)。

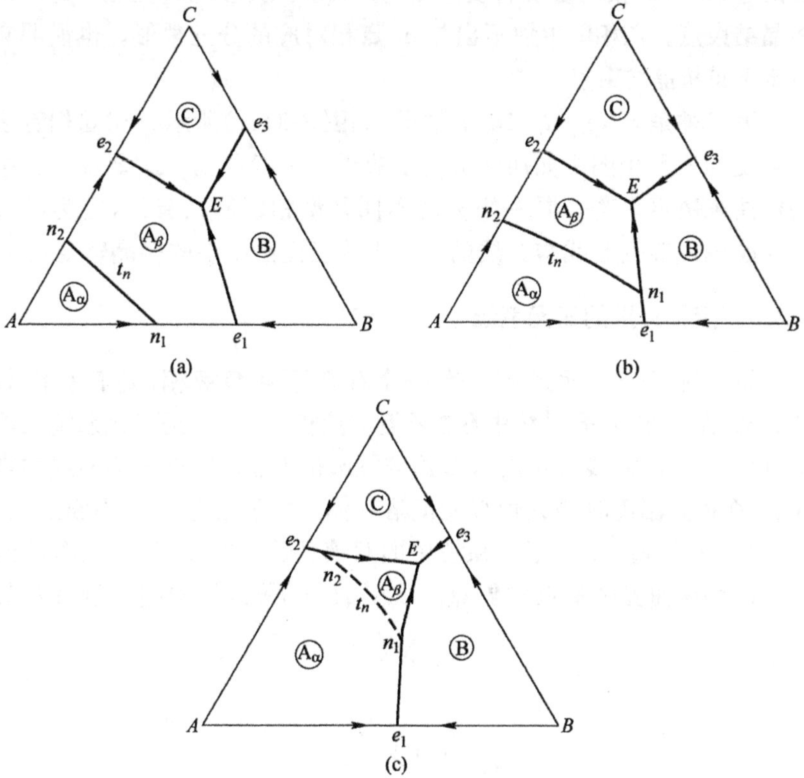

图 3-31　具有多晶转变的三元相图

在最简单三元系统中，当组分 A 有多晶转变，并且转变温度(t_n)高于三元低共熔点时，可以有三种情况：

第一种是如图 3-31(a)所示的情况，从图可看出 $t_n > t_{e_1}$，$t_n > t_{e_2}$。图中 n_1n_2 是等温线，线上任一点都代表 α 型和 β 型之间的转变温度，又称转变曲线。组分 A 的液相面被 n_1n_2 分为两个相区：A_α 和 A_β。

第二种是 $t_n < t_{e_1}$，$t_n > t_{e_2}$ 的情况，如图 3-31(b)所示。因 $t_n < t_{e_1}$，所以 n_1n_2 线与 e_1E 界线相交。交点 n_1 是三元系统内的多晶转变点。在 n_1 点进行的也是无变量的四相平衡过程。若熔体冷却析晶经过 n_1 点

时，必须等到 A_α 全部变成 A_β 后，系统的温度才会继续下降，液相组成点才能离开 n_1 点，沿 n_1E 向 E 点方向变化。由于在 n_1 点进行晶型转变的过程中，液相的量没有发生变化，因此，三元多晶转变点一定不是析晶结束点。在相图中划不出与 n_1 点相对应的分三角形。也说明它一定不是析晶结束点。

第三种是 $t_n<t_{e_1}$，$t_n<t_{e_2}$ 的情况，如图 3-31(c)所示。在固相有多晶转变的三元相图中如何区分转变曲线与一般界线？这要看相图中的标注来决定。若是同一组分的不同晶型相区所共有的，则为晶型转变曲线。转变曲线与界线的交点则为三元系统中的多晶转变点。

3.2.9　液相分层的三元系统

如果在三个二元系统中有一个存在不互溶液相，则其相图如图 3-32 所示。在 A-B 系统中存在不互溶液相。$I'G'J'$ 是二元系统双液层曲线（或汇溶曲线），它在 A-B 边的投影是 IGJ。G' 是汇溶曲线的临界点，在该点温度时两共轭液相汇溶一体。由于组分 C 的不断加入，G' 温度不断下降，致使三元系统中的双液区逐渐缩小，形成汇溶曲面 IGJ，G 为该曲面的最低临界点。$L_1L'_1$、$L_2L'_2$ 等结线两端表示各对共

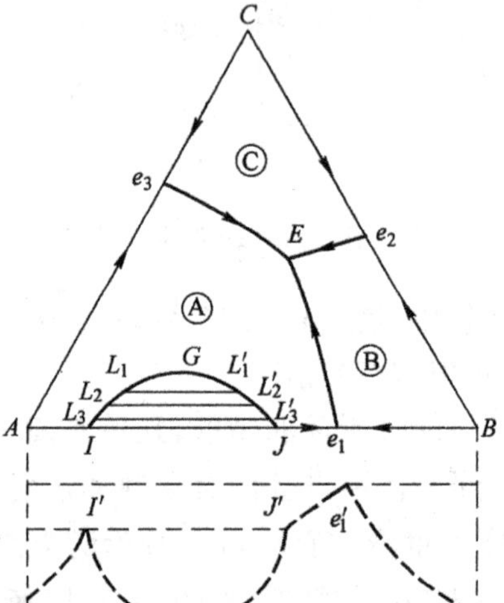

图 3-32　一个二元系具有不互溶液相的三元相图

轭液相的组成。在不同温度下的这些结线并不一定平行 A-B 边，它们是由实验确定的。

图 3-32 中的 A-C，B-C 均为简单二元系统，而 A-B 二元中有液相分层现象。从二元发展为三元时，C 组分的加入使分液范围逐渐缩小，最后在 G 点消失。在分液区内，两个相互平衡的液相组成，由一系列结线表示（图中的 L_1L_1'）。

凡在冷却结晶过程中液相组成经过二液区的熔体都将发生液相分层现象，分为 L 和 L′两种组成的液相，同时析出晶相 A。随着 A 晶相的不断析出，液相中 A 的量在减少，也就是富 A 的液相要转变为富 B 的 L′液相。当液相完全转变为 L′液相时，液相分层现象结束。

3.2.10 形成固溶体的三元系统

3.2.10.1 只有一个二元系统生成连续固溶体的三元系统相图

在 A-B-C 三元系统中，A-B 形成二元连续固溶体，而 A-C 和 B-C 均为简单低共溶系统。这类相图如图 3-33 所示，其中(a)图为立体图，(b)图为投影图。这种立体图垂直投影到底面浓度三角形中所得到的

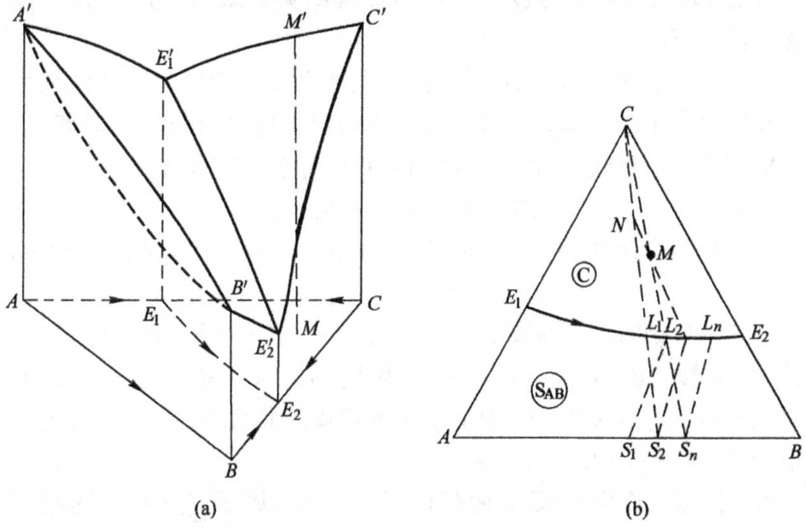

图 3-33 只有一个二元系统生成连续固溶体的三元相图

投影图只有一条界线 E_1E_2，两个初晶区Ⓒ和$\textcircled{S_{AB}}$（$\textcircled{S_{AB}}$表示 A、B 两组分形成的连续固溶体），没有四相平衡共存的三元无变量点。这是这类相图的特点。投影图中的结线 $L_1S_1, L_2S_2, \cdots, L_nS_n$ 等表示与界线上不同组成的液相相平衡的固溶体 S_{AB} 的不同组成。

下面以组成为 M 的熔体为例分析这类相图中熔体的冷却析晶过程。组成为 M 的熔体位于 C 的初晶区内，冷却时首先析出 C 晶相，析出的 C 晶相在 C 点上，液相组成则根据背向规则沿 CM 射线向背离 C 的方向移动，液相中不断地析出 C 晶体，系统中相数 $P=2$，自由度数 $F=2$。当液相变化到达界线 E_1E_2 上的 L_1 点时，从液相中同时析出 C 晶相和组成为 S_1 的固溶体，系统中三相平衡共存，$P=3$，$F=1$，液相将沿着界线移动。当液相点沿界线变化到 L_2 点时，固溶体的组成在 S_2 点，总的固相是由 C 晶相和组成为 S_2 的固溶体构成的，根据杠杆规则，固相组成点应在 C 和 S_2 的连线上；同时，这个固相应和组成为 L_2 的液相平衡，其组成点的位置应在 L_2M 线上远离 L_2 点的一端。综合上述两点，当液相沿界线到达 L_2 点时，其固相点应在 CS_2 线与 L_2M 线的交点 N 处。当液相点到达 L_n 点时，固溶体的组成到达 S_n 点，C、M、S_n 三点在一条直线上，也即固相组成点与原始熔体的组成点重合，这时液相在 L_n 点消失，析晶过程结束。最后的产物为 C 晶相和固溶体 S_{AB}。

组成在初晶区 S_{AB} 内的熔体，冷却时，首先析出固溶体。其结晶路程沿着实验求出的结晶线进行。其结晶结束点仍在液相与 C 晶相、固溶体平衡共存的界线上，析晶产物仍是 C 晶相和固溶体 S_{AB}。

3.2.10.2　*形成有限固溶体的三元相图*

该类相图有多种，图 3-34 是有两对形成有限固溶体的三元立体相图。

该图的顶部有两个液相面：α 初晶面 $A'e'_1e'_2C'$，投影图为 Ae_1e_2C（α 初晶区）；β 初晶面 $B'e'_1e'_2B'$，投影图为 Be_1e_2B（β 初晶区）。两个初晶面的交界线 $e'_1e'_2$ 投影为 e_1e_2 是 α、β 两固溶体的共熔曲线。e_1e_2 线上的平衡关系为：$L \rightleftharpoons \alpha+\beta$。

图中还有三个固相面：α 固相面 $A'f_1g_1C'$，该面以下是 α 固相空间，投影为 $AfgC$；β 固相面 $B'i_1h_1$，该面以下是 β 固相空间，投影为

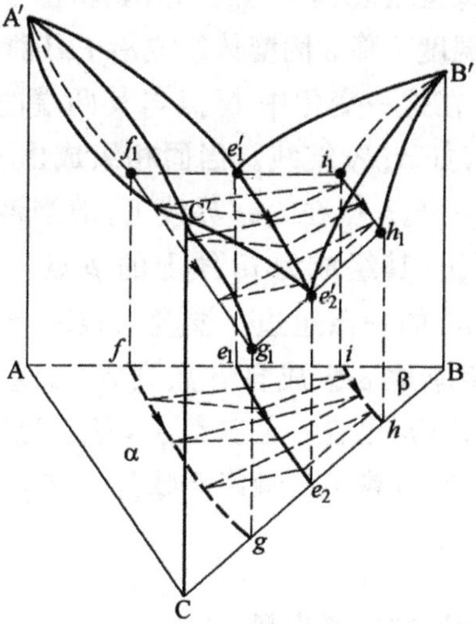

图 3-34 形成有限固溶体的三元相图

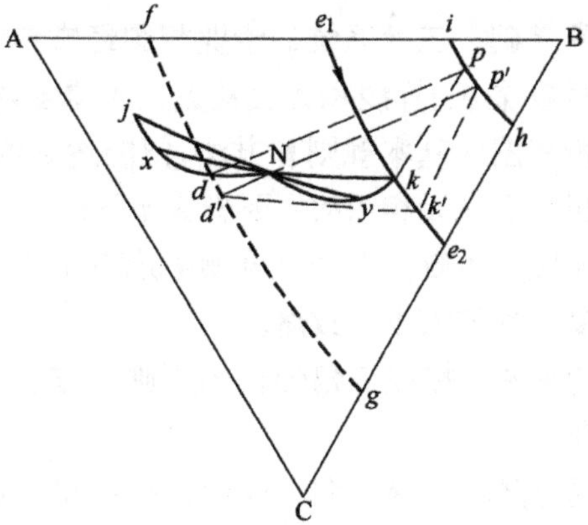

图 3-35 物系组成 N 的析晶过程

Bih 区；α 和 β 共存的固相面 $f_1g_1h_1i_1$，该面以下是 α、β 的双固相空间，投影为 $fghi$ 区。各面相交成三条曲线，曲线上表示的箭头，表示温度下降方向，也表示这些面是倾斜而不是水平的。在 e_1e_2 界线上平衡共存的液相、α 相和 β 相之间的组成关系可用结线三角形表示，可借助它们讨论析晶过程。

当熔体温度冷却至液相面 N 点时，开始析出 α 固溶体，组成为 j 点(见图 3-35)。随温度下降 α 固溶体组成沿 jxd 曲线变化，而液相组成则沿 Nyk 变化。在这一变化中 N 点与其两端的固相和液相组成始终在一条直线上，如 xNy 结线。当固相组成由 $j \rightarrow x \rightarrow d$ 时，液相组成相应地由 $N \rightarrow y \rightarrow k$。$k$ 点在 e_1e_2 界线上，故当液相组成到达 k 点时，β 固溶体开始析出，其组成为 ih 线上的 p 点。此时 dNk 在一直线上，且为结线△dpk 的一条短边。温度结线下降，液相组成沿 e_1e_2 线自 k 点到 k' 点，相应地 α 组成自 d 点到 d'、β 组成自 p 点移到 p' 点。由图可以看出 $d'Np'$ 已在一条直线上，且成为结线△$d'k'p'$ 的长边，因此析晶过程在 k' 点终了。最终产物为 α 和 β 固溶体，其数量比例：$\alpha : \beta = Np' : Nd'$。

3.2.11 分析复杂相图的主要步骤

以上讨论了三元相图的 10 种基本类型、分析方法及主要规律，它是分析复杂相图的基础。三元系统的专业相图经常包含多种化合物，使相图上化合物的初晶区、界线和无变量点大大增多，相图变得复杂。但只要掌握了分析相图的基本规则和方法，便能达到读懂和应用专业相图的目的。分析复杂三元相图的主要步骤如下：

(1) 判断化合物的性质。根据化合物组成点是否在其初晶区内，判断化合物性质属一致熔或不一致熔。

(2) 划分分三角形。按照三角形化的原则和方法划分分三角形，使复杂相图简单化。

(3) 标出界线上温度下降方向。应用连接线规则(即温度最高点规则)判断和标出界线曲线的温度箭头。

(4) 判断界线性质。应用切线规则判断界线曲线的性质：共熔线(标单箭头)或转熔线(标双箭头)或有性质转变点的界线。

(5) 确定无变量点的性质。根据三元无变量点与其对应三角形的相对位置关系，或者根据汇交无变量点的三条界线上的温度下降方向，来确定无变量点的性质。三元无变量点的类型和判别方法列入表 3-1 中。

表 3-1 三元无变量点类型及判别方法

性质	低共熔点	双升点（单转熔点）	双降点（双转熔点）	过渡点（化合物分解或形成）	
				双升形	双降形
图例	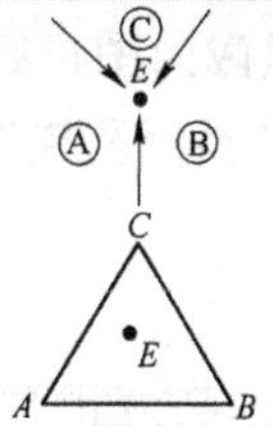	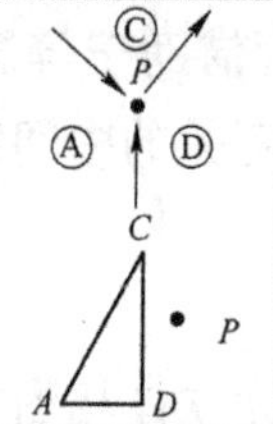	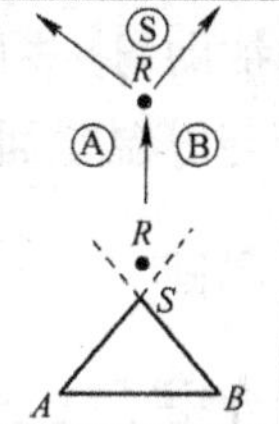	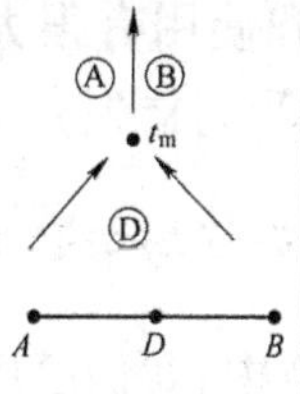	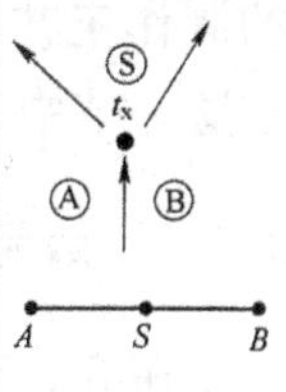
相平衡关系	$L_{(E)} \rightleftharpoons A+B+C$ 三固相共析晶或共熔	$L_{(P)}+A \rightleftharpoons D+C$ 远离 P 点的晶相(A)转熔	$L_{(R)}+A+B \rightleftharpoons S$ 远离 R 点的两晶相(A+B)转熔	$(L)+A_mB_n \underset{t_x \downarrow}{\overset{t_m \uparrow}{\rightleftharpoons}} mA+nB+(L)$ 化合物 A_mB_n(D)的分解或形成	
判别方法	E 点在对应分三角形之内构成重心关系	P 点在对应分三角形之外构成相对位关系	R 点在对应分三角形之外构成共轭位关系	过渡点无对应三角形，相平衡的三晶相组成点在一条直线上	
是否析晶终点	是	视物系组成点位置而定	视物系组成点位置而定	否（只是析晶过程经过点）	

(6) 分析冷却析晶过程（或加热熔融过程）。按照冷却（或加热）过程相变规律，选择一些物系点分析析晶（或熔融）过程。必要时根据杠杆规则进行计算和判断。

(7) 物系组成点正好位于界线上时如何判断初晶相？首先判断界线的性质。若界线是共熔线，则熔体冷却时初晶相是界线两侧初晶区对应的两个晶体。可用切线规则求得初晶相瞬时组成；若界线是转熔线，其熔体析晶时并不发生转熔（因为没有任何晶体可转熔），而是析出单一固相，液相组成点直接进入单相区（即某一晶体的初晶区）并按背向性规则变化。

(8) 物系组成点正好位于无变量点上时初晶相是什么？若无变量点是三元低共熔点，则熔体析晶是该三组元的固相共析；若无变量点是一次转熔点，则其熔体析晶时在无变量点并不发生四相无变量过程，也不发生转熔，而是液相组成点沿某一界线变化析晶，具体析晶性质由第(7)点判断；若无变量点是双转熔点，其熔体析晶时在无变量组成点进入单相区并按背向性规则变化。

3.3　等温截面与多温截面

研究材料在某温度下的熔融关系，对分析材料在这种特定温度下的制作工艺和使用有很大帮助，这些可借助于等温截面图进行分析。在这一节中，我们首先介绍与等温截面有关的中间结晶面及其作法。

3.3.1　结晶空间与中间结晶面

在 3.2 节中，我们已经介绍了在三元立体相图中，在液相面以上为液相区（单相），在固相面以下为固相区（三相）。必须注意的是在液相面与固相面之间，所围成的空间并不是一个整体，而是分为液、固共存的二相区和三相区。即单固相＋液相及双固相＋液相。前者称为单固相空间，后者称为双固相空间。忽视这一点，那么在画等温截面及多温截面时就容易出错。

例如，在具有一个最低共熔点的三元相图中，液相面和固相面之间所围成的空间是由六个不同结晶空间所构成的。在这六个结晶空间中，其中三个分别是组元 A、B、C 的一次结晶空间，或者说是液相＋A，液相＋B，液相＋C 三个两相共存空间。如图 3-36 为在具有最低共熔点的三元系统中的单固相空间。每个单固相空间都由五块曲面围成，例如组元 C 的一次结晶空间由下面五块曲面围成。即顶面是液相面 C；侧面是两个棱面，分别为 $T_Ce_2c_2$ 及 $T_Ce_3c_3$；两个曲面为 e_2c_2cE 及 e_3c_3cE，后两个曲面分别就是组元 C＋B，C＋A 二次结晶开始的曲面，即开始析出第二相的曲面。

在液相面与固相面之间除了一次结晶空间以外，另外三个结晶空间分别是组元 B＋C、C＋A、A＋B 的二次结晶空间，或者说是液相＋B＋C、液相＋C＋A、液相＋A＋B 三个三相平衡共存的空间。它们的形状如图 3-37 所示。以 B＋C 二次结晶空间为例，它是由四个面围成的空间，顶为等温曲面；底为 T_E 等温面或固相面，也是三元共晶开始曲面；侧面是两次析晶开始的曲面 b_1be_2E 及 e_2c_1cE，背面就是 B-C 棱面即 b_1bcc_1，二次结晶空间实质上是一系列不同等温面上的结线三角形由上而下叠合而成，温度越低三角形越大。

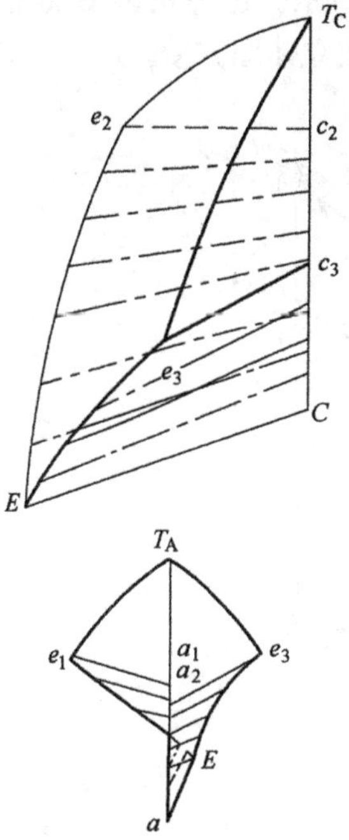

图 3-36　一次结晶空间

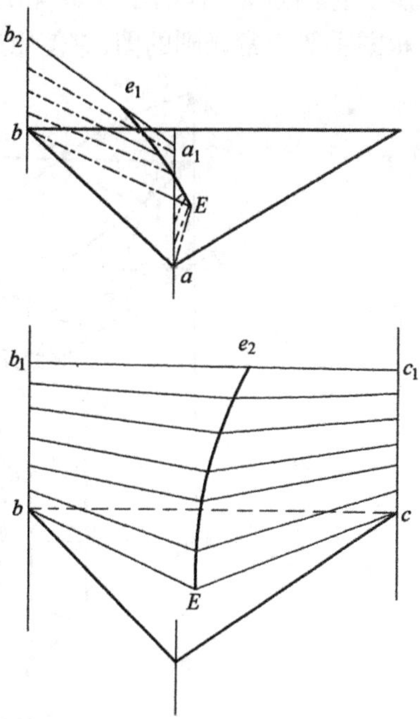

图 3-37　B+C 二次结晶空间

3.3.2　等温截面

三元系统的空间状态图的垂直坐标是温度。等温截面是用相当于一定不变温度的平面，即平行于底平面的等温截面去截相图的立体图，把所得交线画于平面上就是等温截面，等温截面又称横截面或等温断面图。

这些截面的截痕就是液相等温线和固相等温线，通过在这些等温线上的平衡相各点，在等温线的中间可以做出许多直线（结线），结线两端为在此温度下相平衡的两相组成，而结线是由实验数据作出的。

3.3.2.1　等温截面与投影图

在图 3-38 中我们过 t_1、t_2 两个温度，作两个平行于底面的平面，这些平面和液相面相交，可得到一些等温线如 1-2，3-4，5-6，6-7，8-9，每一个温度都可以得到一个等温截面图，如图 3-39 所示。如果把许多截得的等温线以及界线、低共熔点都投在一个三角形上，界线上的温度下降方向用箭头表示，这样就可得到反映立体图液相面范围、低共熔点位置及温度变化的投影图，如图 3-39 和图 3-40 所示。这种投影图就是在一般相图手册中常碰到的图，它使用起来要比立体图方便。

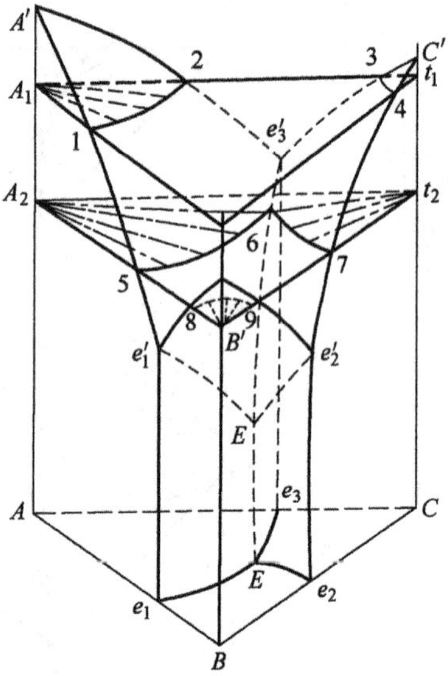

图 3-38　等温截面立体图

温度为 t_1 时的等温截面：作过 t_1 平行于浓度三角形的平面，与立体状态图 A 的初晶面交于 1-2 曲线，与 C 的初晶面交于 3-4 曲线，因为 t_1 高于 B 的熔点，因此该等温截面不与 B 的初晶面相交，其等温截面如图 3-39 所示。

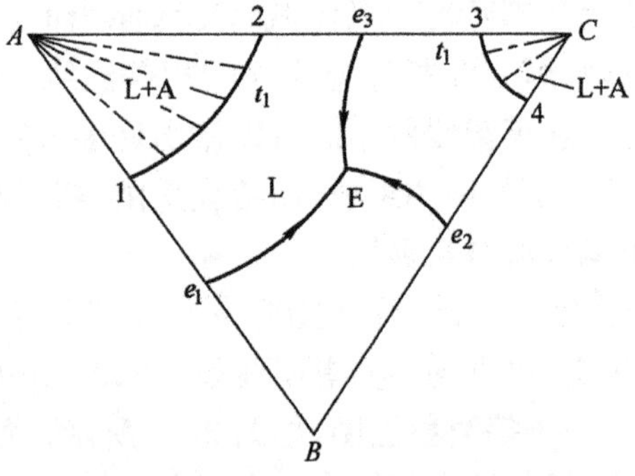

图 3-39　温度为 t_1 时的等温截面的平面投影图

温度为 t_2 时的等温截面：作过 t_2 并平行于浓度三角形的平面与 A 液相面交于曲线 5-6，并与 AC 共熔线交于 6，由于 t_2 温度低于 B 的熔点，因此与 B 的初晶面相交于 8-9，其等温截面如图 3-40 所示。

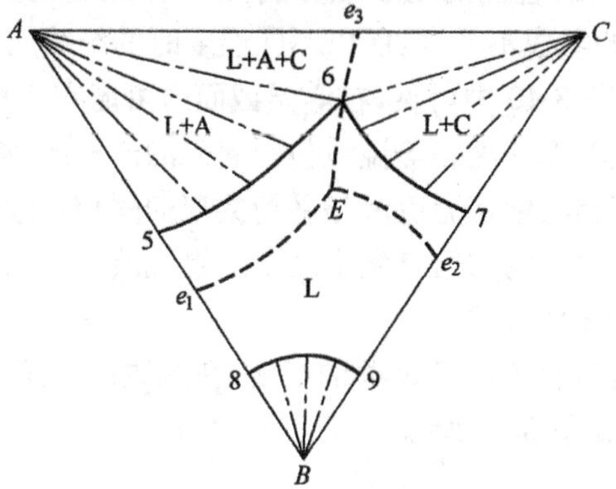

图 3-40 温度为 t_2 时的等温截面图的平面投影图

其他温度等温截面以此类推，主要是比较所做的等温截面图的温度与各化合物熔点的温度、二元无变量点温度、三元无变量点的温度的高低。由此温度的高低来判断是否与界线相交。

当固、液两相平衡时，这两相的组成可以用结线连接起来。显然，固相组成将始终在 AA'、BB'、CC' 等轴上（只是随温度不同而上下移动），液相组成则应由某个液相面，即 $A'e'_1Ee'_3A'$ 等曲面上的某个点来表示。因此，结线将是平行于组成三角形，一端在 AA'（BB'、CC'），另一端与液相面相交的线段。应当指出，在同一温度，与同一固相平衡的液相，可以有不同的组成，所以连成的结线也不止一条。又由于固相组成不变，结果在某指定温度下，表示固、液平衡的结线就形成了如图 3-38 中的 $A_1$12 扇形面，其中 $A_1$1、$A_1$2 显然是 t_1 等温截面与二元系统 AB、AC 相交而得到的结线，而 1-2 则是等温截面与液相面相交所得到的曲线。

从图 3-38 中可以看出，e'_1E 等共熔线分别由两个液相面相交而得，从结线方面看，$e_1{}'E$ 等曲线上的任何点，都是由上述相应温度所作的扇形面中的两条曲线相交而得，例如 6 点由 5-6 与 6-7 相交而得，这

里 $A_2 6$、$t_2 6$ 分别相当于固体 A 及 C 和液相 6 平衡的结线。所以组成 6 的液相将同时和 A 及 C 固相共存。表示三相平衡时各相组成的 $A_2 6 t_2$ 三点连成的三角形，称结线三角形。状态点落在结线三角形中的任何体系将分成三个相，它们的组成点分别位于结线三角形的顶点上。温度不同时，6 点的组成不一样，所以不同温度时的结线三角形也不同。

从图 3-39、图 3-40 中可见，在等温截面内可能有 3 种相区：

(1) 被给定温度的液相等温线包围起来的液相区(均相区)；

(2) 第一固相与给定温度液相平衡共存的固相+液相区；

(3) 二固相混合物与给定温度的某一组成液相(例如 6 点)平衡共存的固相+固相+液相区。

把一系列等温截面与液相面的交线，在底边的三角形上投影，就得到了等温截面，如图 3-41 所示。

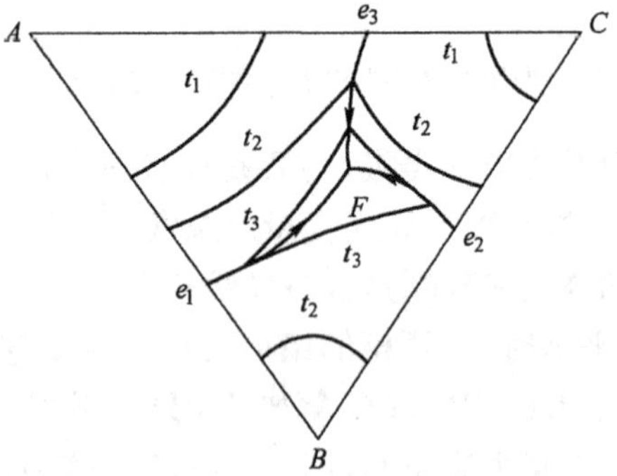

图 3-41　具有最低共熔点的三元相图的等温截面图

观察图 3-39～图 3-41 所示的各个等温截面，其中表示单相或多相平衡的区域(面积)有互相毗邻相连，也有互不接触的。互相接触的状态区域之间，必有一种状态是不同的。例如在图 3-40 中，二相 L+A 的状态区域分别与 L+A+C，L 两个状态区域毗邻接触，L+A 与 L+A+C 之间不同的仅是一相 C；而与 L 之间不同的也仅是一相 A。这种以各种状态变化的热力学概念为基础的规律性，称为“状态区域接触”规律。可这样叙述：在三元系统的等温(或多温)截面中，只有这样一些状态区域才能互相直接接触，就是这些状态区域之间，仅有一相不同。

根据“状态区域接触”规律，可正确地作出等温（或多温）截面图，也可检验各个截面图的正确性。

3.3.2.2　等温截面的制作

A　用平面相图的等温线作等温截面

等温截面可以利用平面相图的等温线画出来，但一定要注意二次结晶空间的边界结线。首先根据液相面上给定温度的等温线画出液相区，然后把液相区边界线上的拐点（边界线与给定的温度等温线的交点）和与之平衡对应的三元系统周边上的化合物组成点依次连线，交替画出固＋液相区和固＋固＋液相区。

例如图 3-42MgO-Al_2O_3-SiO_2 三元系统的 1600℃等温截面图。首先根据相图中 1600℃等温线画出液相区 *a*-*b*-*c*-*d*-*e*-*f*，然后把液相区边

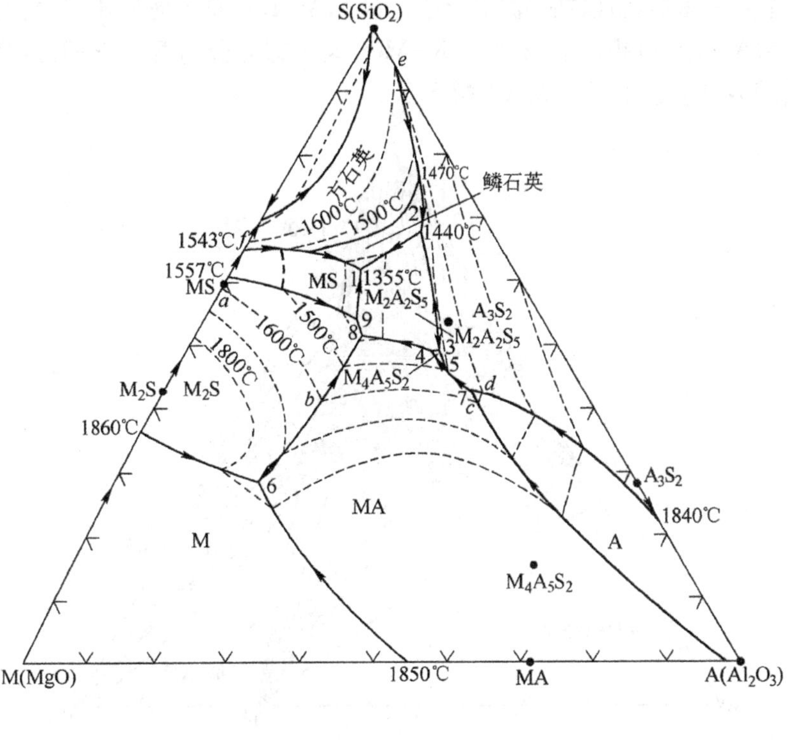

图 3-42　M-A-S 三元系统相图

界上的拐点如 b、c、d 点和与之平衡对立的三元系统周边上化合物组成点依次连线，其中 b 点是 M_2S 和 MA 界线与 1600℃等温线的交点，则 b 可和与之平衡对应的三元系统周边上的 M_2S 和 MA 的组成点连线；c 点是 MA 和 Al_2O_3 界线与 1600℃等温线的交点，则 c 点可和与 MA 及 Al_2O_3 组成点相连线；d 点可和与之相平衡的 Al_2O_3 及 A_3S_2 组成点连线；最后便可得到完整的等温截面图，见图 3-43 所示。在该等温截面图中，除了单相区（中间部分），两相区（扇形部分），三相区（三角形部分）外，还有一块区域，即 M_2S-b-MA-M-M_2S。显然每一块都可分解为两个三相区，以 M_2S-b-MA-M-M_2S 为例，连接 MA-M_2S，把这一块划分为两个三角形，即两个三相区，那么连接哪条线才是正确的呢？这时要根据与该部分有关的无变量点来判断。例如 6 点，该无变量点的周围的三个初晶区为 MgO、MA 和 M_2S，因此连接 MgO-MA-M_2S 构成一个分三角形，所以在等温面上应连接 MA-M_2S，而不是 b-M。这样连线 MA-M_2S 就把 M_2S-b-MA-M-M_2S 这一部分分为两个三相区，即 MgO-MA-M_2S 和 L+MA+M_2S 区。

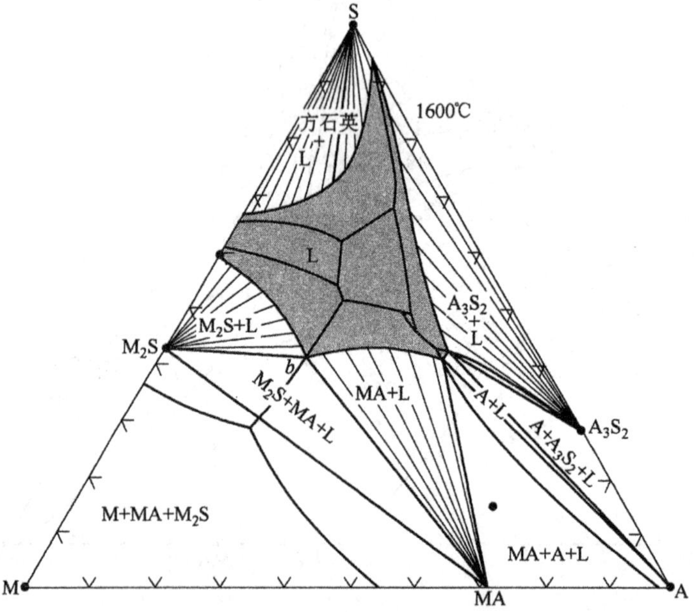

图 3-43　M-A-S 系统 1600℃等温截面图

B 用二元系统平面图作等温截面

下面举例说明其作法。例如具有最低共熔点的三元系统，各个组元的熔点和共熔温度分别为：$A=900$℃，$B=850$℃，$C=790$℃，$e_1=700$℃，$e_2=780$℃，$e_3=720$℃，$E=550$℃，作 750℃的等温截面，方法如下（见图 3-44）。

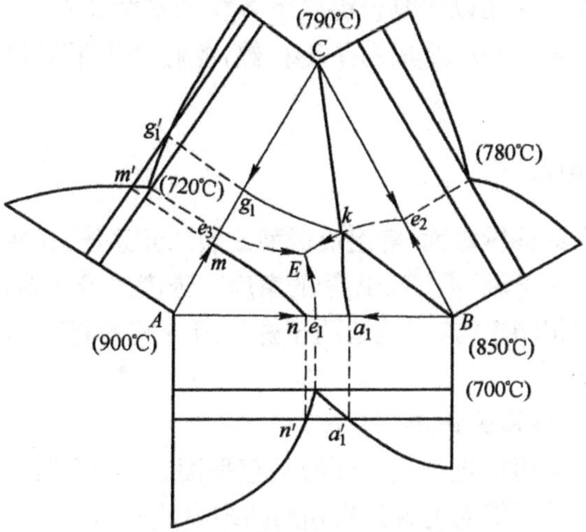

图 3-44 用二元相图作多温截面图

(1) 以浓度三角形的三边分别作出三个已知的二元系统 A-B、B-C、A-C。

(2) 在三个二元系统中分别作出 750℃的等温线，在 B-C 二元系统中，由于 750℃<780℃，所以等温面必与 B+C 共熔线交于一点 k，在 A-C 二元系统中等温线与液相线交于 g_1 和 m，在 A-B 二元系统中等温线与液相线交于 n 和 a_1 点。

(3) 由于 a_1、n、m、g_1 在二元液相线上，即开始析出第一纯固相，所以必在三元液相面上，因此成为等温面与液相面的交线的端点。其中 n 和 m 均为 A+L，所以连接 mn。由于 k 点为 C+B 共析晶，所以此点必为 C+L 线与 B+L 线的交点，因此连接 a_1k、g_1k。

(4) 由于 B 到 k 和 C 到 k 的连线上的所有各点的组成均在 k 点温度下同时析出 C+B，因此，连接 Ck 和 Bk。

经过以上步骤可得到完整的等温截面图。

3.3.2.3　等温截面上相律的应用

在等温截面上应用相律时，必须注意自由度应减 1，因为温度已恒定。此时三元凝聚系统相律为 $F=3-P$。

3.3.2.4　等温截面的用途

等温截面主要用以研究该温度下各相的平衡关系，运用等温截面可确定在此温度下每一组成的平衡相数，各相处于平衡状态时的组成和数量关系。

3.3.3　多温截面

多温截面又称纵截面、等组成截面或假二元系统，是指垂直于组成平面的以浓度为横轴、温度为纵轴的温度—浓度二维相图，是由三元或多元系的已知相图求得，广泛地用于探讨组分间的相互作用性质及熔化与析晶行为。

3.3.3.1　多温截面图

多温截面是用垂直于底平面的垂直平面去截相图的立体图，把所得的交线画在垂直平面上就得到相图的多温截面图。

通常依据研究问题的需要截取多温截面，特别是在组成上具有一定规律的多温截面。例如，作平行于浓度三角形一边的多温截面，如图 3-45(a)中平行于 AB 边的多温截面 DE，从此截面可以分析在第三

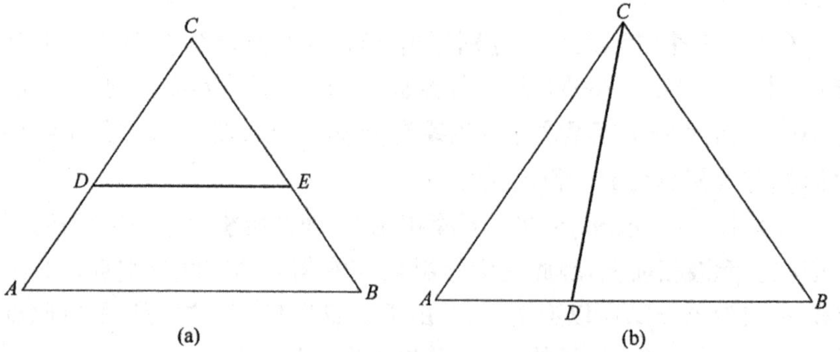

图 3-45　具有一定规律的多温截面的选取

(a)平行于 AB 边的多温截面 DE；(b)过顶点 C 的多温截面 CD

组分 C 的含量不变的情况下，组分 A 与组分 B 的数量比例的变化对系统的影响。又例如，作过浓度三角形一个顶点的多温截面，如图 3-45(b)中过顶点 C 的多温截面 CD，从此截面可以分析在组分 A 与组分 B 的比例不变的情况下，第三组分 C 含量的多少对系统的影响。由此可见，组成上具有一定规律的多温截面将给我们在研究问题时提供更多的方便条件。

3.3.3.2 多温截面的制法

多温截面图可以通过相图立体图作出，也可以通过相图的平面投影图作出。

A 由相图立体图作多温截面

图 3-46(a)是垂直平面 1-5 在平行于 A-B 棱面位置所截取的多温截面。由图可以清楚看出，截面 1-5 与液面 A-B 相交，分别得到交线 QP、FP，这就是多温截面上液相线 QP、FP，它表示组元 A、B 一次析晶开始的温度曲线。在它以下区域是液相＋A 及液相＋B 二相区。

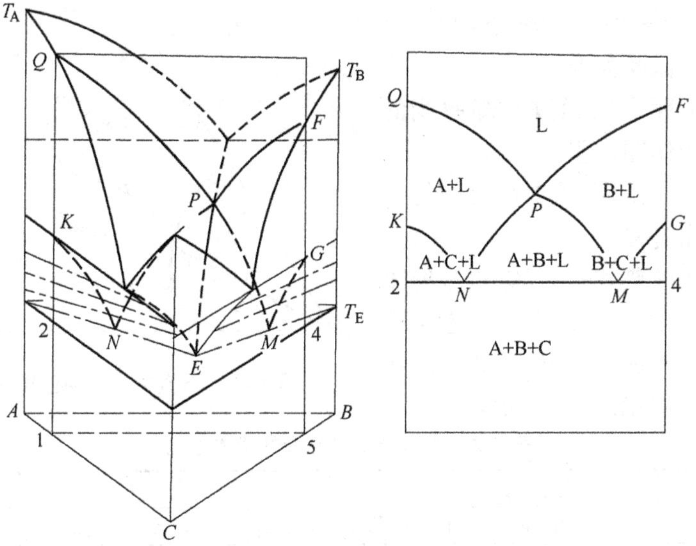

(a) (b)

图 3-46 由相图立体图作多温截面

(a)三元立体相图；(b)多温截面 1-5

截面 1-5 与 A+C、A+B、B+C 的二次结晶开始的曲线相交，得到交线 *KN*、*NP*、*PM*、*MG*。这些曲线就是多温截面上二次结晶开始的温度曲线。在它以下区域是液相+A+C、液相+A+B、液相+B+C 三相区。

截面 1-5 与等温面 T_E 即低共熔型三元系的固相面相交于 2-4 线，这就是用多温截面上的立体图来作多温截面。

B　由相图的平面投影图作多温截面

由于三元立体图很复杂，而实际三元相图又多以其平面投影图来表示，因而制作多温截面的基本方法多是通过相图的平面投影图来作。主要是在平面投影图上找出具有特征的几个组成点，再通过作其冷却曲线的方法确定各自的相变温度 t_1、t_2 和 t_3。或者直接从相图上读出各自的相变温度 t_1、t_2 和 t_3，然后分别标记在各组成点的等组成垂线上，分别连接各组成点的 t_1、t_2 和 t_3，所得的轨迹就是该系统的一个多温截面。其中 t_1 表示一物系在其冷却析晶过程中析出第一种晶相的温度，t_2 和 t_3 分别表示该物系析出第二、第三种晶相的温度，如果同时析出第二、第三种晶相，如图 3-47 中 2 点，则 $t_2=t_3$；如果三种晶相同时析出，如图 3-47 中 4 点，则 $t_1=t_2=t_3$，依此类推。

下面介绍通过冷却曲线的方法的作图过程。

a　简单系统中混合物的典型结晶过程

几种典型的结晶过程，见图 3-48 和表 3-2，相应于上述 4 种典型的析晶过程可画出 4 种冷却曲线，如图 3-48 所示。

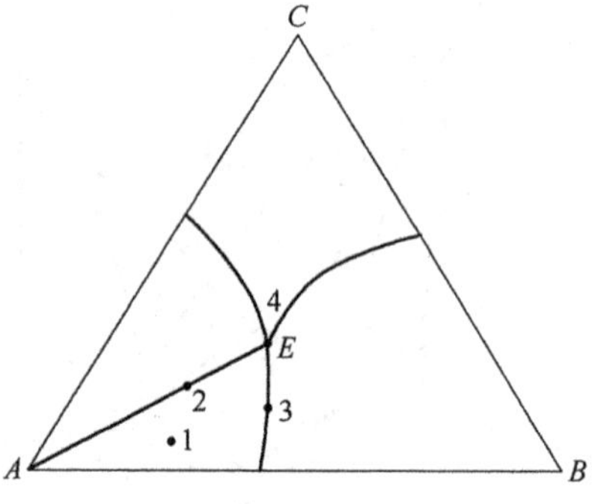

图 3-47　典型物系点的位置

表 3-2　典型物系点的冷却析晶过程

物系点	物系点位置	结晶(相变)过程
1	在相区内	$L\xrightarrow{t_1}L+A\xrightarrow{t_2}L+A+B\xrightarrow{t_3}L+A+B+C$
2	在 *AE* 线上	$L\xrightarrow{t_1}L+A\xrightarrow{t_2=t_3}L+A+B+C$
3	在共熔线上	$L\xrightarrow{t_1=t_2}L+A+B\xrightarrow{t_3}L+A+B+C$
4	在无变量点上	$L\xrightarrow{t_1=t_2=t_3}L+A+B+C$

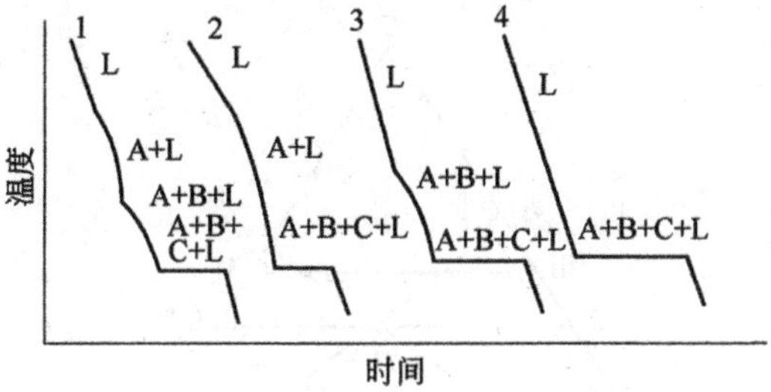

图 3-48　典型物系点的冷却析晶过程

第 1 种情况：混合物经历了 t_1、t_2 和 t_3 三次相变，冷却曲线出现两个折点和一个水平段。

第 2 种情况：混合物经历了 t_1 和 t_2 两次相变，实际上是物系点 2 同时析出第二种和第三种晶相，即 $t_2=t_3$，因此，冷却曲线出现一个折点和一个水平段。

第 3 种情况：混合物经历了 t_2 和 t_3 两次相变，实际上是 t_1 和 t_2 重合，因此冷却曲线出现一个折点和一个水平段。

第 4 种情况：混合物仅经历一次相变，实际上是 t_1、t_2 和 t_3 三者重合，因此只出现一个水平段。

b　组成点的选择

多温截面在平面投影图上是一条组成线，在此组成线上选取怎样的组成点才能作出多温截面图呢？应该选取出具有关键作用及处于特殊位置的组成点来作冷却曲线，进而作出多温截面图，主要选取以下两类组成点：

(1) 特殊点

1) 组成线与二元系(即浓度三角形的边)的交点。如图 3-49 中组成线Ⅰ—Ⅰ与二元系统的交点①、⑨组成点；

2) 组成线与低共熔线的交点，如图 3-49 中组成点⑤；

3) 组成线与纯物质组成点和无变量点的连线的交点，如图 3-49 中组成点③、⑦。

特殊点的选取主要有以上几种情况。

(2) 辅助点　在两个特殊点之间取一个辅助点，用以判断交线的形状，即交线的弯曲方向和弯度的大小。如图 3-49 中的组成点②、④、⑥和⑧。

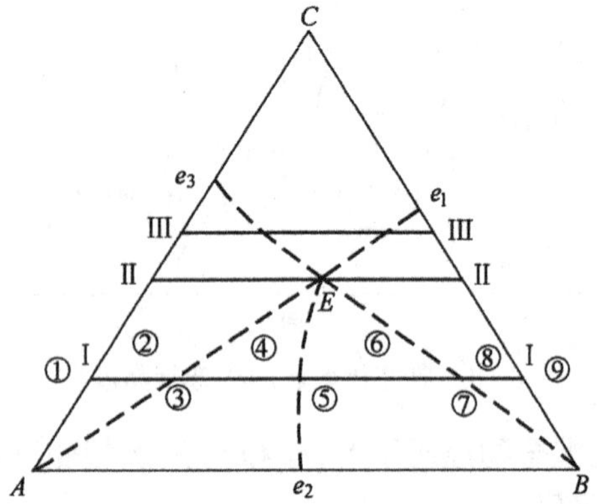

图 3-49　作出多温截面的特殊点与辅助点的选择

3.3.3.3　多温截面的制作过程

多温截面制作过程如下：

(1) 按上述选点要求在组成线上选取需要的组成点；

(2) 作出所选各组成点的冷却曲线；

(3) 根据画出的冷却曲线作出多温截面图。

三元多温截面的作法，概括地说，就是把三元相图上混合物的弯曲结晶路线变为多温截面上的垂直结晶路线（这条线本身是混合物组成点的垂线），并把各选定的混合物（组成点）的相变温度 t_1、t_2 和 t_3 标记在这些垂线上。随后分别连接各混合物的 t_1、t_2 和 t_3，将所得的轨迹综合起来的图形，便是该系统的一个多温截面图。

下面举例说明作多温截面的方法。见图 3-49，作出 A-B-C 三元系统中Ⅰ—Ⅰ、Ⅱ—Ⅱ、Ⅲ—Ⅲ多温截面。

Ⅰ—Ⅰ截面的作法如下：

(1) 在组成线Ⅰ—Ⅰ上选出特殊点 1、3、5、7、9 和辅助点 2、4、6、8，如图 3-49 所示；

(2) 作出各点的冷却曲线，如图 3-50 所示；

(3) 作出各混合物组成点的垂线，并在其上找出 t_1、t_2 和 t_3 点，如图 3-51 所示；

(4) 连接各组成线的 t_1 点，即多温截面的液相线，连接各组成线的

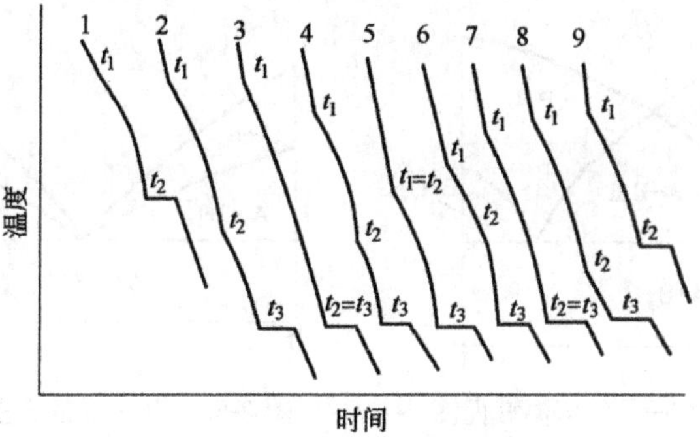

图 3-50 各点的冷却曲线

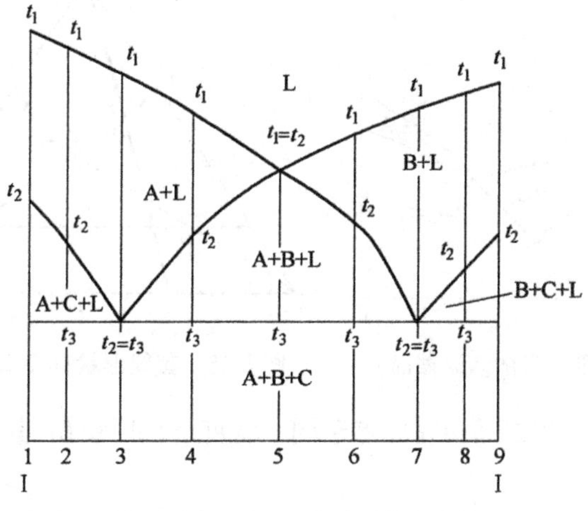

图 3-51 Ⅰ—Ⅰ的多温截面图

t_2 点，即多温截面的亚液线（中间曲线），连接各组成线的 t_3 点，即多温截面的固相线。到此多温截面制作完毕，见图 3-52。同理可作出Ⅱ—Ⅱ、Ⅲ—Ⅲ多温截面，如图 3-53、图 3-54 所示。

3.3.3.4 多温截面中截线形状的一些规律

在三元相图中按特殊组成点所处位置的特点可分为几种不同类型。在多温截面上不同类型的组成点处的截线形状也呈现出不同的规律，见图 3-55 各点的选取情况。

(1) M 点 多温截面与共熔线的交点，如图 3-55 的 M 点，在此点处

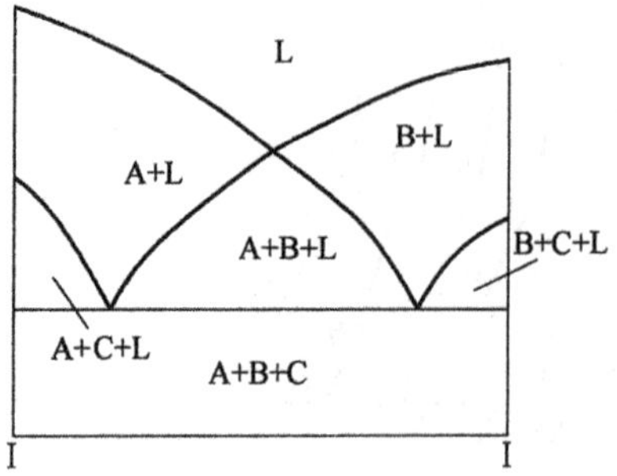

图 3-52　Ⅰ—Ⅰ的多温截面图

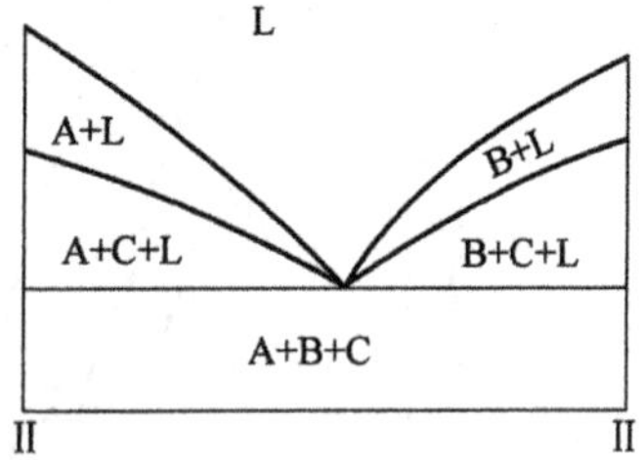

图 3-53　Ⅱ—Ⅱ的多温截面图

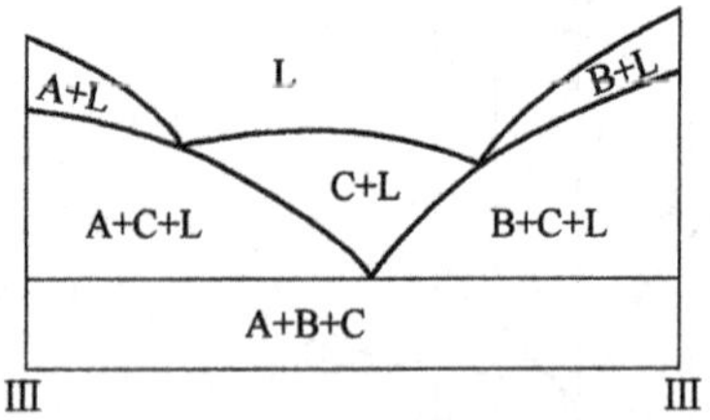

图 3-54　Ⅲ—Ⅲ的多温截面

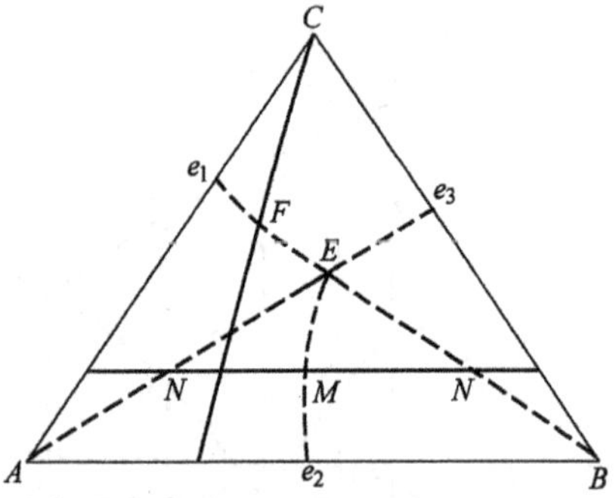

图 3-55　截线形状有规律的点位置

$t_1=t_2$，即第一、第二晶相在此点于同一温度下同时析出，其截线形状如图 3-56 所示。

(2) *N* 点　多温截面与纯物质组成点和无变量点连线的交点，如图 3-55 中的 *N* 点。在此点 $t_2=t_3$，即第二与第三晶相在此点于同一温度同时析出，其截线形状如图 3-57 所示。

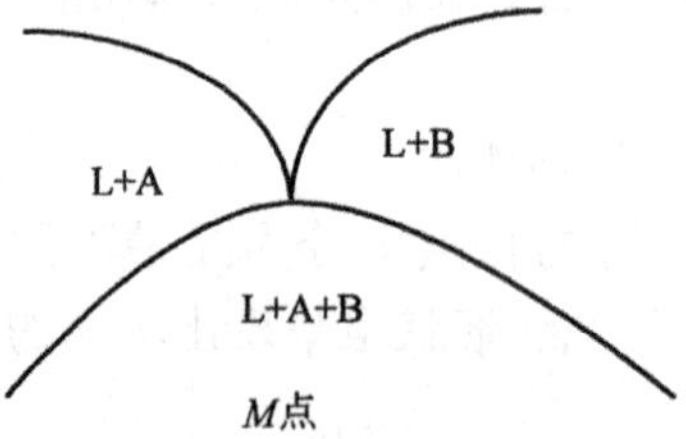

图 3-56　*M* 点处截线形状

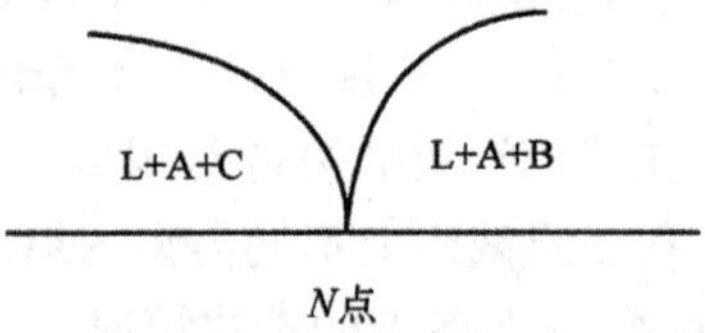

图 3-57　*N* 点处截线形状图

(3) E 点　多温截面过低共熔点时，如图 3-55 中 E 点，在此处 $t_1=t_2=t_3$，即三种晶相在同一温度下同时析出，其截线形状如图 3-58 所示。

(4) F 点　过浓度三角形一顶点的多温截面与低共熔线的交点，如图 3-55 中 F 点，在此点处的 $t_1=t_2$，且在 C 下段的所有组成点均在与 F 点相同的温度析出第二晶相，其截线形状如图 3-59 所示。

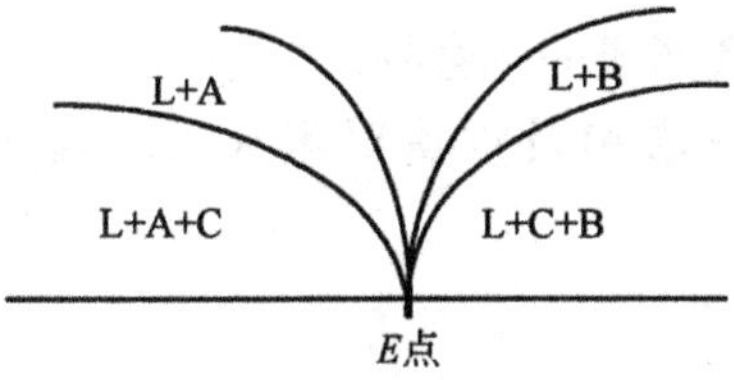

图 3-58　E 点处的截线形状

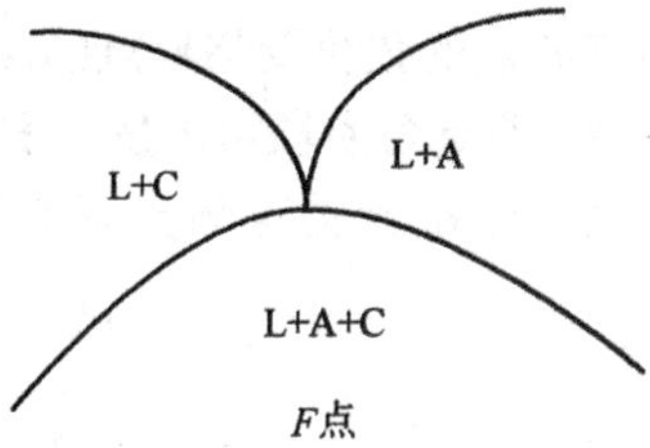

图 3-59　F 点处的截线形状

3.3.3.5　多温截面与二元相图的区别

多温截面与二元系统状态图形貌相似，但所表达的意义不相同，应分辨清楚后才能正确使用，其主要区别如下：

(1) 二元系相图仅含端元组分或由端元组成的加和作出物相；而多温截面图则含非端元组分，且不能由端元组分加和而得的新物相。

(2) 二元系的端元组分具有一致熔点；多温截面图上的二端元组分可以有熔化温度范围。

(3) 多温截面图不符合二元系统相律，在二元凝聚系统中，相律可以表达为：

$$F=C-P+1=3-P$$

当 $F_{min}=0$ 时，$P_{max}=3$；当 $P_{min}=1$ 时，$F_{max}=2$。

上式表明在二元系统相图中，在无变量点处相数最多为三相平衡共存，而在多温截面中无变量点处 $P=4$，如图 3-57 中 N 点，此处为四相平衡共存，与相律不相符合。因为，根据二元凝聚系统相律，$F\neq-1$，$F_{min}=0$，即 $P_{max}=3$。

(4) 在多温截面中不能使用杠杆规则。多温截面图的特点是它们不表示混合物中的相的平衡关系，而在二元相图上能确定各混合物在不同温度下各平衡相的成分。并且运用杠杆规则也能确定出各相间相互的数量关系，但根据多温截面既不能确定出所有各平衡相的成分，也不能确定出其相互数量关系。这是因为表示平衡相成分的各组成点并不在同一多温截面上。

3.3.3.6 多温截面的用途

多温截面有如下用途：

(1) 从多温截面上可以直观地看出液化温度的变化，找出每一组成的临界点的数目及临界点的温度。

(2) 确定各阶段可能发生的反应和形成的化合物。

(3) 研究杂质对耐火材料性质的影响及炉渣对耐火材料侵蚀机理。

4　四元体系

对于无机非金属材料，大都为多组分构成，如果研究的相图能包含某一材料全部组成的话(不管四元、五元等)，那么应用这一相图讨论问题最接近实际，所以，讨论多元体系，弄清多元相图基本规律，具有重要实际意义。尽管如此，四元相图为立体图，已经很复杂，若超过四元将更复杂。目前，多元相图的例子非常少，对无机非金属体系主要有 CaO-MgO-Al_2O_3-SiO_2 和 CaO-Al_2O_3-SiO_2-Fe_2O_3 等四元相图，较精确研究的还只限于局部范围。所以，本章只研究四元相图的一些基础知识，为多元相图应用打下必要基础。

四元体系含有四个纯组分 $C=4$，相图比较复杂，对无机非金属材料凝聚系统，相律为 $F=C-P+1=5-P$，最少相数 $P_{min}=1$，最大自由度数 $F_{max}=4$，说明有四个独立变量，温度和三个组分浓度可以改变，这样的相图已无法用平面来表示，只能用空间图形正四面体来表示。

4.1　四元体系一般原理

4.1.1　组成表示法

二元体系组成用直线表示，三元体系组成用正三角形(浓度三角形)表示，四元体系组成则是用正四面体又称浓度四面体表示，见图 4-1，正四面体的四个顶点 A、B、C、D 分别表示四个纯组分，六条棱 AB、AC、AD、BC、BD、CD 分别表示六个二元体系，四个三角形 ABC、ABD、ACD、BCD 分别表示四

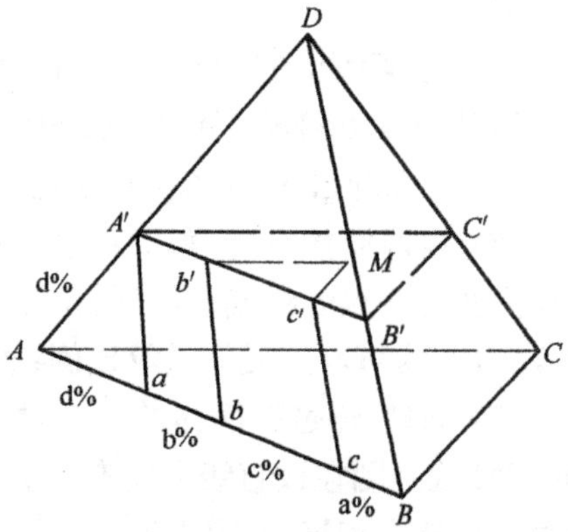

图 4-1　浓度四面体

个三元体系。由于体系中各组分含量之和为一定值，若组成用百分数表示，则可将每条边划分为 100 等份。四面体中任一点都表示含有 A、B、C、D 四个组分含量。如四面体中任一点 M，可以通过作平行线法来确定 M 的组成，将 AB 边分成 100 等份，首先通过 M 点作平行于任一底面，如 ABC 面的平面，得到 $A'B'C'$ 平面，截得 AD 边线段长 AA'，即为组分 D 的百分含量，记作 d%，然后，在 $A'B'C'$ 平面内，确定 A、B、C 组成，作法是：过 M 点向任一边（如 $A'B'$ 边）引两条分别平行其他两边（如 $A'C'$、$B'C'$ 边）的平行线，交 $A'B'$ 边于 b'、c'，则线段 $A'b'$、$b'c'$、$c'B'$ 分别表示组分 B、C、A 的含量。并可由下述方法得到它们的百分含量，即过 A'、b'、c' 作平行于 BD 边的平行线，分别交 AB 边于 a、b、c 点，截得线段长 Aa、ab、bc、cB，则分别表示组分 D、B、C、A 的含量（读者可自行证明）与总长 AB 比较即为它们的百分含量，见图 4-1。$AB = a\% + b\% + c\% + d\% = 100\%$。已知四面体中任一点，可通过上述方法确定其含量 A、B、C、D 四个组分的相对百分含量，若已知各组分的相对百分含量，也可通过上述方法反推，找到它在四面体中的位置。

4.1.2 浓度四面体性质

正四面体中点、线、面之间具有的几何关系，也能表示四个组分组成之间的关系，与浓度三角形相似，浓度四面体也有几个性质：

(1) 在四面体中平行于任一底面的平面上，与该底面对应的顶点那个组分的含量相等。图 4-2(a)中，平行于底面 ABC 的平面 $A'B'C'$ 上，组分 D 含量相等，这可类比于三元体系的等组成线。

(2) 过四面体一边（如 AD 边），向对面作任一平面如 ADE，则该平面上所有各点的组成中，其他两顶点 B、C 组分的含量比例相等，见图 4-2(b)，这可与三元体系等比例线相类比。

(3) 同理，通过四面体的一个顶点（如 D 点），向对面作任一直线（如 DM 线），则在该直线上所有点的组成中，其他三个顶点 A、B、C 组分含量比例都相等，见图 4-2(c)。

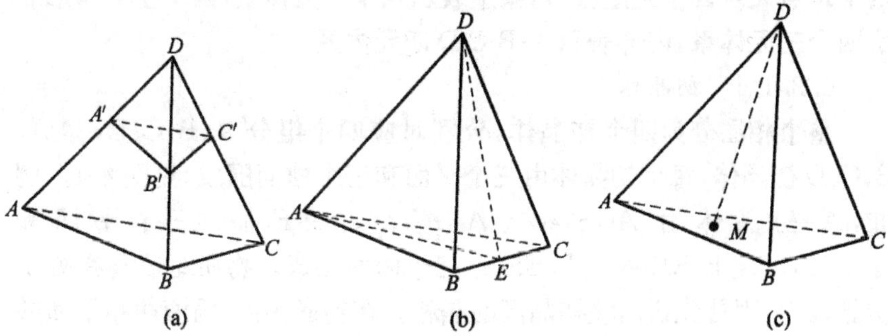

图 4-2 浓度四面体性质

4.2 最简单四元体系相图

这一类四元相图无任何化合物，只有一个最低共熔点，见图 4-3，是整个四元相图中最简单的，一般实际相图都比这复杂得多，但它是认识复杂四元相图的基础。

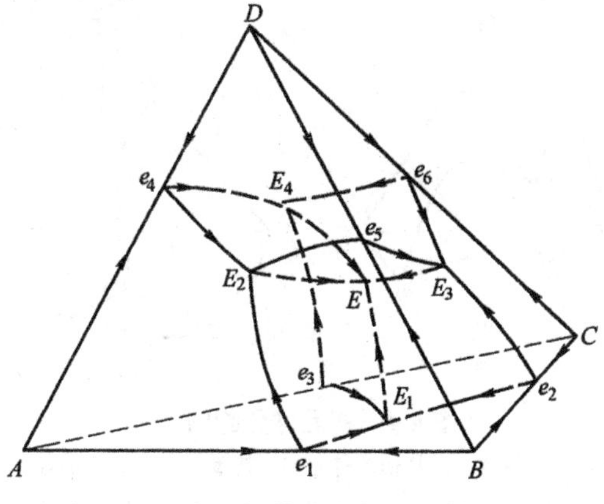

图 4-3 只有最低共熔点的四元体系相图

四元相图与三元相图不同，没有温度轴，其温度是用化合物或混合物的熔点表示，温度下降方向用界线上箭头表示，四面体中任一点即表示组成又表示温度。

4.2.1 相图构成

图 4-3 为具有最低共熔点的四元体系相图，相图为一个正四面体，

四个顶点表示四个纯组分，六条边表示六个二元体系，四个正三角形表示四个三元体系，内部表示 A-B-C-D 四元体系。

4.2.1.1　初晶体

整个相图分为四个初晶体，分别对应四个组分 A、B、C、D，称 A、B、C、D 初晶体，每个初晶体由三个平面和三个曲面围成，见图 4-4。例如，A 初晶体由 $Ae_4E_4e_3A$、$Ae_4E_2e_1A$、$Ae_3E_1e_1A$ 三个平面和 $e_4E_4EE_2e_4$、$e_3E_4EE_1e_3$、$e_1E_2EE_1e_1$ 三个曲面围成。物质组成落在哪个初晶区内，则首先析出该初晶区的晶相。在初晶区内，固液两相平衡共存 $P=2$，自由度数 $F=5-P=3$。

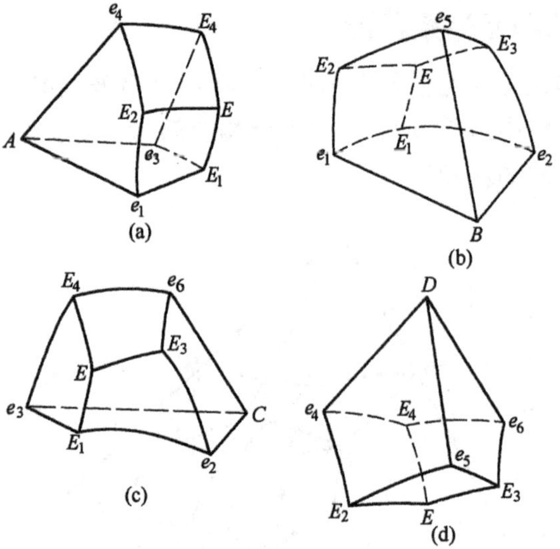

图 4-4　初晶体分割图

(a)A 初晶体；(b)B 初晶体；(c)C 初晶体；(d)D 初晶体

4.2.1.2　界面(结晶面)

各初晶体彼此相交的曲面称为界面，又叫结晶面，整个相图共有六个界面：A-C 界面 $e_3E_4EE_1e_3$，A-B 界面 $e_1E_2EE_1e_1$，A-D 界面 $e_4E_4EE_2e_4$，C-D 界面 $e_6E_3EE_4e_6$，B-C 界面 $e_2E_1EE_3e_2$，B-D 界面 $e_5E_3EE_2e_5$。在界面上，两晶相与液相三相平衡共存 $P=3$，自由度数 $F=5-P=2$。当温度降到界面时，必然同时析出两个晶相。

4.2.1.3 界线

各界面彼此相交的曲线称为界线，整个相图共有四条，E_1E、E_2E、E_3E、E_4E。具体说每三个界面形成一条公共曲线记为界线。如，A-D界面，A-B界面和B-D界面，三个界面相交形成E_2E界线。在界线上，三个晶相和液相四相平衡共存，$P=4$，自由度数$F=5-P=1$，当温度降到界线时，必须同时析出三个晶相。

4.2.1.4 最低共熔点

四条界线的公共交点称为最低共熔点，只有一个E点。在E点上，四个晶相和液相五相平衡共存，$P=5$，自由度数$F=5-P=0$，为无变量过程，温度将不再降低，直到液相消失，也就是说任一组成物熔体，冷却析晶过程均在E点结束。当温度降到最低共熔点时，将同时析出四个晶相。

4.2.2 四元相图温度表示法

三元相图是用等温线、界线箭头和特征点表示温度，对四元相图，可用等温曲面表示温度，但不常用，一般通常是在界面上和界线上用箭头表示温度下降方向，其确定方法可用三元体系的连线规则，只是在原有基础上作了一些推广。例如，对界面温度确定方法是：使界面(或其延长部分)与对应的两个固相组成点(或其延长部分)相交，则此交点即为该界面温度最高点。如图4-3中，AD界面与AD连线相交于e_4点，e_4即为AD界面温度最高点。对界线温度确定方法是：使界线(或其延长线)与对应的三个固相组成点所确定的平面(或其延长部分)相交，则交点即为该界线上的温度最高点。如图4-3中，EE_2界线与ABD平面相交于E_2点，则E_2点为EE_2上温度最高点。

4.2.3 结晶分析

四元体系的结晶过程比三元复杂些，但仍然遵循一些规律，如重心规则、杠杆规则、背向性规则及四面体性质等。下面举例说明结晶全过程，见图4-5。如有一组成M的物质，位于D初晶区内，则其整个结晶过程如下：M点位于组分D的初晶空间，将M熔体冷却到M点温度T_M，液相首先对D饱和，将从熔体中析出第一相D晶体。随后液相点

将沿 DM 连线的延长线方向变化，因为在整个 D 初晶空间析晶时，虽然液相中的 D 含量不断减少，A、B、C 含量不断增加，但 A、B、C 含量之比不会改变（或根据杠杆规则，物系点 M、固相点 D 及液相点三点应在一条直线上，且固液两相点应分布于物系点两侧）。当系统温度冷却到 L 点温度 T_L，液相点到达界面 $e_4E_2EE_4$ 上的 L 点，液相不但对组分 D 饱和，而且对组分 A 也达到饱和，因而从熔体中同时析出 D、A 晶体。此后液相将沿与 D、A 晶体平衡的 $e_4E_2EE_4$ 界面向温度下降的方向变化，但究竟沿界面上哪一条路线变化呢？由于液相在界面上析晶时只析出 D、A 晶体，留在液相中的 B、C 二组分的含量之比是不会改变的，因而液相必定沿着由点 M 与 AD 棱所确定的平面与 $e_4E_2EE_4$ 界面相交而得到的曲线 LL_1 变化，当系统冷却到 T_{L_1} 温度，液相点到达界线 E_4E 上的 L_1 点，液相开始对组分 C 也达到饱和，从熔体中将同时析出 D、A、C3 种晶体。其后，液相点将随温度下降沿 E_4E 界线向 E 点变化。在低共熔点 E，从液相中同时析出 D、A、C、B4 种晶体，系统处于五相平衡状态，根据相律，$F=5-P=0$，因而系统温度保持在 T_E 不变，液相组成也保持在 E 点不变，直至最后一滴液相消失，析晶结束。

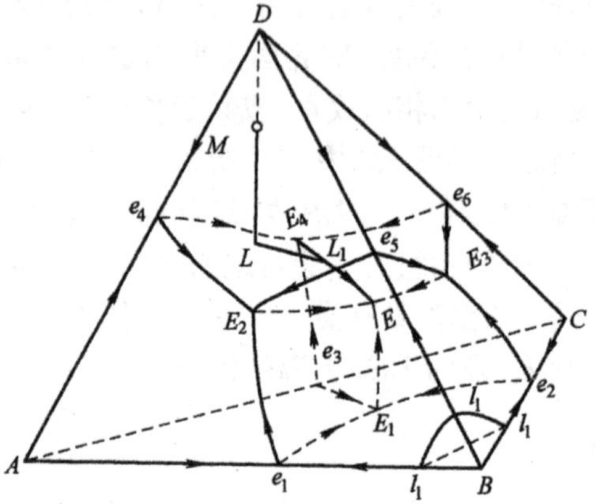

图 4-5　四元相图结晶过程

4.3　四元相图的几类析晶情况

前面所讨论的具有最低共熔点的四元体系相图，其界面、界线和无变量点上进行的都是低共熔过程，是整个四元相图中最简单的一种。而无机非金属材料体系的实际四元相图，一般都是比较复杂的，不一定只发生低共熔过程，由于有四个组元，还可有下面一些情况，如有很多化合物，有的是一致熔的，有的是不一致熔的，转熔还分一次转熔、二次转熔、三次转熔。为了更好地识读实际四元相图，下面把在四元体系中带有普遍性的几类析晶情况分析如下。

4.3.1　在界面上的析晶情况

界面上的两种固相与液相三相平衡共存，液相组成点在界面上变化时，可出现两种析晶情况：

(1) 共析晶 L→A+B，液相同时析出两种晶相 A、B。

(2) 转熔 L+A→B 或 L+B→A，先析出的固相又被转熔到液相中，析出另一种固相。

如何判断发生的是共析晶还是转熔过程？可利用切线规则判断，见图 4-6。设原始组成 M 落在 A 初晶区内，随温度下降，首先析出 A 晶体，然后按背向性规则，液相组成沿 *AM* 方向并背离 *A* 方向移动，直到 *A*-*B* 界面，然后，沿着 *ABM* 平面与 *AB* 界面交线 L-L_n 移动，从 $L_1 \rightarrow L_n$，液相组成在这一段发生的是共析晶过程，还是转熔过程？或是一部分共析晶，一部分转熔？判断方法如下：过 L-L_n 曲线上某一点

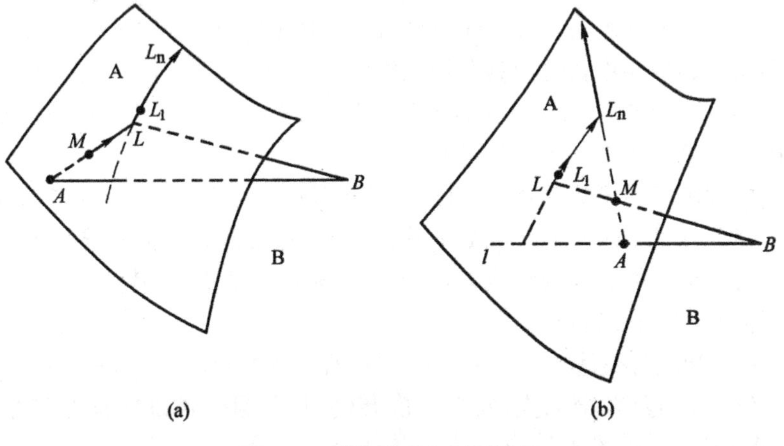

图 4-6　判断界面上析晶性质

作切线与AB连线相交：1)交点在AB连线内为共析晶 L→A+B；2)交点在AB连线外为转熔，且远离交点的固相被转熔。图中 4-6(a)为共析晶过程，图 4-6(b)与(a)不同，它表示了界面上的结晶过程为转熔时的情况。在这里组分 A 的组成点在它自己的初晶空间之外，而位于组分 B 的初晶空间内，是一个不一致熔融化合物。熔体 M 的原始组成点位于组分 B 的初晶空间，因此，在冷却时，首先析出 B 晶体，然后液相组成沿BM射线方向变化，一直到A-B界面上的L点，在A-B界面上液相组成将沿着LL_n曲线变化。通过曲线上任意一点作切线，因与AB连线的延长线相交，所以在这一段曲线上进行的结晶过程是转熔过程(曲线LL_n，以双箭头表示)。因此，在液相组成到达L点时，原先析出的 B 晶体将被转熔而析出 A 晶体，当液相组成到达L_n点时，固相组成已变化到A点，说明被回吸的晶相 B 已消失，这时，$P=2$，$F=3$，液相组成点将脱离相区界面，沿着原始组成点与保存的晶相(即 A)的组成点连线的射线方向，穿入该晶体(即 A)的初晶空间。

4.3.2 在界线上的析晶情况

界线上有三种固相和液相四相平衡共存，液相组成在界线上变化时，可能出现三种析晶情况：

(1) 共析晶 L→A+B+C，液相同时析出三种固相。

(2) 一次转熔 L+A→B+C 或 L+B→A+C，L+C→A+B，一种固相转熔液相中，析出另两种固相。

(3) 二次转熔 L+A+B→C 或 L+A+C→B，L+B+C→A，两种固相转熔液相中，析出另一固相。

要判断出现了哪种情况，仍用切线规则，如过界线上某一点L作切线使与A、B、C三点所构成的平面相交，交点设为l，相区界线上的切线与三个平衡晶相的组成点所形成三角形平面相交，其交点的三种不同情形，见图 4-7，则：

(1) 交点落在重心位，发生共析晶过程 L→A+B+C，见图 4-7(a)。

(2) 交点落在交叉位，发生一次转熔过程，且远离那个固相转熔，L+A→B+C，见图 4-7(b)。

(3) 交点落在共轭位，发生二次转熔过程，且远离交点的两种固相转熔，L+A+B→C，见图 4-7(c)。

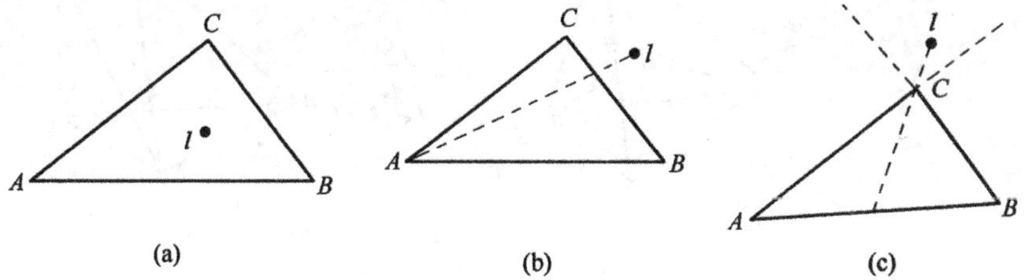

图 4-7　交点的相对位置

(a)低共熔过程；(b)一次转熔过程；(c)二次转熔过程

若交点落在边上或顶点处均为性质转变点。

4.3.3　在无变量点的析晶情况

在无变量点有 4 种固相和液相五相平衡共存，液相组成在无变量点处可能出现 4 种析晶情况：

(1) 共析晶　L→A+B+C+D，液相同时析出四种固相。

(2) 一次转熔　L+A→B+C+D 或 L+B→A+C+D，L+C→A+B+D，L+D→A+B+C。一种固相转熔于液相中，析出另三种固相。

(3) 二次转熔　L+A+B→C+D 或 L+A+C→B+D，L+A+D→B+C，L+C+D→A+B，L+B+C→A+D，L+B+D→A+C，两种固相转熔于液相中，析出另两种固相。

(4) 三次转熔　L+A+B+C→D 或 L+A+B+D→C 等，也可以转熔其他三相。这种情况是三种固相转熔于液相中，析出另一种固相。

怎样判断液相组成在无变量点的析晶性质及转熔哪种固相？有两种方法：

(1) 根据无变量点与对应的四个固相组成点构成的四面体的相对位置确定。

(2) 根据与无变量点相连的四条界线的温度下降方向确定。

L 点是在无变量点上的液相组成点，也就是无变量点的位置。无变量点与所对应的四面体的相对位置有 4 种，见图 4-8。

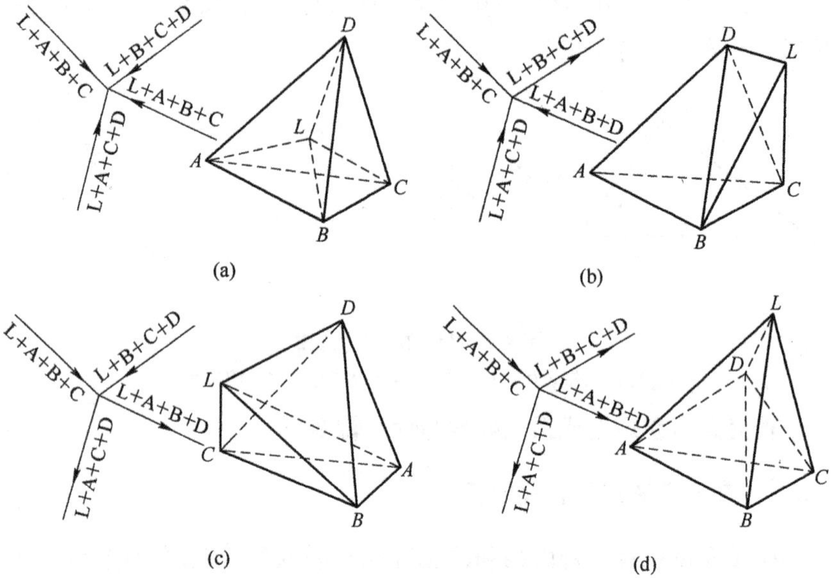

图 4-8　无变量点的相对位置

(1) 在重心位，发生共析晶，液相同时析出四种晶相 L→A＋B＋C＋D，四条界线温度箭头全部指向该点，见图 4-8(a)。

(2) 在交叉位，发生一次转熔，一种固相转熔到液相中，析出另三种固相，L＋A→B＋C＋D，4 条界线温度箭头，三个指向该点，一个离开该点，见图 4-8(b)。根据原始物系点 *M* 所在位置不同，又有两种情况：

1) 若 *M* 落在四面体 *ABCD* 内，则固相 A 过剩，液相先消失，析晶在 *L* 点结束。

2) 若 *M* 落在四面体 *DCBL* 内，则液相过剩，固相 A 先转熔完，析晶不结束，液相组成点离开一次转熔点 *L*，沿着 *D-C-B* 界线继续移动。

(3) 在交叉位，发生二次转熔，两种固相转熔到液相中，析出另两种固相，L＋A＋B→C＋D，4 条界线的温度箭头，有两条指向该点，有两条离开该点，见图 4-8(c)，根据原始组成点 *M* 所处位置不同又分三种情况：

1) 若 *M* 在 *ABCD* 内，液相先用完，析晶在 *L* 点结束。

2）若 M 在 $BCDL$ 内，A 相先转熔完，液相过剩，析晶继续进行，液相组成点沿 B-C-D 界线移动。若 M 在 $ACDL$ 内，B 相先转熔完，液相过剩，析晶继续进行，液相组成点沿 A-C-D 界线移动。

3）若 M 在三角形 CDL 内，则固相 A、B 同时被转熔完，液相过剩，液相组成点将沿着 CDM 面与 C-D 界面相交而得的曲线继续移动，因为此时只有 C、D 两个固相，故液相组成要在 C-D 界面上移动。

(4) 在共轭位，发生三次转熔，有 3 种固相转熔到液相中，析出另一种固相，L＋A＋B＋C→D，4 条界线的温度箭头，只有 1 条指向该点，3 条离开该点，见图 4-8(d)。根据原始点 M 所在位置不同，又分 4 种情况：

1）M 在 $ABCD$ 内，液相先用完，析晶在 L 点结束。

2）M 在其他三个四面体内，则另一个固相先被转熔完，液相过剩，析晶继续进行，液相组成点将沿着不含第四种固相界线移动。如 M 在 $LDBC$ 内，则 A 先被转熔完，液相组成沿 B-C-D 界线移动。

3）若 M 在三角形 LCD 内，则 A、B 两固相先被转熔完，液相过剩，析晶继续进行，液相组成沿 CDM 平面与 C-D 界面相交而得的曲线移动。若 M 在三角形 LDA、LDB 内，情况类似，略。

4）若 M 在 LD 线上，则 A、B、C 同时被转熔完，液相过剩，析晶继续进行，由于此时只有一种固相 D，故液相组成必在 D 相初晶区内移动，即液相组成沿 DM 线并背离 D 方向进入 D 初晶区内，发生穿晶。

由于四元体系中经常出现二元、三元(四元不常见)化合物，使得相图复杂起来，特别是实际四元相图就更复杂了。在识读、分析、应用实际四元相图时，经常采用分析三元相图的方法，将四元体系相图划分为若干个分四面体，使问题简化，然后分别或只对有关的四面体进行研究。对无机非金属材料的实际四元相图应用，就是经常采用这种方法处理，这将在实际四元相图中讨论。

下篇

应用技术

相图作为材料科学领域广大科技工作者手中一种工具，获得广泛的应用。相图对无机材料，特别是耐火材料的生产、产品开发和应用更具指导意义。耐火材料等硅酸盐制品，都是将原料按一定比例配制，经高温处理而成，它们多是含有多种晶相和玻璃相（高温下的液相）的多相系统，制品的性能和使用中所表现出来的性状，与其所获得的相组成及其含量有着本质的内在关系，而依据相图就可以阐明和控制制品相的组成、含量及其随温度、组成等改变的变化过程，使我们能够通过一定的工艺处理，生产和研制出具有预期性能和使用效果的制品。

应该指出，运用相图是在平衡条件下研究讨论问题，就是说所研究的是完全达到平衡状态下的系统。但是对于耐火材料中特别是富含 SiO_2 的硅酸盐熔体黏度较大，配料组分又往往不均衡，生产中热处理过程从低温到高温又受到反应时间的限制，所以在工业生产上，系统往往并未达到真正的平衡，加之工业原料不是纯净的，致使工业生产的实际情况和相平衡研究的结果有所出入。尽管如此，应用相图来分析研究生产、使用中的问题，尤其是对于科学研究，新产品开发仍然具有重要的指导意义。

5 SiO_2 系统相图

在地壳中最常见的元素中硅(Si)仅次于氧，约占 25.8%，居第二位。自然界中，硅的稳定化合物二氧化硅(SiO_2)是分布极广的物质。它的存在形态很多，以原生态存在的有水晶、脉石英、玛瑙，以次生态存在的有砂岩、蛋白石、玉髓、燧石，还有变质作用产物如石英岩等。这后者则是制造硅质耐火材料的主要原料，石英砂则是玻璃、陶瓷等工业的基本原料。此外，在大量生产，广泛使用的各种耐火材料中，也几乎都含有一定数量的 SiO_2。所以 SiO_2 系统的相平衡，对于硅酸盐材料特别是耐火材料的研究和制造具有密切关系，而且也是讨论各种硅酸盐系统相图中最基本的一个。

SiO_2 一个最重要的性质，就是它具有复杂的多晶性。有石英、鳞石英、方石英三类晶型，β-石英、α-石英、γ-鳞石英、β-鳞石英、α-鳞石英、β-方石英、α-方石英 7 种变体及熔融石英(石英玻璃)。主要是由于 SiO_2 的结构所决定的。

SiO_2 按$\frac{r_{Si^{4+}}}{r_{O^{2-}}}=0.293$，$Si^{4+}$ 离子配位数为 4，形成硅氧四面体[SiO_4]。硅在与氧结合时，其 3s 轨道有一个电子转移到 3p 轨道上形成等值的 4 个 sp^3 杂化轨道，键均匀地分布在四面体 4 个角顶方向，Si-O 间距约 0.160～0.164 nm，O-Si-O 键角 109°28′，共价键的四面体排列几乎牢不可破，难以动摇。SiO_2 晶体结构中每一个这样牢固的硅氧四面体[SiO_4]在形成晶体的空间格架时，只能由[SiO_4]角顶氧搭桥共顶连接，其方位和 Si-O-Si 键角可变性较大，两个硅氧四面体[SiO_4]的共顶氧可为其对称中心(α-方石英)，也可能是镜面(α-鳞石英)，Si-O-Si 键角可在 130°～180°的范围内变动(如 β-石英为 150°)。它们的连接特点见图 5-1。

SiO_2 晶体结构中的键合为共价键和离子键的混合键，由硅元素的电负性差为 1.7 可知，两种键性各约占 50%。这样，结构中共价键的方向性和离子键的随意性，加之 Si^{4+} 离子半径小(0.041 nm)，电荷高，使得 SiO_2 晶体结构多样化。在不同的热力学主要是温度条件下，就形

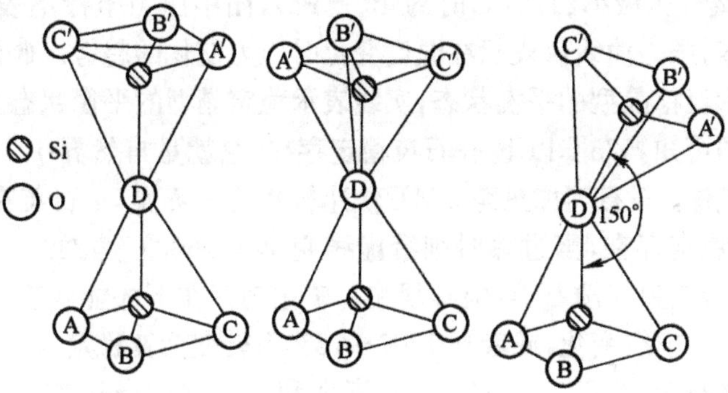

图 5-1 SiO_2 变体中[SiO_4]结合方式

(a)α-方石英；(b)α-鳞石英；(c)β-石英

成了不同的 SiO_2 变体(晶体)。下面讨论 SiO_2 各相(变体)间的关系。

5.1 SiO_2 的相平衡

芬奈(Fenner)在长时间加热细粉碎的石英，并加有钨酸钠 $Na_2WO_4 \cdot 2H_2O$ 的情况下，研究了 SiO_2 各变体间相互转变的情况，并绘制了 SiO_2 压力—温度系统相图(图 5-2)。需要说明的是空气中

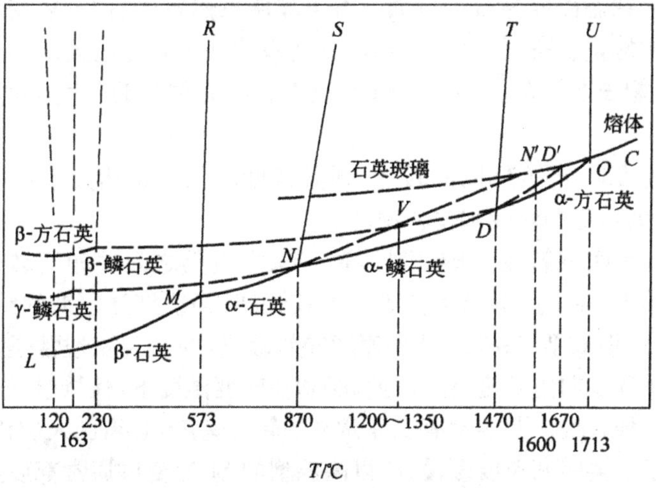

图 5-2 SiO_2 系统相图

SiO_2 的蒸气压极小(1727℃时约 10^{-12} Pa),图中压力坐标不表示实际压力数值,压力曲线仅表示在温度变化时压力变化的趋势。此外,图中虚线表示亚稳晶型的平衡状态,实线表示稳定晶型的平衡状态。

由图可知,573℃以下,β-石英稳定存在,它就是自然界中大量存在的石英变体。β-石英加热至 573℃快速转化为 α-石英,α-石英在 573～870℃间稳定存在,当过热时则沿虚线变化至 1600℃熔融。α-石英在 870℃时转变为 α-鳞石英,但必须在有矿化剂存在下才能实现,否则 α-石英将沿着虚线变化,或者到 1200～1350℃转变为亚稳定 α-方石英。

α-鳞石英在 870～1470℃温度间稳定存在,当过热沿虚线至 1670℃熔化。α-鳞石英冷却通常并不转变为 α-石英,而是在 163℃转变为 β-鳞石英,117℃时又转变为 γ-鳞石英。β-鳞石英为中间变体,存在于 163～117℃范围内。γ-鳞石英虽然也是不稳定变体,室温下仍能长期存在。

α-鳞石英在 1470℃转变为 α-方石英。α-方石英在 1470～1713℃间稳定存在。α-方石英冷却通常也不转化为 α-鳞石英,而在 180～270℃间转变为 β-方石英。常温下 β-方石英也不是稳定变体,但也能长期存在。

α-方石英在 1713℃开始熔融。由于 SiO_2 熔体黏度很大,冷却时极易呈过冷状态而成为石英玻璃。石英玻璃虽然较所有 SiO_2 变体都处于较高的能量状态,但由于石英玻璃结构的巨大阻力已无法实现析晶过程,故能长期保存。只在 1000℃以上长时间加热时,才会发生析晶现象。

上述 SiO_2 各变体间的转变,视其速度和晶体结构发生的变化不同,可分为重建型转变和位移型转变。

(1) 重建型转变　即石英、鳞石英、方石英之间的相互转变。由图 5-1 可知,各变体的结构差别较大,转变时必须打开原来的结合键,重新结合,形成新的结构,转变速度非常缓慢,而且转变通常是由晶体表面开始逐步向内部进行。因此,必须在转变温度下,保持较长时间才能实现这种转变。要实现有工业意义的转变速度,必须加入矿化剂。

由于这类转变速度缓慢,所以高温型的 SiO_2 变体通常都以亚稳态在常温下存在,而不发生转变。

(2) 位移型转变 即同种系列中的 α、β、γ 形态之间的转变，也称高低温型转变。由于同系列变体间结构差别不大，转变时不需破坏结合键，只是 Si-O-Si 键角稍有改变，硅氧四面体[SiO_4]的位置发生变化，转变过程迅速，而且是可逆的，转变在一个确定的温度下，于全部晶体内发生。

当然，以上描述，只是一种理想状态。而实际上，晶体往往存在缺陷，并非完全理想状态，温度传递也由表及里有一个过程。因此，转变往往会在较低温度下就开始，特别是冷却过程存在滞后现象，即加热时转变结束温度比冷却时转变开始温度要稍高些。这些情况在实际时是值得注意的。

SiO_2 各变体间的转变，由于各变体结构的改变，真密度的差异，必然伴随有体积效应。这也是研究 SiO_2 系统制造和使用硅质耐火材料要特别注意的问题。表 5-1 和表 5-2 列出了它们的相关数据。

表 5-1 SiO_2 变体的性质

变体名称	稳定温度/℃	晶系	结晶习性	真密度/g·cm^{-3}	熔点/℃
β-石英	<573	三方	柱 状	2.651	
α-石英	573～870	六方		2.533	1600
γ-鳞石英	<117～127	斜方	矛头状双晶	2.262～2.285	
β-鳞石英	117～163	六方		2.24	
α-鳞石英	870～1470	六方		2.228	1670
β-方石英	<180～270	斜方	蜂窝状、粒状	2.31～2.32	
α-方石英	1470～1713	立方		2.229	1713

表 5-2 SiO_2 多晶转变时的体积效应

重建型转变	计算时采取的温度/℃	体积效应/%	位移型转变	计算时采取的温度/℃	体积效应/%
α-石英→α-鳞石英	1000	+16.0	β-石英→α-石英	573	+0.82
α-石英→α-方石英	1000	+15.4	γ-鳞石英→β-鳞石英	117	+0.2
α-石英→石英玻璃	1000	+15.5	β-鳞石英→α-鳞石英	163	+0.2
石英玻璃→α-方石英	1000	−0.9	β-方石英→α-方石英	150	+2.8

注："+"号表示膨胀；"−"号表示收缩。

由上可以看出，在两种类型的多晶转变中，重建型转变即 α-石英→α-鳞石英→α-方石英的转变，体积效应较大，但由于其转变速度慢、时间长，在生产和使用时，便于控制，而在位移型转变中，其中方石英 α→β 变体间的转变体积效应最大，而鳞石英各变体间转变时体积效应最小。石英 α→β 变体间的转变虽然体积变化不大，但它最终还是要向鳞石英或方石英方向转变，因此也是危险的。而各变体的转变方向，则可以通过真密度的变化来判断。其中鳞石英最小，方石英次之，石英最大。

对于纯 SiO_2（杂质总量小于 0.01%）加热时，α-石英并不转变为鳞石英，而直接转变为 α-方石英，在这种情况下的相图如图 5-3 所示。纯 SiO_2 在加热到 1400～1450℃时，或者转变为密度变化无常的非晶态物质，或者转变为 α-方石英，而在 1723℃则形成熔体。也有资料介绍纯 SiO_2，α-石英在 1025℃（或 1050℃）转变为方石英。

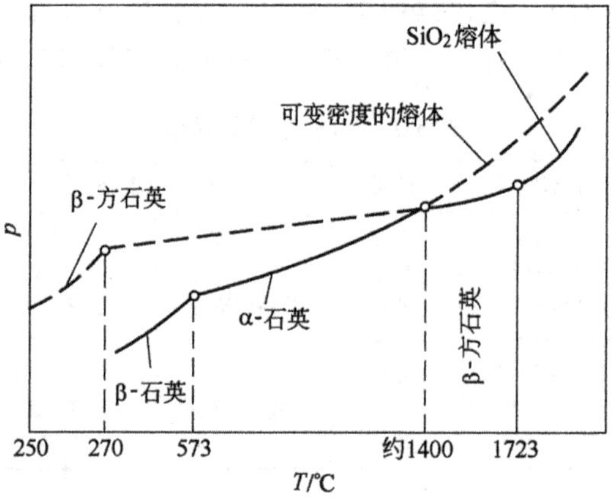

图 5-3 纯 SiO_2 相图

5.2 SiO_2 相图的实际应用

SiO_2 相图对指导硅质耐火制品生产有重要指导意义。硅质耐火制品是以 SiO_2 含量在 98%以上的硅石为原料制造的硅质耐火制品，常称硅砖，视其使用场合不同，SiO_2 含量应不低于 93%～96%，其他性能也有所差异。硅砖主要应用于焦炉、热风炉和玻璃熔窑等。

首先，从 SiO_2 变体的转变方向上看，欲制得耐高温的硅砖，首选当是方石英变体，而从结晶形态和体积效应看，鳞石英应是最佳选择，可以推断，鳞石英含量高的硅砖，高温强度高，在温度波动的环境下，体积相对稳定，因此，高温下受到冲击，摩擦和温度经常波动条件下使用的焦炉硅砖，希望鳞石英含量越高越好，而石英变体无论其耐高温性还是体积稳定性都是最差的一种变体，生产上称其为残余石英，要特别加以限制。

其次，在制造工艺技术方面，欲使制品含有更多的鳞石英，在选定硅石原料的前提下，首先就要精选矿化剂，并在工艺过程中创造条件，有利于石英变体的鳞石英化。

再次，要特别强调的，硅砖的热处理过程。加热升温阶段，遇到位移转变温度要注意缓慢升温，重建型转变过程，特别在高温阶段转变过程较激烈时要特别放慢升温速度，并有足够的时间和在液相参与下以保证变体转变的彻底完成，防止温度突变和波动，以免变体转变时的体积效应造成坯体松散和裂纹。在冷却阶段，800℃特别是 600℃尤其是 300℃以下是各种石英变体高低温型转变较为集中的温度阶段，坯体内液相消失，结构脆化，冷却速度过快，会造成网状冷却裂纹。

欲制得鳞石英含量高、强度好的硅砖，其烧成的最高温度不应超过 1470℃。视选用原料的转变特征等因素，实际上硅砖的烧成温度常波动在 1380～1450℃，多趋于下限，很少有超过上限的；并在这样的温度下，给予足够的保温时间。

硅砖中 SiO_2 的转变方向和转化程度，可用其真密度作为一个重要的判据。

以上这些重要的结论，都可以运用 SiO_2 相图作出满意的解释。

6　二元系实际相图

二元系实际相图是人们研究较多，应用较为广泛的系统。这里仅介绍在耐火材料领域常用的实际相图。

6.1　Al_2O_3-SiO_2 系统相图

Al_2O_3-SiO_2 系统相图对推断硅酸铝质耐火材料的性能随 Al_2O_3/SiO_2 比(以下简写 A/S)的变化而改变和判断 Al_2O_3 对硅砖性能的影响等有指导意义。

6.1.1　Al_2O_3-SiO_2 二元系

Al_2O_3-SiO_2 二元系(图 6-1)二端元 Al_2O_3 和 SiO_2 熔点分别为 2050℃和 1723℃。SiO_2 的相关性能第 5 章已作介绍，这里不再重复。Al_2O_3 为一有价值的高熔点氧化物。它属刚玉型(α-Al_2O_3)结构，三方

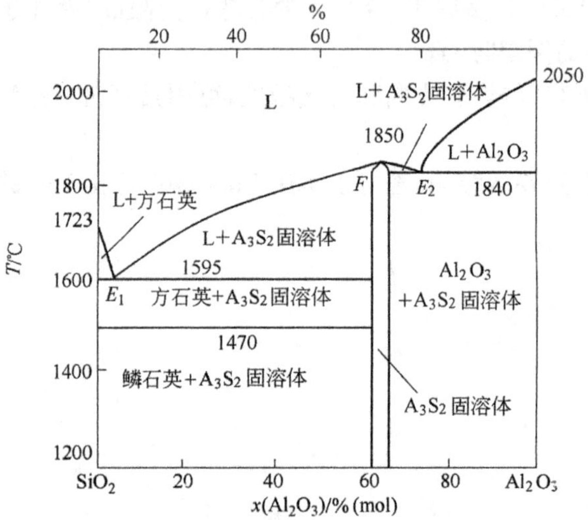

图 6-1　Al_2O_3-SiO_2 系相图

晶系。按照$\frac{r_{Al^{3+}}}{r_{O^{2-}}}=0.432$，$Al^{3+}$离子形成铝氧八面体[$AlO_6$]，$Al^{3+}$离子静电键强度为1/2，这样刚玉的结构中，大体相当于O^{2-}离子作ABAB……六方密堆，Al^{3+}充填于密堆体的2/3八面体空隙，有1/3是空着的，Al^{3+}离子在八面体空隙中的位置与六个O^{2-}离子的距离不同，其中三个较近为0.189nm，三个较远为0.193nm。由于六方密堆体八面体空隙在三维空间呈串状分布，为共面连接而Al^{3+}离子在这种空隙中的充填方式，尽管降低了结构的对称性，却减少了Al^{3+}离子间自身的静电斥力，增加了结构的稳定性。加之Al^{3+}离子的静电键强度也较大，所以α-Al_2O_3结构稳定，硬度大（莫氏9），熔点高，化学稳定性好，为一极具工业价值的耐火氧化物。但刚玉的热膨胀系数稍大，常温至1000℃平均为8.8×10^{-6}℃$^{-1}$，所以刚玉为主要晶相的耐火制品抗热冲击能力差。

系统内有一化合物莫来石，组成$3Al_2O_3\cdot2SiO_2$（以下简写A_3S_2）。莫来石是在苏格兰西部一小岛莫尔岛的火山喷出岩中被发现的，由其"故乡"得名，自然界中的莫来石很少。莫来石属链状硅酸盐，针状或柱状结晶，熔点1850℃，热膨胀系数小，常温至1000℃平均为5.3×10^{-6}℃$^{-1}$，抗热冲击能力很强。人们把它描绘成陶瓷学家卓越的硅酸盐，可能是源于它在自然界中的稀少和卓越的性能。莫来石的理论组成：71.8% Al_2O_3，28.2% SiO_2。相当于A/S质量比2.55。实际上，莫来石在结构中可溶入过剩的Al_2O_3形成A_2S，约相当于77.3% Al_2O_3，故其组成在A_3S_2～A_2S范围内波动，为莫来石固溶体（简化用A_3S_2表示），组成在固溶体范围内的莫来石，1850℃以下不出现液相。

由于莫来石的存在，Al_2O_3-SiO_2二元系被分为SiO_2-A_3S_2和A_3S_2-Al_2O_3两个子系统，莫来石成为系统内性能差异一个重要分界线。SiO_2-A_3S_2子系统的共熔温度1595℃，共熔组成点仅含Al_2O_3 5.5%。靠近SiO_2侧，共存固相为莫来石和方石英。共熔点右侧的固、液两相区，莫来石的数量随Al_2O_3含量提高而增加，尽管相组合没变，但由于范围较宽，性能上差异还是较大。这是应用这一相图分析问题应注意的问题之一。A_3S_2-Al_2O_3子系统共熔温度1840℃，共熔组成点

靠近 A_3S_2 侧，约相当于 79% Al_2O_3，共存固相为莫来石和刚玉两个高熔点物相，这表明 Al_2O_3-SiO_2 系统材料当 Al_2O_3 含量或 A/S 比超过莫来石理论组成时，系统开始出现液相温度提高了近 250℃，材料的性能将产生重要变化。

在运用 Al_2O_3-SiO_2 系相图分析问题时，还应注意 Al_2O_3-SiO_2 二元液相的性质。图 6-2 为用试锥法测试材料耐火度的方法，测试的 Al_2O_3-SiO_2 二元试锥的弯倒温度随 A/S 比改变的特征。图中虚线为二元试锥的弯倒温度走向，总体上试锥弯倒温度曲线与液相线走向类似，但弯倒温度曲线也有其独自的特征。大体分为四种情况，在富 SiO_2 区域，Al_2O_3-SiO_2 二元试锥弯倒温度的最低点不是在低共熔组成处，而是在约 12% Al_2O_3 组成点处，弯倒温度为 1610℃，液相量约 94%。由此往左，液相量增加，但熔倒温度都提高，纯 SiO_2 试锥弯倒温度也高出其熔点为 1770℃，液相支撑着试锥不弯倒说明其黏度相当大。高 SiO_2 液相中庞大的 Si-O 网络难以被拆散，在对 6%～8% Al_2O_3 试样加热到 1650℃，发现仍有液相分相现象，且有 α-方石英和 A_3S_2 共存现象，说明这一区域通常为一种非平衡状态。

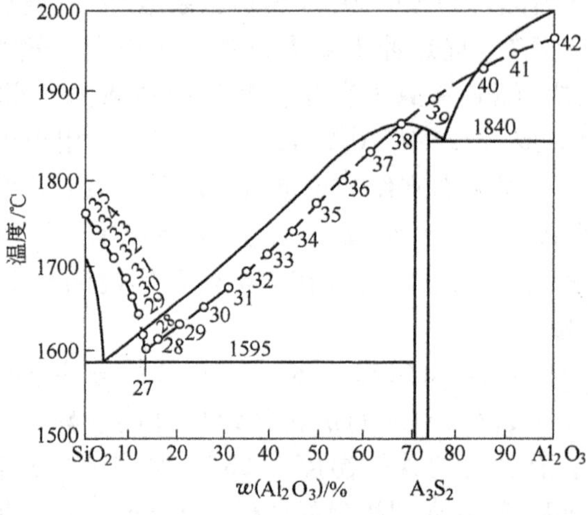

图 6-2 Al_2O_3-SiO_2 二元系与耐火度的关系

在 Al_2O_3 大于 20%的区域，随着试验原料预烧温度的提高，试锥熔倒温度下降。这表明反应的不平衡会提高试锥熔倒温度。另外，这个区域莫来石的液化曲线大体上是平坦的，有人认为这可能是在该区域以上存在着液相分层现象。推断这个区域通常情况下也总是处于一种不平衡状态。

A_3S_2 固溶体组成区域及其附近，试锥熔倒温度也高于液化曲线温度，反映了 A_3S_2 液相的黏度也是很大的。

高 Al_2O_3 区域如 90% Al_2O_3 的试锥熔倒温度在 1920～1960℃之间，这时液相量将近 66%。可见，在 α-Al_2O_3＋L 的共存区域，液相的黏度比高 SiO_2 区域要低得多。

以上 Al_2O_3-SiO_2 二元液相的特点，在运用 Al_2O_3-SiO_2 二元相图分析材料性能时，是应该同时借鉴的。

6.1.2　Al_2O_3-SiO_2 二元相图的实际应用

Al_2O_3-SiO_2 二元相图，囊括了硅质、硅酸铝质（含半硅质、黏土质、高铝质）、莫来石质、刚玉质诸多种类的耐火材料，确是一个具有广泛应用价值的二元系统。

6.1.2.1　SiO_2

SiO_2 是硅砖的主要化学成分。在生产硅砖时，要特别限制其原料中 Al_2O_3 含量，常常采取水洗硅石办法除去 Al_2O_3 杂质。Al_2O_3-SiO_2 二元相图告诉我们 Al_2O_3 与 SiO_2 共存对硅砖的危害性。图中 SiO_2 熔点 1723℃，当加入 Al_2O_3 后，出现液相温度急剧降至 1595℃，降低了近 130℃。而最低共熔组成点又特靠近 SiO_2，Al_2O_3 含量只有 5.5%，这使 SiO_2＋L 共存的液化线很陡。若有 1% Al_2O_3 混入 SiO_2 中，运用杠杆规则就可以算出将产生约 18.2%的液相，而且液相量会随温度升高而急剧增加。这不仅要降低硅砖的耐火度，而且材料要在 1600℃环境下使用那是非常危险的。

反之，如果在 Al_2O_3 中引入 1% SiO_2，1840℃才出现液相。同样用杠杆原理可以算出，液相量也只有 4.8%，说明 SiO_2 对 Al_2O_3 的熔剂作用不强。基于这种思路，在刚玉（α-Al_2O_3）浇注料中引入少量 SiO_2 微粉，不仅能改善材料的施工性能，提高材料的低中温强度，而且与 Al_2O_3 的莫来石反应也促进了材料的早期烧结，估计 SiO_2 在使用温度下（1650～1750℃）即使进入液相也会提高其黏度，改变了富 Al_2O_3 区的液相性质。因此最终取得了理想的使用结果。

6.1.2.2　A/S 比与材料性能

Al_2O_3-SiO_2 二元系中，三个化合物 SiO_2(熔点 1723℃) A_3S_2(熔点 1850℃) α-Al_2O_3(熔点 2050℃)应该说它们的熔点差异不算太大，但由于其他性能差异较大，带来了不同 A/S 比材料性能和制造工艺上的差别。

在 SiO_2-A_3S_2 子系统，组成从 E_1-A_3S_2 即 A/S 质量比小于 2.55，固相组合均为 SiO_2(方石英)和 A_3S_2，1595℃以上至液相线下均为 A_3S_2+L。这个组成范围可以划分为 Al_2O_3 在 15%以下、15%～30%、30%～48%、大于 48%几个组成区域。在这个组成范围内，总体上 A_3S_2 含量随 Al_2O_3 含量提高而增加。但从这一段的液相线走向特征上看，系统中约在相当于 15% Al_2O_3 含量以下组成范围内的液相线较陡，而在 Al_2O_3 从 15%至 A_3S_2 组成点范围内，液相线变化平缓，即大约相当于温度由 1595～1700℃范围内，液相线陡，而 1700℃以上液相线平缓 。这表明当 Al_2O_3 含量在 15%以下，Al_2O_3 成分稍许降低，完全液化温度就急剧下降，故 Al_2O_3 低于 15%的 Al_2O_3-SiO_2 系材料的熔融温度对 Al_2O_3 含量非常敏感，难以用作耐火材料。与此相反，对于 Al_2O_3 大于 15%的 Al_2O_3-SiO_2 系材料，1700℃以上液相线平缓，它的完全液化的温度差异不大，对温度敏感。因此，使用温度接近和超过 1700℃的使用条件，就很危险。而 1700℃以下液相线陡峭，表明 1700℃以下液相量随温度升高增长缓慢，作为耐火材料会有良好的高温性能。这是共性。在 15%～30% Al_2O_3 组成范围内，生产上称作半硅砖。相组成中方石英含量相对较高，SiO_2 多晶转变的体积效应，使它表现出在生产和使用中具有膨胀性。在 30%～48% Al_2O_3 组成范围内，方石英减少而 A_3S_2 含量增加，生产和使用中明显表现出收缩，但它的抗热震性要优于半硅砖。将这两种制品在 1600℃的熔渣条件下使用，从相图上看似乎黏土砖应优于半硅砖，因为它们在 1600℃条件下液相组成应一样，但黏土砖 A_3S_2 含量多而液相量少。而通常实际，半硅砖表现出优良的抗熔渣渗透性，而优于黏土砖，这应归功于它使用中的膨胀性和似乎它的液相中含有更多的 SiO_2 形成了更高黏度的液相，这正如前面所说只能用这类制品事实上反应是不平衡的来解释。

对于 Al_2O_3 含量在 48%至 A_3S_2 组成点的 Al_2O_3-SiO_2 系材料，生产上叫高铝砖，意为 Al_2O_3 含量较高。从相图上看，这类制品一个明显的特征是 A_3S_2 含量较高，且随着组成向 A_3S_2 逼近而增加，A_3S_2 的性能表现也就更加突出。在 A_3S_2 诸性质当中，最具应用价值的应是它的针、柱状结晶和低热膨胀系数所赋予材料的高强度和高的抗热冲击能力，所以，这个组成范围内的材料在冷热交替温度反复变动的环境下使用更具优越性。

A_3S_2-Al_2O_3 子系统，即 A/S 质量比大于 2.55 的制品。这个系统制品的固相组合为 A_3S_2 和 α-Al_2O_3。耐高温性能有了突出的变化，开始出现液相的温度由 1595℃升至 1840℃，上升了 245℃。在其他性能方面，组成靠近 A_3S_2 一侧的材料明显表现出 A_3S_2 的性质，抗热冲击能力强，组成靠近 α-Al_2O_3 一侧的材料显示出刚玉的特点，更耐高温、抗侵蚀，但抗热冲击能力差。究竟做出何种选择，应由材料的使用要求作出决断。

6.1.2.3 A_3S_2 组成点的启示

A_3S_2 是 Al_2O_3-SiO_2 系中一个"亮点"，它的许多优越性质这里不再重复。要说的是 A_3S_2 没有天然原料，要由含 Al_2O_3、含 SiO_2 原料通过烧结或电熔法进行合成，且在合成过程中约有 10%体积膨胀效应，就 A_3S_2 合成过程的膨胀效应，从相图可看一点启示。

A_3S_2-SiO_2 系相图告诉我们，在 A_3S_2 组成左右侧的材料，左侧引入 Al_2O_3，右侧引入 SiO_2，都会使组成进入 A_3S_2 固溶体区，不但获得了具有卓越性质的 A_3S_2，提高了材料的性能，而且还可利用 A_3S_2 合成时体积膨胀效应来缓解材料烧结收缩，制得体积稳定的制品或微膨胀制品。

这为 A_3S_2-SiO_2 系材料烧成制品的高基质技术，不烧制品的微膨胀技术和 SiO_2 超微粉技术在一些方面提供了重要的信息。

6.2 CaO-SiO_2 系统相图

CaO-SiO_2 系统相图为二元实际相图中较为复杂的一个，系统中两端为硅质、石灰质，其中的化合物有的是硅酸盐水泥的重要成分，在碱性耐火材料中也有它们的身影，有的是高炉矿渣的主要构成部分。因此 $CaO\text{-}SiO_2$ 系统相图也是颇具应用价值的一个二元实际相图。

6.2.1　$CaO\text{-}SiO_2$ 二元相图

$CaO\text{-}SiO_2$ 二元相图如图 6-3 所示，系统中有 4 个化合物，其中 C_3S_2（$3CaO \cdot 2SiO_2$）和 C_3S（$3CaO \cdot SiO_2$）为不一致熔化合物，CS（$CaO \cdot SiO_2$）和 C_2S（$2CaO \cdot SiO_2$）为一致熔化合物。图中 SiO_2、CS 和 C_2S 都有多晶转变现象，标有 870、1470、1125、725、1450 横线分别为它们晶型转变的等温线，线上标注的数字即为它们的转变温度（℃）。另外还有一个二液相区，在富 SiO_2 侧，其液相有分层现象。图中无变量点的数量也较多，它们的性质列于表 6-1。

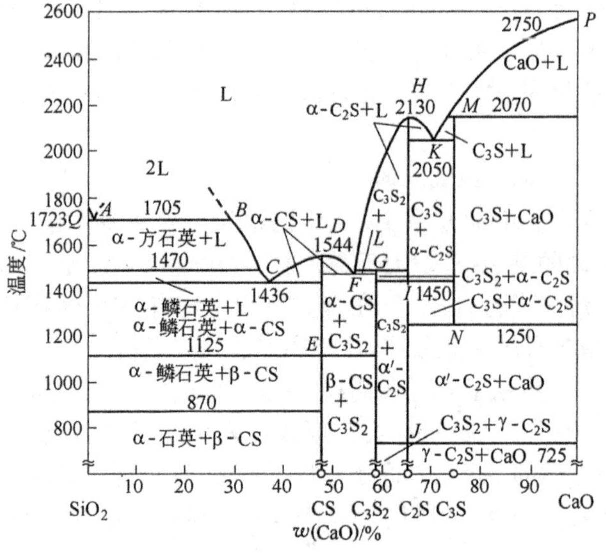

图 6-3　$CaO\text{-}SiO_2$ 系统相图

对于较复杂的二元相图，可以一致熔化合物为界，将系统划分为几个分系统。对于 $CaO\text{-}SiO_2$ 相图，以一致熔化合物 CS 和 C_2S 为界，将系统分为 SiO_2-CS，CS-C_2S 和 C_2S-CaO 三个分系统，然后分别讨论较为明了方便。

表 6-1 CaO-SiO_2 系统中无变量点的性质

图中标点	相平衡关系	性 质	组 成/%		温度/℃
			CaO	SiO_2	
A	α-方石英+$L_B \rightarrow L_A$	熔融分解	0.6	99.4	1705
B	α-方石英+$L_B \rightarrow L_A$	熔融分解	28	72	1705
C	α-鳞石英+α-CS$\rightarrow L_C$	低共熔	37	63	1436
D	α-CS$\rightarrow L_D$	一致熔	48.2	51.8	1544
E	α-CS$\rightarrow$β-CS	双向转变	48.2	51.8	1125
F	α-CS+$C_3S_2 \rightarrow L_F$	低共熔	54.5	45.5	1460
G	$C_3S_2 \rightarrow$α-C_2S+L	不一致熔	55.5	44.5	1464
H	α-$C_2S \rightarrow L_H$	一致熔	65	35	2130
I	α-$C_2S \rightarrow$α′-C_2S	双向转变	65	35	1450
J	α′-$C_2S \rightarrow$γ-C_2S	双向转变	65	35	725
K	α-C_2S+ $C_3S \rightarrow L_K$	低共熔	67.5	32.5	2050
M	$C_3S \rightarrow$CaO+L	不一致熔	73.6	26.4	2070
N	$C_3S \rightarrow$α′-C_2S+ CaO	固相反应	73.6	26.4	1250

CaO-SiO_2 相图的第一个分系统 SiO_2-CS 中，突出的特征是，由于 SiO_2、CS 都有多晶转变，图中多了几条它们转变温度等温线，另外还有一个二液区，当 CaO 在 0.6%～28%的组成范围内（图中 *A*、*B* 两点间）温度在 1705℃以上，处于熔融状态的 CaO 和 SiO_2 分为两相。一相为仅有少量 CaO(0.6%)溶于 SiO_2 形成的富硅液相，另一相为 CaO 含量高达 28%的液相。这种现象可能是由于熔体中 Si-O 网络难以拆散，仍保留在较高温度下，而熔体中 Ca^{2+} 离子也有较强的离子势，能够吸引住 O^{2-} 离子，来屏蔽自己，以求稳定，这就难以为 Si^{4+} 离子提供自由氧，拆散 Si-O 键，虽然熔融了液相却处于一种非平衡状态，分为两相。这种现象，SiO_2-碱土金属氧化物二元相图中是常见的。因为碱土金属氧化物一般都有较强的离子势，在以后的相关相图当中还会遇到。

液相分层现象，随着温度升高，离子间键力松动，其相互溶解度增加，成分靠近，趋于均一，当升至某一温度时，两液相合并成一液相。有资料表明，对于 CaO-SiO_2 系统，当温度达到约 2100℃，CaO 含量为 10%左右时，两液相区消失，成为单一液相区。

对于与 SiO_2 形成两液相区的二元相图，如对于 CaO-SiO_2 二元系统，SiO_2 中混入 0.6% CaO 和混入高达 28%的 CaO 是在同一温度(1705℃)熔融。几乎都不明显降低 SiO_2 的熔点，且由于两液相区平顶的存在，将 SiO_2 液化线拉宽，相当于液相中 SiO_2 含量自 99.4%～72%都在 1705℃等温线上，使得 1436～1705℃之间液相线走向趋陡，向 SiO_2 中引入 CaO 只要不超过 28%，自 1436℃开始出现液相至 1700℃之间，液相量随温度升高增长缓慢，说明 CaO 对 SiO_2 的溶剂作用不强。所以与 SiO_2 具有两液相区的相图，都有这种规律，而且两液相区拉得越宽，这一效应越显著。

$CaO\text{-}SiO_2$ 相图第二个分系统 $CS\text{-}C_2S$ 中，有一个不一致熔化合物 C_3S_2，它在自然界中的存在形式称为硅钙石，也常出现在各种高炉矿渣中。C_3S_2 在 1464℃分解为 $\alpha\text{-}C_2S$ 和液相，常作为矿渣水泥和矿渣砖的原料。

这个分系统还有一个特点是，高熔点的 C_2S，少许吸收些 SiO_2，进入 $CS\text{-}C_2S$ 系统，熔融温度就会从 2130℃急剧降至 1464℃以至于 1460℃，降了 670℃，表明 C_2S 对 SiO_2 的敏感性。或者说对于含 SiO_2 的冶金炉渣 C_2S 难以适应。系统中第三个分系统为 $C_2S\text{-}CaO$，在这个部分中，存在两个高熔点化合物 C_2S 和 C_3S，它们是 C/S>2(摩尔比)的碱性耐火材料和硅酸盐水泥中的重要成分。C_2S 与 C_3S 在 2050℃形成低共熔物，图中 *K* 点。C_2S 是一致熔化合物，熔点 2130℃，它有复杂的多晶转变想象，图中只表示了 $\alpha\text{-}C_2S$、$\alpha'\text{-}C_2S$ 和 $\gamma\text{-}C_2S$ 3 个稳定形态晶型的转变情况，没有表示它的介稳态 $\beta\text{-}C_2S$。4 种晶型的转变关系可表示如下：

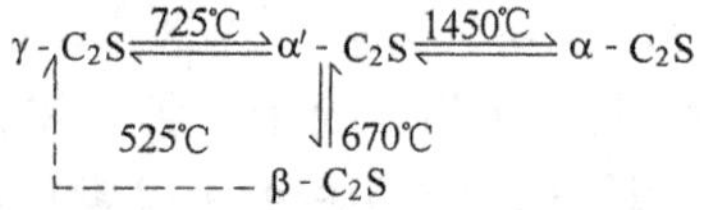

在这个转变的同时，由于各变体间的密度($\alpha'=3.31\ g/cm^3$，$\beta=3.28\ g/cm^3$，$\gamma=2.97g/cm^3$)差异，会引起约 12%的体积效应，对材料造成粉化危害。因此，生产中不希望发生这种转变，水泥熟料当转变成 $\gamma\text{-}C_2S$ 时，还失去了水硬性，更是有害。为此，在水泥熟料烧成之后，总采取急冷措施，保持 α'介稳态或 β 而避免 γ 型出现，对于耐火材料不能实施快冷措施，可以在配料中加入适量的 P_2O_5、Cr_2O_3 等作为稳定剂，

稳定 α-C_2S 使其不发生转变。

C_3S 为不一致熔化合物，仅存在于 2070～1250℃之间，在 2070℃分解为 CaO 和液相，1250℃分解为 α'-C_2S 和 CaO。这种固相分解只在靠近 1250℃附近才很快进行，在较低温度下，则可忽略不计，可以介稳态长时间在低温下存在。高、低温的分解说明 C_3S 是一个不稳定的化合物，在以介稳态存在时，从热力学的观点来看，它具有较高的内能，活性大，有高度的反应能力。因此，C_3S 是硅酸盐水泥中最重要的保证水泥有高度水硬活性的组成部分。这同样要求水泥熟料快冷，缩短 C_3S 在 1250℃温度附近的停留时间，尽量使 C_3S 免于分解，以保证水泥的质量。

右端 CaO，熔点 2570℃，是白云石质和石灰质耐火材料的主要成分，其相关性能将在以后讨论。

6.2.2　相图的实际应用

CaO-SiO_2 相图除上述对硅酸盐水泥材料有重要指导意义，对硅质、白云石质和石灰质耐火材料也有重要指导意义。

6.2.2.1　CaO-SiO_2 相图对硅砖生产的指导意义

硅砖烧成时，由于 SiO_2 多晶转变，体积膨胀，烧结困难。加之石英向鳞石英转变属重建型转变，过程缓慢，希望在烧成温度（约 1450℃）下，有少量液相参与，以缓解晶型转变过程的膨胀应力，避免产生裂纹和结构松散，并促进石英的溶解—析晶反应，生成更多的鳞石英。但液相量又不能过多，以免降低硅砖的高温性能，保证制品在更高的温度下使用。如何实现这样的技术目标，CaO-SiO_2 相图提供了相关信息。图 6-4 为 CaO-SiO_2 相图中的 SiO_2-CS 分系统，由图可知，当向 SiO_2 中引入 2% CaO，对于组成 98%～2% CaO 的系统（图中竖线）加热于 1436℃开始生成液相，可求得液相量约 5.4%，而后随温度升高至 1705℃前，液相量也不超过 7.4%，说明 1700℃以下，液相增长速率很慢，其完全熔融温度仍接近纯 SiO_2 熔点（1723℃），即使在 1650℃高温下使用（硅砖使用温度通常都不高于这个温度），液相量也就约 7%左右，实现了低温烧成高温使用的技术效果。这就是硅砖生产中为什么在配料中引入石灰乳，折合 CaO 约 2%左右，作为助烧结剂（矿化剂）的

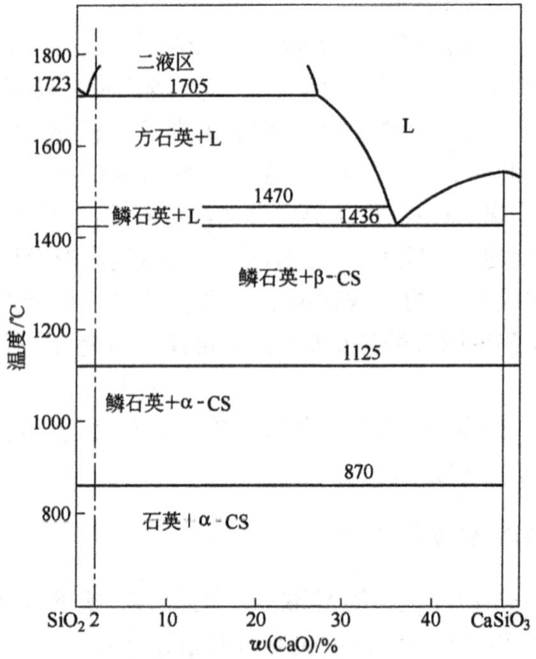

图 6-4 $CaO-SiO_2$ 相图 SiO_2-CS 分系统

理由之一。

6.2.2.2 用 $CaO-SiO_2$ 相图选择适合制造耐火材料的相区

在 $CaO-SiO_2$ 系统内，确立能够在 1600℃温度下使用的耐火材料相区，要求使用温度下液相量不超过 10%，并分析其理由。

在相图中选择适合制造耐火材料的相区，是相图应用经常遇到的实际问题之一。为此，首先应在相图中作要求温度下的等温线（三元相图作等温面），然后从相应温度下的相分布，液相量及其随组成改变的变化趋势等角度，推测选择相区材料的难熔性（耐高温）、抗侵蚀性、制造工艺的可行性等方面，来确立其是否适合于制造耐火材料。下面讨论相应的问题。

按问题要求，首先在 $CaO-SiO_2$ 相图中作 1600℃等温线，见 6-5(a) 中 *AB* 线，$CaO-SiO_2$ 系统被分为 A-1、1-2、2-3、3-4、4-B 5 个不同相组合的相区，各相区的液相量及相分布见图 6-5(b)。按问题要求，显然

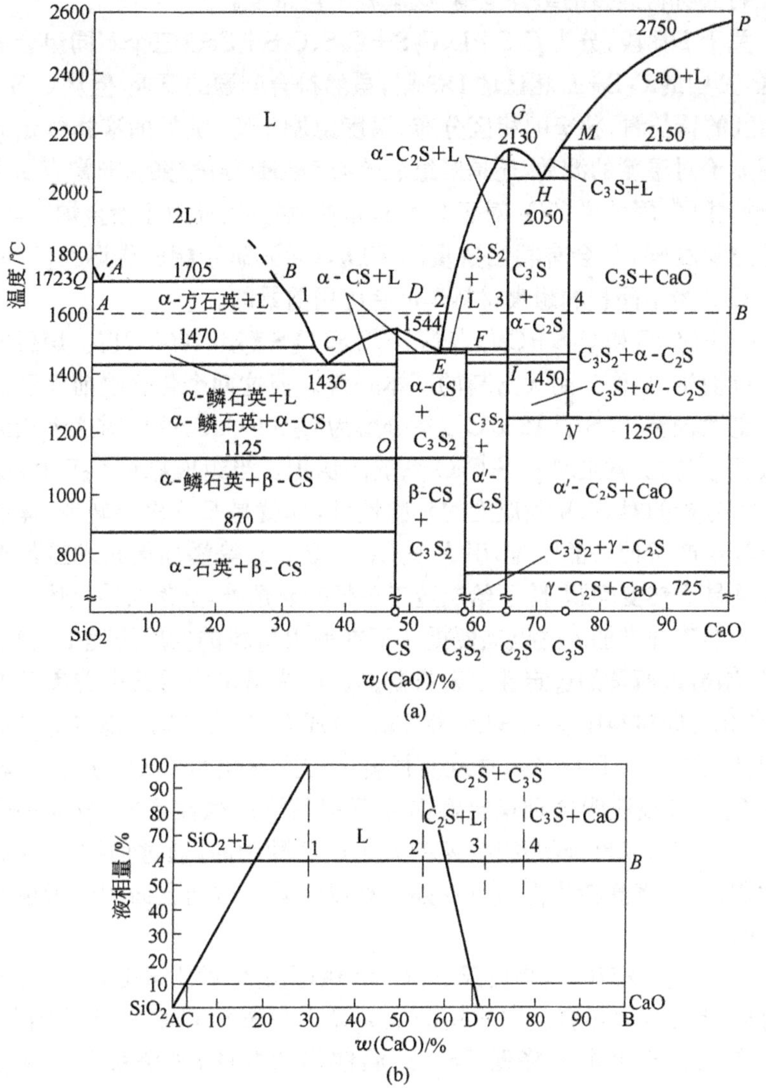

图 6-5　CaO-SiO₂ 相图 1600℃液相生成量及相分布

1-2相区为全液相区，它实际是冶金炉渣区，不能考虑。作一条液相10%含量的线，即图 6-5(b)中虚线，可以看出，符合要求的只有 A-1 相区的 *AC* 段和 2-B 相区和 *DB* 段。AC 段正是我们前面讨论的典型的酸性耐火材料硅砖的组分范围，这里就不再重复。

关于 *DB* 段，分为 C_2S＋L、C_2S＋C_3S、C_3S＋CaO 三个不同组合的相区，其中的 C_2S＋L 相区的 D-3 段，虽然符合问题的要求，但从 C_2S＋L 相区的特征看，狭窄的相区分布，温度急剧下降，陡峭的液相线走向表明无论对温度的波动，还是对组成的波动都是很敏感的，非常容易进入全液相区，因此说 SiO_2 对于 C_2S 是非常危险的，而对于冶金炉渣，特别是建材材料，总会有相当数量的 SiO_2，CaO-SiO_2 相图告诉我们，制造以 C_2S 为主晶相的耐火材料是没有应用前景的。

C_2S＋C_3S 和 C_3S＋CaO 相区，C_2S 和 C_3S 都为 2000℃以上熔融的高熔点物质，是作为耐火材料的基本条件。但这两个化合物前面已提到稳定性较差，C_3S 于 1250℃以下分解为 C_2S＋CaO，所以对这个相区的认识，实质上就是对 C_2S-CaO 系统的认识。当组成靠近 C_2S 时，除了上面分析的对 SiO_2 和温度的敏感性外，那就是 C_2S 多晶转变，体积效应为生产所带来的困难，引入 P_2O_5 和 Cr_2O_3 等添加剂技术虽然能解决其晶型转变问题，除了给制造工艺带来麻烦外，必然会使上述那种危险的敏感性增加。这里顺便提一下在耐火材料的发展历程中，曾经开发、制造过所谓的稳定性白云石制品。即为解决白云石中游离 CaO 水化问题，向材料中引入 SiO_2，将 CaO 合成 C_2S，同时又为稳定 C_2S 的晶型转化要引入 P_2O_5 等，这就使材料中的主晶相由 CaO(方钙石)转化为 C_2S，实践证明这种稳定性白云石制品抗侵蚀性很差，成为一个“昙花一现”的成果，现在很少还有人生产这种制品，通过牺牲 CaO 高温性能，人为将其转化为 C_2S 的办法难以奏效。这与上面的分析也是一致的。

CaO 熔点 2570℃，是白云石、石灰质耐火材料的主成分，为一种非常有前景的耐火材料。它应用的最大障碍是游离 CaO 的水化问题。人们在致力于寻求不降低 CaO 高温性能的办法，来解决其抗水化问题。

总之，从 CaO-SiO_2 相图上分析，当 CaO 作为主晶相，吸收少量 SiO_2 进入 C_2S-CaO 系统，这是一个在 2000℃以上才出现液相的系统，少量 C_2S 就不会出现上述的敏感性危险，其晶型转化的危害性也会削弱，也好解决。如果 CaO 的水化问题得到有效解决，确是一个理想的耐火材料领域。

综上所述，对于 CaO-SiO_2 系统，能够制造在 1600℃温度下使用且液相量不超过 10%的耐火材料，只有以 SiO_2 为主要化学成分，掺有少量 CaO(2%～3%)的硅砖和以 CaO 为重要化学成分，含有少量 SiO_2 天然杂质的石灰质、白云石质耐火材料。若向 CaO 中引入 SiO_2 人工合成 C_2S 为主晶相的材料，CaO-SiO_2 相图提供了否定的信息。

6.3　CaO-Al_2O_3 系统相图

CaO-Al_2O_3 系统有 5 个化合物，(见图 6-6)它们是：C_3A、$C_{12}A_7$、CA、CA_2 和 CA_6。其中 C_3A 和 CA_6 为不一致熔化合物，其余为一致熔化合物。但据资料介绍，$C_{12}A_7$ 在通常湿度的空气中为一致熔化合物，若在完全干燥的气氛中发现 C_3A 与 CA 在 1360℃形成低共熔物，组成为 50.65% Al_2O_3，49.35% CaO。故此时一致熔化合物 $C_{12}A_7$ 在状态图中便没有它的稳定相区。见图 6-7。相图中所有化合物几乎都为硅酸盐水泥和铝酸盐水泥中的重要物相。

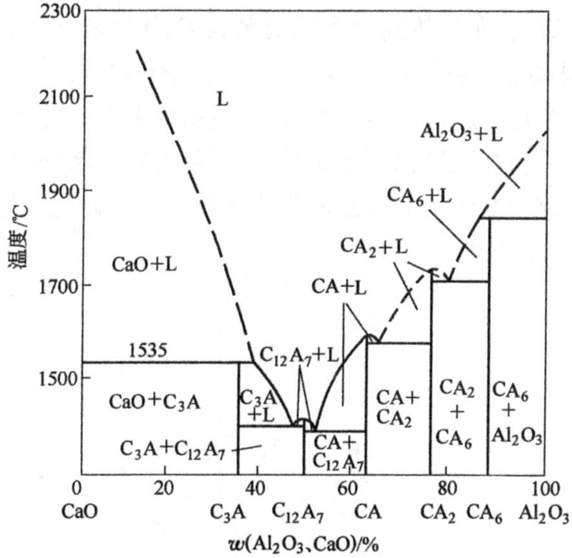

图 6-6　CaO-Al_2O_3 系统相图

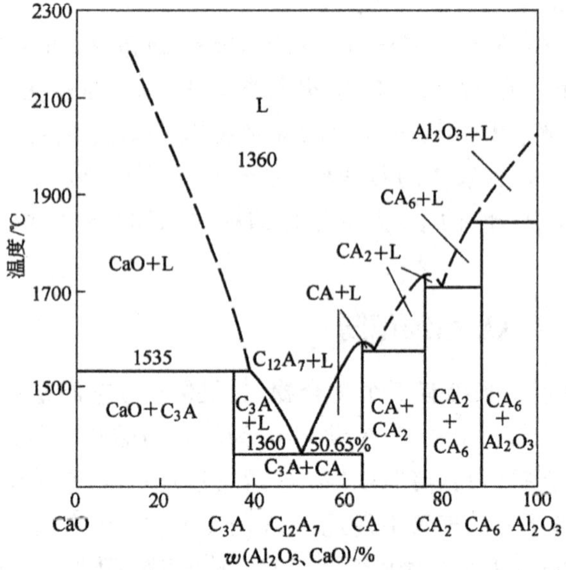

图 6-7　干燥气氛中 $C_{12}A_7$ 无稳定相区

铝酸三钙(C_3A)是硅酸盐水泥中的重要矿物，在白云石耐火材料中也可能见到，它在加热到 1535℃分解为 CaO 和液相。C_3A 与水反应强烈，当硅酸盐水泥中 C_3A 多时水泥就会硬化过快。

铝酸一钙(CA)是高铝水泥、铝-60 水泥和氧化铝水泥的主要矿物成分。一般呈无色柱状或长条片状晶体，属于单斜晶系，密度 2.98 g/cm³，硬度 6.5，熔点 1600℃。遇水后将发生水化反应而硬化。但水化温度不同水化产物有差别，如下图：

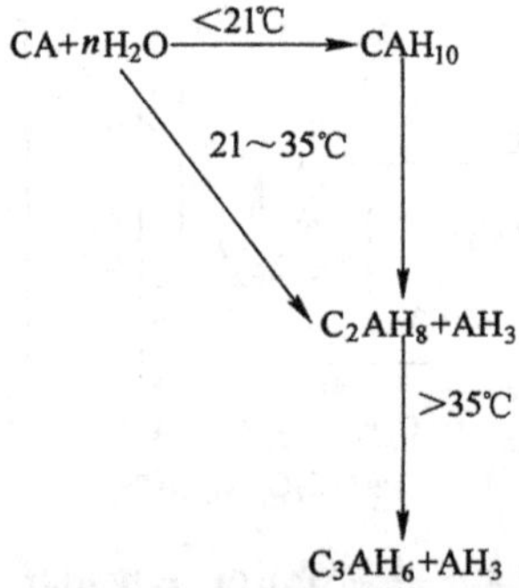

水化产物中，CAH_{10}（$CA \cdot 10H_2O$）称为水化一铝酸钙，针状或板状结晶，强度高，C_2AH_8（$C_2A \cdot 8H_2O$）称水化铝酸二钙，结晶状态与水化一铝酸钙类同，C_3AH_6（$C_3A \cdot 6H_2O$）称水化铝酸三钙，结晶呈偏八面体或立方体，结晶体强度偏低，AH_3（$Al_2O_3 \cdot 3H_2O$）称铝胶，颗粒状。

二铝酸一钙（CA_2）是铝-70水泥的主要矿物成分，也是铝-60水泥、氧化铝水泥和高铝水泥的矿物组成之一，它呈柱状或针状无色晶体，属四方晶系，密度2.91 g/cm^3，熔点1750℃，CA_2与CA相比，其熔点高，水化速度较慢，早期强度低，后期强度高。遇水水化反应与CA类似，只是水化产物中，铝胶AH_3较多。

七铝酸十二钙（$C_{12}A_7$）是铝酸盐水泥中的一种次要矿物成分。属立方晶系，圆粒状或八面体结晶，密度2.69 g/cm^3，熔点1415℃。$C_{12}A_7$遇水具有速凝特性，在水泥中含量不宜太多。在电熔氧化铝水泥中，往往含有一定量的$C_{12}A_7$，因此凝结速度快，需加缓凝剂后使用。

六铝酸一钙（CA_6），存在于铝酸盐水泥中，一般为六方板状晶体，在1850℃不一致熔，形成刚玉和液相。CA_6的水硬性很弱，几乎无胶凝性。

各种铝酸钙矿物的化学组成和熔点列于表6-2，一般来说，在铝酸钙矿物中随着Al_2O_3含量的增加，熔点升高，但胶凝性质下降。

表6-2　铝酸钙矿物的化学组成和熔点

名　称	化学简式	化学组成/%		熔　点/℃
		Al_2O_3	CaO	
铝酸三钙	C_3A	37.8	62.2	1535分解
七铝酸十二钙	$C_{12}A_7$	52.2	47.8	1415
铝酸一钙	CA	64.6	35.4	1600
二铝酸一钙	CA_2	78.4	21.6	1750
六铝酸一钙	CA_6	91.6	8.4	1850分解

$CaO-Al_2O_3$系统相图中，除为我们提供各种铝酸盐胶凝物的组成和性能之外，还有一个重要方面就是它的两个端元。对于CaO少许吸收Al_2O_3形成C_3A低熔点化合物，系统出现液相温度从2570℃降至1535℃，降了1035℃，可见Al_2O_3对CaO是一个强熔剂，所以在以CaO为主要成分的石灰质、白云石质耐火材料中，视Al_2O_3为有害杂

质，要特别加以限制。反之，Al_2O_3 吸收 CaO，形成高熔点化合物 CA_6（1850℃分解），系统出现液相温度从 2050℃降至 1850℃，只降了 200℃。在电炉顶高铝砖吸收炉渣后可以见到 CA_6，说明 Al_2O_3 对于 CaO 有很好的稳定性。这也是为什么高铝砖长期以来一直占领电炉顶这块阵地的重要原因之一。

6.4　CaO-MgO 与 CaO(MgO)-铁氧系统相图

CaO-MgO 系统对炼钢用耐火材料十分重要。图 6-8 为 CaO-MgO 系统相图。由图可知，该系统两端元均为高熔点氧化物，其中 CaO 熔点 2570℃，MgO 熔点 2800℃，系统中无任何化合物，混合物的最低共熔温度也高达 2370℃，共熔组成为 67% CaO，33% MgO。因此，几乎全系统都可以作为耐火材料，事实上它囊括了镁质、镁白云石质、白云石质、石灰质等耐火材料的 MgO/CaO 比组成范围。

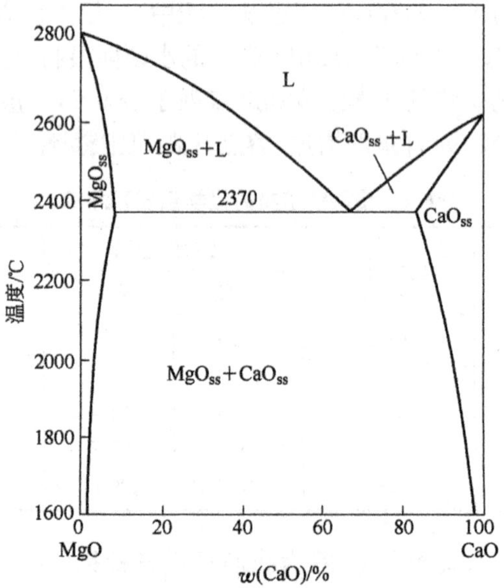

图 6-8　CaO-MgO 系统相图

CaO-MgO 系统在高温下，CaO 与 MgO 彼此均有部分的相互固溶现象，由图可知，CaO 在 MgO 中的固溶度由 1620℃约 0.9%左右增大到2370℃的7%，而MgO在CaO中的固溶度则由1620℃的2.5%增加到2370℃的17%。这一现象当系统中含有SiO_2，与CaO结合为$2CaO \cdot SiO_2$(C_2S)时，会使结合C_2S的CaO达不到其组成要求，即使CaO与SiO_2的比例降低，而出现了称为镁硅钙石(C_3MS_2)的矿物，其为不一致熔化合物，1575℃分解，从而降低了材料的高温性能，这一点对低SiO_2含量CaO-MgO系的材料的影响尤为显著。这是在应用CaO-MgO系统相图分析问题时值得注意的问题之一。

难熔性是作为耐火材料最基本特性之一。从CaO-MgO相图分析，不同CaO/MgO比的材料，开始出现液相温度和完全液化温度是有差异的，由于高温下固溶体的存在，对于MgO，当CaO的固溶比例小于7%，对于CaO，当MgO的固溶比例小于17%时，开始出现液相温度均高于2370℃，而完全液化温度也按富镁侧、富钙侧和共熔组成附近的顺序降低。但开始出现液相的最低温度也不低于2370℃，因此作为炼钢用耐火材料，难熔性并不是CaO-MgO系材料的主要矛盾，而耐侵蚀性，抗热震性等往往更为重要。对CaO-MgO系材料各种性能的深入认识，还应从相图中两端元氧化物性能入手。

MgO(方镁石)立方晶系，NaCl型结构，Fm3m空间群。按离子半径$r_{Mg^{2+}}=0.078$ nm，$r_{O^{2-}}=0.132$ nm，$r_{Mg^{2+}}:r_{O^{2-}}=0.591$，$Mg^{2+}$离子配位数为6，$Mg^{2+}$-$O^{2-}$间形成镁氧八面体[$MgO_6$]。$Mg^{2+}$静电键强度为1/3，$O^{2-}$作ABCABC……立方密堆，$Mg^{2+}$充填于密堆体的全部八面体空隙中，结构紧密，晶格常数$a=0.4201$ nm，晶胞内有4个MgO分子。真密度3.58 g/cm^3，晶格强度大，晶格能高，E约为3.6×10^6 J/mol，熔点高达2800℃。MgO单晶沿(100)面完全解理，晶体多呈立方体，在1800～2400℃易挥发，在有碳(C)存在的情况，挥发温度还要降低。

MgO热膨胀系数大，0～1500℃时为$(14\sim15)\times10^{-6}$/℃，并伴随温度升高而增大，其导热系数随温度升高而下降，100℃时，$\lambda=34.3$ W/(m·K)，1000℃降至6.7 W/(m·K)，弹性模量2.1×10^5 MPa。这些特点是造成其抗热震性差的重要原因。

MgO作为炼钢用耐火材料的主要化学成分，使用中必然与熔融金属液、熔渣中Fe及其氧化物相接触，MgO接触铁氧后的表现，可由MgO-氧化铁系统相图(见图6-9)得知。图中(a)、(b)分别为MgO-

FeO 和 $MgO-Fe_2O_3$ 系统。由图(a)可知，MgO 与 FeO 两成分间可以任何比例相互溶解，形成连续型固溶体(Mg,Fe)O，称为镁方铁矿。由于 MgO 与 FeO 这两个氧化物类型相同，同属 NaCl 型结构，离子半径相近($r_{Mg^{2+}}=0.078$ nm，$r_{Fe^{2+}}=0.082$ nm)，它们之间形成固溶体反应速度很快，1200℃即很显著，MgO 开始吸收 FeO 并无液相产生，即使吸收 30% FeO，开始出现液相的温度也在 2000℃以上，说明 FeO 不会对 MgO 构成强熔剂作用，或者说 MgO 对 FeO 的适应性很强，加热 MgO、FeO 混合物，FeO(熔点 1370℃)，在较低温度下首先熔融，而后为 MgO 吸收形成固溶体又很快固化，人们正是利用这一点在炼钢炉底技术方面，将 FeO 参与到 MgO 中，作为助烧结剂，取得了炉底的快速烧结又不降低炉底寿命的双赢效果。但值得注意的是毕竟 FeO 的熔点较低，在还原气氛下烘制镁质制品，荷重开始软化温度都偏低。所以镁砖宜在氧化气氛下烧成。

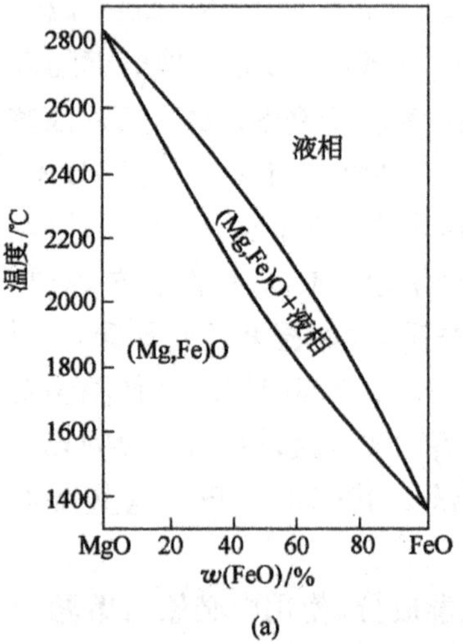

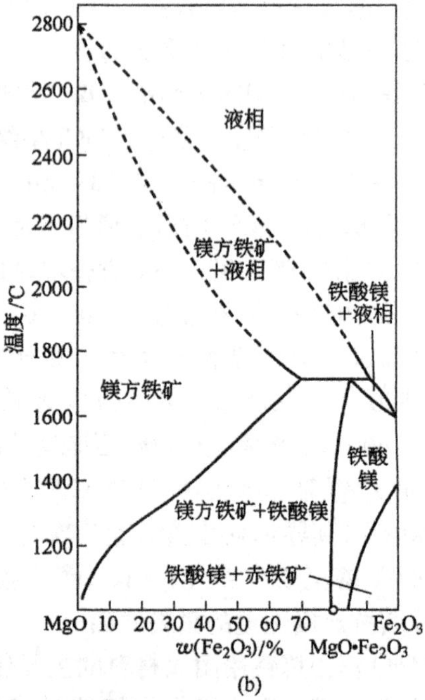

图 6-9　MgO-氧化铁系统相图

(a) MgO-FeO 系；(b) $MgO-Fe_2O_3$ 系

图(b) $MgO-Fe_2O_3$ 系统告诉我们,该系统有一不一致熔化合物铁酸镁($MgO·Fe_2O_3$,缩写 MF),分解温度 1720℃。MF 与 MgO 也在很大范围内形成固溶体。由图可知 MF 约在 1000℃左右开始向 MgO 中固溶形成镁方铁矿(Mg·Fe)O,且随着温度升高急剧增加,在 1720℃约达 70%,自此,随着组成向 MgO 方向移动。固相线温度急剧升至 MgO 熔点 2800℃。这一特征,一方面说明 MgO 吸收大量 Fe_2O_3 出现液相温度都在 1720℃以上,MgO 对 Fe^{3+} 的稳定性比 Fe^{2+} 还强,这又回到了镁砖在氧化气氛下烧成的重要性。特别是以 MgO 为主要化学成分的碱性耐火材料,对含铁氧熔渣有极强的抵御能力,确定了它在炼钢工业的重要作用。

另一方面,图(b)MF 向 MgO 中的饱和溶解度曲线随温度改变的急剧变化告诉我们,含有一定铁氧的镁质耐火材料中,温度升高,铁氧以二价 Fe^{2+} 离子溶于 MgO 中形成镁方铁矿(Mg·Fe)O,而温度降低,固溶度下降,铁析出又以三价 Fe^{3+} 存在,与 MgO 反应形成 MF 即 $MgO·Fe_2O_3 \rightleftharpoons (Mg·Fe)O$ 这一现象无论是温度的波动,还是组成的波动都与气氛的波动是等效的。且伴随着这个固溶⇌脱溶反应的同时产生体积效应,高价态膨胀,低价态收缩,见图 6-10。这个效应在镁砖

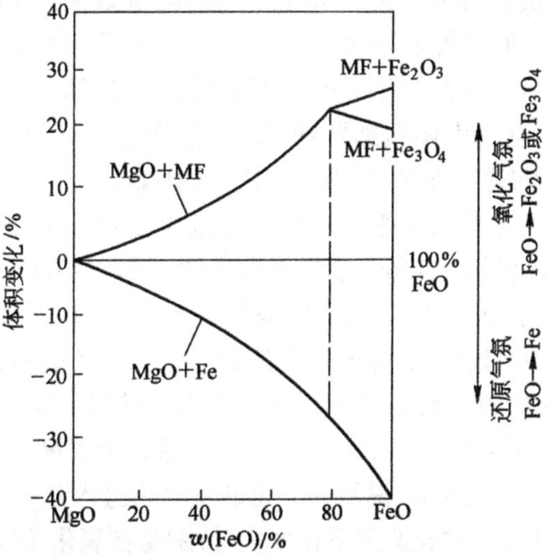

图 6-10 (Mg·Fe)O 氧化还原时的体积变化

生产时，可活化方镁石 MgO 晶格，促进其烧结，但使用时，反复地固溶⇌脱溶反应，必然在制品的显微结构中产生应力，降低方镁石 MgO 塑性，使结构劣化。同时相变过程还伴随着氧的逸出或吸收造成孔质化现象。综合作用的结果，使材料的抗热震性变差。从这个意义上讲，制造在温度反复波动条件下使用的镁质材料，还是尽量降低铁氧含量为好。

SiO_2 也是炉渣中一重要组分，特别是初渣。MgO 吸收 SiO_2 形成熔点为 1890℃的镁橄榄石（$2MgO \cdot SiO_2$，缩写 M_2S）（见图 6-14）。而 MgO-M_2S 分系统内开始出现液相温度也高达 1850℃，所以 MgO 对 SiO_2 也有很高的稳定性。但当系统中存在 CaO（冶金炉渣的主要成分之一）时，将形成熔点只有 1498℃的钙镁橄榄石（$CaO \cdot MgO \cdot SiO_2$，缩写 CMS），因此，$SiO_2$ 对于 MgO 是一个潜在的危险。或者说，MgO 对于 CaO-SiO_2 系炉渣的适应性不如 CaO。

CaO（方钙石）与方镁石（MgO）具有相同的结晶构造，同属立方晶系，NaCl 型结构，Fm3m 空间群。熔点高达 2570℃，只是由于 Ca^{2+} 离子半径（$r_{Ca^{2+}}=0.106$ nm）大，在充填 O^{2-} 离子密堆体的八面体空隙时，将氧密堆体撑松，晶格常数比 MgO 大，a 为 0.480 nm，真密度 3.346 g/cm^3，结构松弛，按哥希密特提供的离子半径数值，钙氧离子半径比应为 0.803，Ca^{2+} 离子的配位数应为 8，而 NaCl 型结构配位数降至 6，可见结构中 O^{2-} 离子对 Ca^{2+} 离子屏蔽不足，结构中 Ca^{2+} 离子有裸露现象，常温下就极易与水反应：$CaO+H_2O \rightarrow Ca(OH)_2$。由于 $Ca(OH)_2$ 密度只有 2.23 g/cm^3，反应过程体积膨胀约 97%，使得组织松散，结构破坏，这是含游离 CaO 的材料在制造和使用中一个困难。

CaO 吸收 SiO_2 形成高熔点的 C_3S 或 C_2S（见图 6-3），表现出对 SiO_2 的稳定性比 MgO 强，但其抵抗含铁熔渣的能力不如 MgO，见图6-11。图中(a)告诉我们，在还原条件下，CaO 吸收铁形成 $CaO \cdot 2FeO$（缩写 CF_2）不稳定，在接近出现液相之前固态分解为 CaO+ FeO，并在约 1125℃出现液相，FeO 消失，在氧化条件下，见图(b)，CaO 与 Fe_2O_3 形成的 C_2F 为一致熔化合物，但熔点只有 1449℃，与 CaO 的共熔温度为 1438℃，共熔组成点极靠近 C_2F 组成点，说明 C_2F 也非常容易进入液相。但值得庆幸的是液相随温度升高增长速度不算太快，特别是在氧化条件下。

CaO 由于有吸收金属液中 P、S 和 Al_2O_3、SiO_2 等夹杂物的功能，

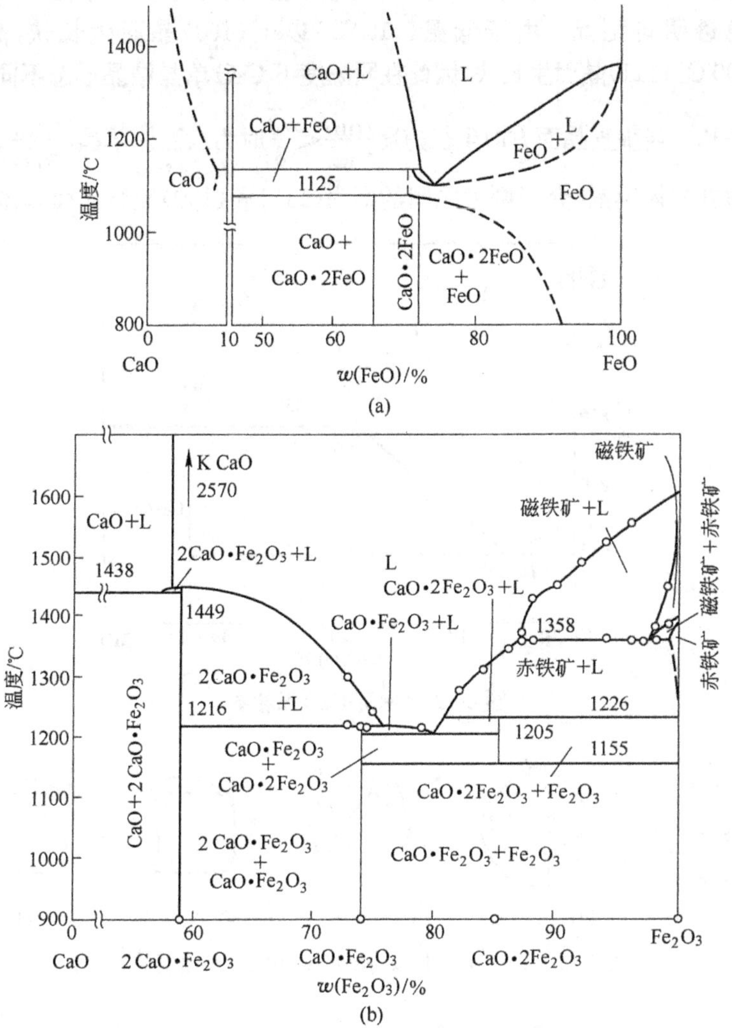

图 6-11　CaO-氧化铁系统相图

(a) CaO -FeO 系；(b) CaO-Fe_2O_3 系

在冶炼洁净钢方面，它是备受重视的耐火材料。

最后用 $CaCl_2$-CaO 相图(图 6-12)简要介绍用熔剂法生产 CaO 单晶的方法。由图 6-12 可知，若以 $CaCl_2$ 为熔剂，在 835℃以上熔剂中溶解度超过 18.5%(mol)，为 CaO 和液相共存区，即在液相区域有 CaO

单晶析出。据此，可在 800～1400℃温度范围内制得 CaO 单晶，单晶为无色透明自型晶。由于低温（1100℃）以下（100）晶面生长快，高温（1300℃）（111）晶面生长快，因此在同温度下 CaO 单晶结晶形态不同，见图 6-13。当垂直晶面方向生长速度$\frac{r_{(111)}}{r_{(100)}}<\frac{\sqrt{3}}{3}$时为八面体单晶，$\frac{r_{(111)}}{r_{(100)}}>\sqrt{3}$时为立方体单晶，介于两者之间的则为（111）和（100）混合晶面晶体。

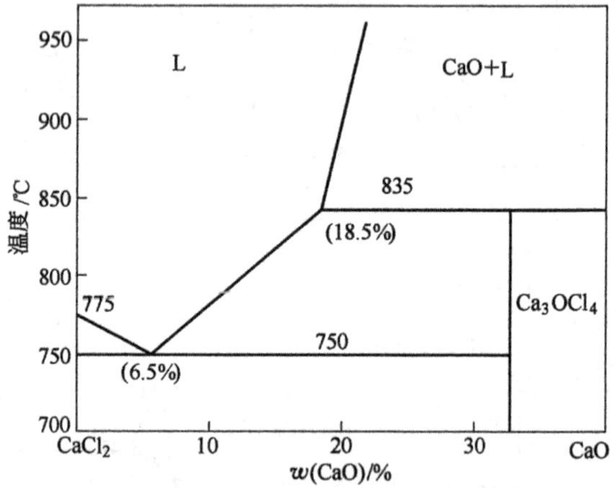

图 6-12　$CaCl_2$-CaO 系相图

图 6-13　CaO 晶面形态与温度及晶面生长速度关系

6.5　MgO-SiO_2 系统相图

MgO-SiO_2 系统对镁质、镁橄榄石质耐火材料和陶瓷有密切关系。

6.5.1　MgO-SiO_2 系统相图

MgO-SiO_2 系统相图如图 6-14 所示。系统中有两个化合物，即镁橄榄石(Mg_2SiO_4,缩写 M_2S),熔点 1890℃和顽火辉石($MgSiO_3$,缩写 MS),为不一致熔化合物,1557℃分解为 M_2S+L。

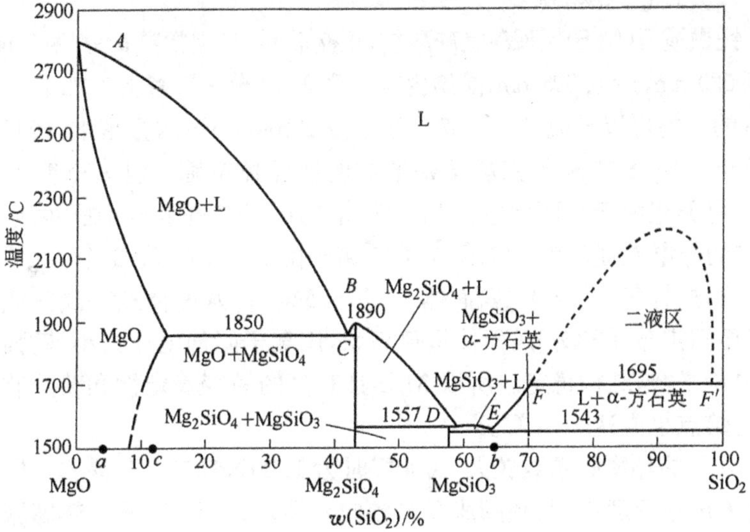

图 6-14 MgO-SiO₂ 系统相图

由图可知,高温下 SiO_2 能有限溶于 MgO 中,最高固溶量在 1850℃约 12%,MgO 在 M_2S 中也有少量固溶现象。与 CaO-SiO_2 系类似,在富 SiO_2 侧 1703℃(也有图认为在 1695℃)以上存在一个二液区,其组成范围为 99.2%~69.0% SiO_2。图中各无变量点的性质列于表 6-3。

表 6-3 MgO-SiO_2 系统中无变量点的性质

图中符号	相间平衡关系	平衡性质	组 成/%		平衡温度/℃
			MgO	SiO_2	
A	MgO⇌L	熔 点	100	0	2805(2800)
B	M_2S⇌L	熔 点	57.2	42.8	1890
C	MgO+M_2S⇌L	低共熔点	64	36	1860
D	M_2S+L_D⇌MS	转熔点	38	62	1557
E	MS+SiO_2⇌L	低共熔点	36.5	63.5	1543
F	$L_{F'}$⇌L_F+SiO_2	熔融分相	31	69	1703(1695)
F′	$L_{F'}$⇌L_F+SiO_2	熔融分相	0.8	99.2	1703(1695)

为全面深入认识该系统材料的特点，还应从两个化合物的性质入手。

6.5.1.1　*镁橄榄石*

镁橄榄石(M_2S)属孤岛状硅酸盐，正交晶系，晶胞常数 $a=0.467$ nm，$b=1.020$ nm，$c=0.598$ nm，晶胞内有 4 个 M_2S"分子"，密度 3.22 g/cm^3，M_2S 的结构可以看成是 O^{2-} 离子接近按 ABAB……六方密堆，按正负离子半径比，Si^{4+} 离子充填于密堆体的四面体空隙，但只充填 1/8，Mg^{2+} 离子充填于八面体空隙的 1/2，结构中 Si^{4+} 的静电键强度为 1，Mg^{2+} 的静电键强度为 1/3，每个 O^{2-} 离子由 1 个 Si^{4+} 和 3 个 Mg^{2+} 提供电价，这样每个[SiO_4]四面体与三个[MgO_6]八面体按一顶三或一坐三相间排布，[SiO_4]四面体呈孤岛状，阳离子间静电斥力小，键强又高，电价平衡，结构稳定。所以 M_2S 具有高的蠕变稳定性和荷重软化温度，熔点也高达 1890℃。

M_2S 的热膨胀系数较大，1000℃时为 1.20×10^{-5}/℃，晶胞不同方向离子排布密度不同，热膨胀又显各向异性，20～600℃平均热膨胀系数为：x 轴 1.36×10^{-5}/℃，y 轴 2.20×10^{-5}/℃，z 轴 0.76×10^{-5}/℃，这一特点，使得它的烧结性变差，也是一种不够耐热震的材料。M_2S 晶体还富有弹性，其可压缩系数为 0.81×10^{-6}，弹性变形值很大，这可能是由于其结构中阳离子高的静电键强度，较多的微观空隙和低的阳离子静电斥力所致，这一点使得 M_2S 材料成型性能不好。

最后还要说明一点，自然界中的镁橄榄石常常伴生有铁橄榄石(Fe_2SiO_4 缩写 F'_2S)，由于 Fe^{2+} 离子半径(0.080nm)与 Mg^{2+} 离子半径(0.078nm)相近，离子类型相同，结构一样，两个橄榄石间的 Mg^{2+} 和 Fe^{2+} 离子可以任意取代形成连续型固溶体，见图 6-15 Mg_2SiO_4-Fe_2SiO_4 相图。由于 Fe_2SiO_4 为一低熔物，熔点只有 1205℃，所以当 Mg_2SiO_4 中固溶有 Fe_2SiO_4 并随其固溶量的增加，出现液相温度将由 1890℃急剧下降至 1205℃。所以 FeO 将降低镁橄榄石的高温性能，应加以限制。

6.5.1.2　*顽火辉石*

顽火辉石(MS)有几种结构比较相近的晶型。常温下稳定晶型是顽火辉石(正交晶系)，高温稳定的晶型是原顽火辉石(正交晶系)，将原

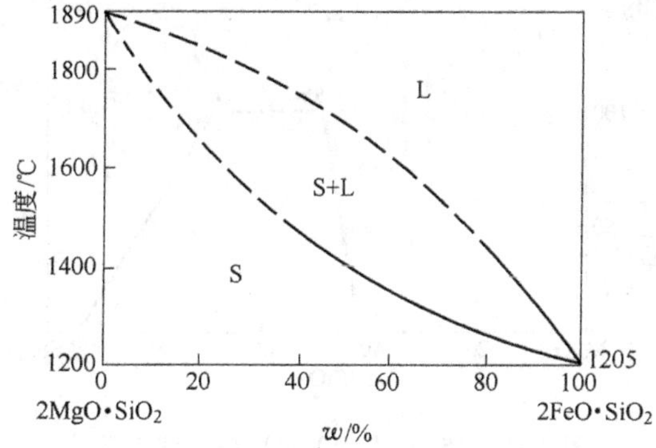

图 6-15 Mg_2SiO_4-Fe_2SiO_4 系统相图

顽火辉石冷却，如果不加矿化剂，它不转变为顽火辉石，而转变为斜顽火辉石(单斜晶系)，斜顽火辉石为一种介稳态，将斜顽火辉石加热约在1100℃转化为原顽火辉石，其晶型间的转变关系可表示如下：

$$\text{顽火辉石} \underset{\text{NaF}}{\overset{1260℃}{\rightleftharpoons}} \text{原顽火辉石} \underset{1100℃}{\overset{700℃}{\rightleftharpoons}} \text{斜顽火辉石}$$

原顽火辉石和斜顽火辉石在滑石瓷中均有存在，它们的转变过程对生产工艺很重要。原顽火辉石转变为斜顽火辉石时，密度由 3.10 g/cm^3 增大到 3.18 g/cm^3，这相当于体积收缩约 2.6%，会使瓷体机械强度下降，为防止斜顽火辉石的生成，在瓷体中有玻璃相存在是有利的。另外，引入添加剂使其与高温晶型形成固溶体，也可以使原顽火辉石在低温稳定存在。

6.5.2 相图的应用

6.5.2.1 提供有益的生产信息

在耐火材料生产中，MgO-SiO_2 相图能为我们提供有益的信息，可用来指导生产。

在高温下，以 MgO 为主要成分的镁砖和以 SiO_2 为主要成分的硅砖不能共同使用，如在 1600℃，不管是 SiO_2(硅砖)吸收 MgO，还是 MgO(镁砖)吸收 SiO_2，都会进入全液相区，见图 6-16*bc* 段，这将使砌筑体呈毁灭性破坏。即使进入固液两相区，图 6-16*ab* 段和 *cd* 段，由于液相存在，特别在靠近 *bc* 段，也会使砌筑体机械强度遭受破坏，这在使用中也是很危险的。

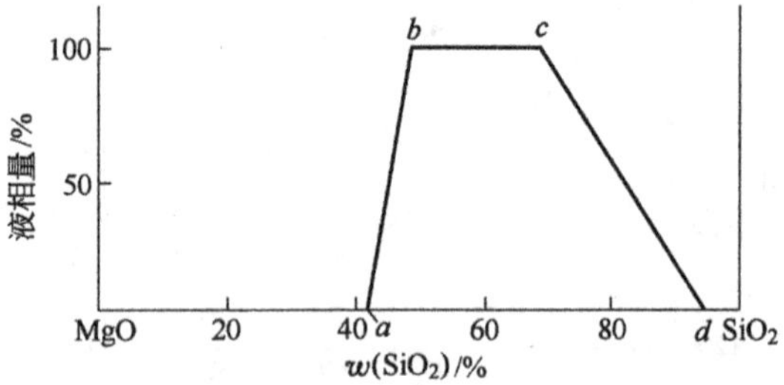

图 6-16 1600℃ $MgO-SiO_2$ 系统液相量

6.5.2.2 优选助烧结剂

低温烧结与高温使用几乎是所有不定形耐火材料的通用工艺技术，通常用优选助烧结剂的办法来实现这一工艺目标。相图则是实施助烧结剂技术的有力工具。这里仅以 $MgO-SiO_2$ 系统相图来分析镁质喷补料的这一技术问题。

镁质喷补料组成 95% MgO，5% SiO_2，图 6-14 中 *a* 点，要求能在 1700℃高温下使用，但应在低于使用温度下就实现烧结状态，否则喷补料会很快脱落，这也是各种高温熔炉、容器经常碰到的问题。由图6-14可知，可在同一系统中选择一个 35% MgO，65% SiO_2 的组成物(它大体相当于天然滑石的组成，图中 *b* 点)，作为助烧结剂，引入量为 10%，请分析是否可行。

首先，由 $MgO-SiO_2$ 系统相图可知，喷补料的组成点 *a* 处于相图中 $MgO-M_2S$ 分系统，1850℃开始出现液相，该温度以下为 MgO 和 M_2S 两相共存。MgO 熔点高，M_2S 也为一难烧结化合物。因此这是一种能满足使用要求但难烧结的喷补料，实施喷补过程极易脱落。但是，如果在喷补料 a 中引入 10%组成物 b，即 a：b=90：10，按相关组成可以算出，90% a+10% b 混合后的组成物应为 89% MgO，11% SiO_2，图中 *c* 点仍处于 $MgO-M_2S$ 分系统，肯定它完全能满足在 1700℃高温下使用的要求。

而对于混合物的烧结过程。a、b 混合后的喷补料实为两个组成不平衡的机械混合物，高温使用中它必然要发生趋于平衡的反应，即喷补料中 a 成分吸收 b 组成向右移向 c 点，而 b 吸收 a，组成向左也移向 c 点，最终将在 c 点达到平衡而稳定。平衡相仍是 MgO 和 M_2S，只是 MgO 减少，M_2S 增加。所以相图上这个组成的左右移动过程，对于材料来讲就是两种组分 MgO 和 SiO_2 相互扩散、迁移、反应生成新生 M_2S 过程，并通过其在 MgO 和原生 M_2S 之间搭桥成为 MgO—新生 M_2S—原生 M_2S 一体而烧结，显然这种扩散、迁移、反应、烧结，在液相存在条件下将更为有利。由图可知，组成物 b 加热至 1543℃开始出现液相，按杠杆规则估算其量可达 96%，并在 1600℃以下完全液化，加热过程中的相变关系见图6-17。这样组成物 b 实际上在低于使用温度 100℃以下已完全液化，如果不考虑共熔反应，体系中就有 10%的液相。这个液相，在浸润、渗透与组成物 a 反应过程中，将经历固体物b→α-方石英＋L→L→M_2S＋L→MgO＋M_2S 这些相变过程，而最终固化，这其中液相的出现，无疑促进了扩散、迁移、反应、烧结过程，实现了设计要求。当然，实际上还会存在其他组分，因此设计时还要考虑其他组分的影响。但相图揭示给我们的液化—反应—固化过程的思路是有价值的，这也是助烧结剂技术的基本思路，以后还将遇到。

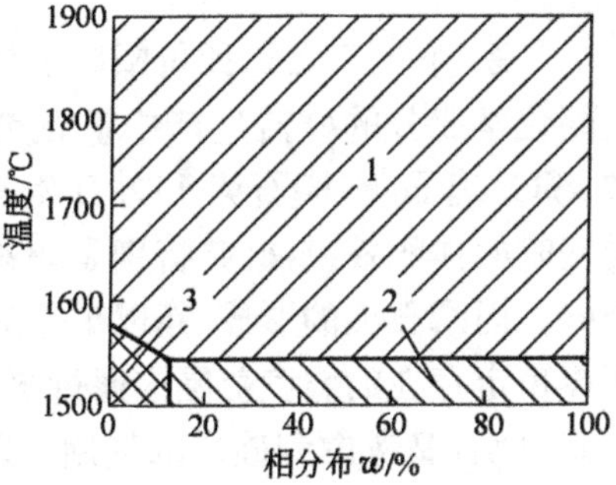

图 6-17　MgO-SiO_2 系组成 65%SiO_2 的相分布与温度的关系

1—液相；2—顽火辉石；3—方石英

6.5.2.3　优选组分

这里再举一个与 6.5.2.2 反向思考的问题，在镁橄榄石耐火材料生产中，采用的天然原料，组成往往都处于 M_2S-SiO_2 分系统，如天然蛇纹石（3MgO · $2SiO_2$ · $2H_2O$），其 MgO ∶ SiO_2＝50 ∶ 50，由图 6-14 可知，在 1557℃开始出现液相，数量约达 50%，而约在 1750℃已完全液化，难以作为耐火材料。蛇纹石的加热反应如下：3MgO · $2SiO_2$ · $2H_2O \xrightarrow{\Delta}$ 2MgO · SiO_2＋MgO · SiO_2＋$2H_2O$↑，平衡相为 M_2S＋MS 其中 MS（顽火辉石）为低熔物，如果在系统中引入 MgO，使 MgO＋

$MgO \cdot SiO_2 \rightarrow 2MgO \cdot SiO_2(M_2S)$，让组成点移向 MgO-M_2S 分系统，则 1860℃才出现液相，进入高耐火物系统，而且还可以实现低温烧结的工艺技术。这就是人们在生产镁橄榄石耐火材料时，往往都要引入一些 MgO 的原因。

其实，在耐火材料的工艺技术中，将一种组分引向另一组分中是经常的，这方面相图能为我们提供有益的信息。

6.6　氧化物-SiO_2 系统相图

一系列一、二、三、四价阳离子氧化物-SiO_2 相图，对分析以 SiO_2 为主要化学成分的硅砖生产中矿化剂的设计有重要指导意义。众所周知，SiO_2 有石英、鳞石英 和方石英三类晶型，基于各类晶型结晶构造和转变时的体积效应，硅砖特别是焦炉硅砖要求组成中鳞石英含量越高越好。而鳞石英的形成，是以矿化剂在高温下形成的液相为媒介，在鳞石英稳定存在的温度范围内通过溶解—析晶反应完成的。从这一作用机制出发，又考虑到硅砖的使用性能，要求作为硅砖生产中的矿化剂，应满足既能在低于硅砖烧成温度（1400℃左右）下就形成一定数量的液相，又不会对 SiO_2 构成强熔剂作用。哪些氧化物能满足上述要求，可选作硅砖生产中的矿化剂，除前述的 CaO-SiO_2 等二元相图外，一系列其他氧化物-SiO_2 相图可以提供这方面的信息。

这些阳离子氧化物-SiO_2 相图有几十种，大体可分为三种类型，下面仅举几例说明。

6.6.1　R_2O-SiO_2 相图

R_2O-SiO_2 相图如图 6-18～图 6-20 所示，分别为 K_2O-SiO_2、Na_2O-SiO_2、Li_2O-SiO_2 相图，从这些图中可以看出，在富 SiO_2 侧，K_2O、Na_2O、Li_2O 与 SiO_2 的共熔温度很低，分别为 767℃、793℃和 1028℃，共熔液相中 SiO_2 含量很高，分别为 73.6%、73.9%和 82.2%，液相线陡峭，可见 R_2O-SiO_2 系统，即使是富 SiO_2 侧，不但出现液相温度低，且液相一旦出现，其数量可观，且随温度升高液相增长速率也很快，可以推断，R_2O 对 SiO_2 是强熔剂，会恶化硅砖高温使用性能，故 R_2O 尽管对 SiO_2 的鳞石英化有良好的矿化作用，但长期以来，一直是硅砖生产中一个禁区，绝对禁止使用 R_2O 作为硅砖生产中的矿化剂。

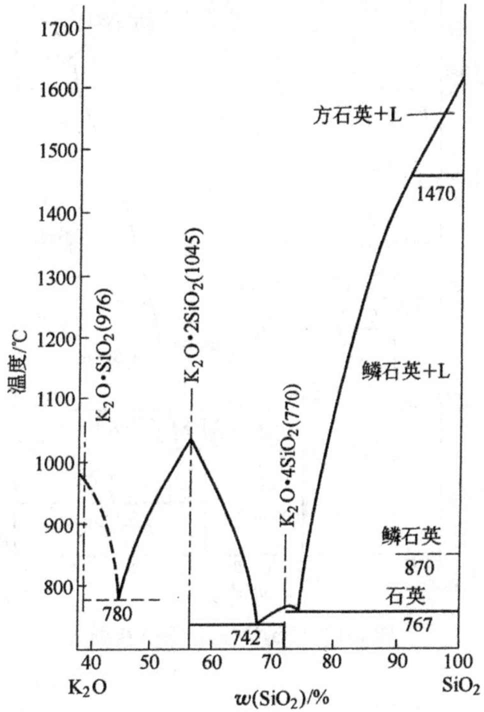

图 6-18　K_2O-SiO_2 系统相图

6.6.2　RO-SiO_2 相图

RO-SiO_2 相图除前述的 CaO-SiO_2 等外，如图 6-21～图6-23所示，分别为 FeO-SiO_2、MnO-SiO_2 和 BaO-SiO_2 相图。这些相图与 CaO-SiO_2 相图类似，一个共同的特点是富 SiO_2 侧 1700℃左右出现一个稳定的两种液相不混合区，且大体上随着阳离子场强（近似用 Z/r 表示，Z 为阳离子电价，r 为阳离子半径）增加，不混合区域范围加宽，它们的组成范围以SiO_2 含量计，分别在 97%～58%、99%～55%和 97.6%～70%之间，此状态下的温度分别为：1696℃、1705℃和 1693℃。这些系统各自的低共熔温度分别为1178℃、1291℃和1358℃。共熔液相中 SiO_2

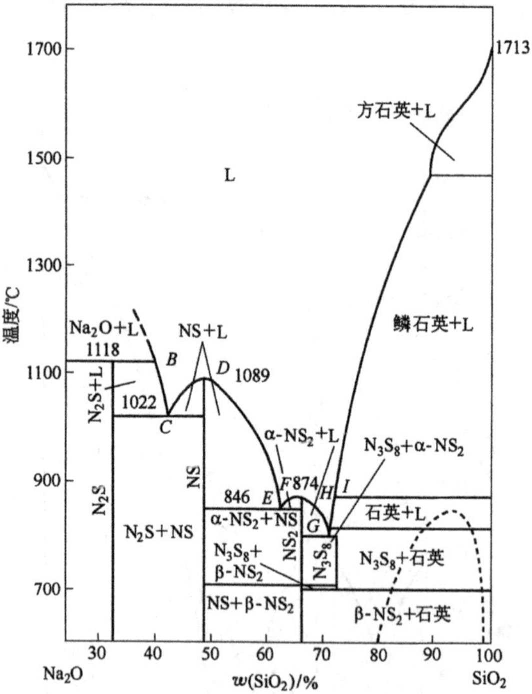

图 6-19　Na_2O-SiO_2 系统相图

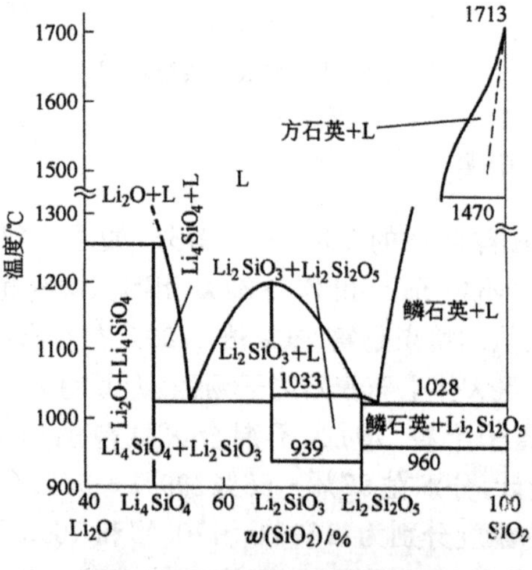

图 6-20　Li_2O-SiO_2 系统相图

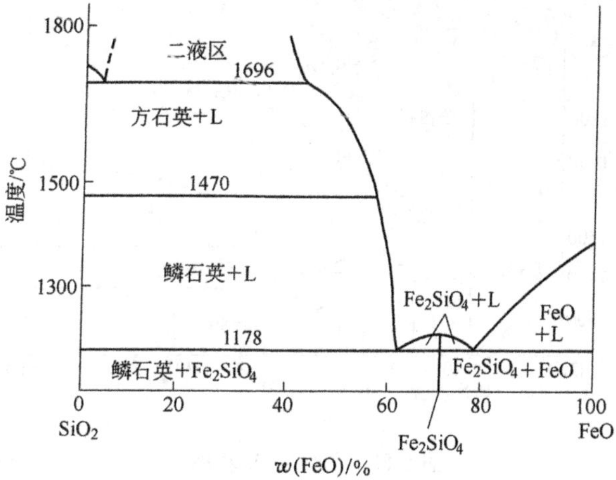

图 6-21 FeO-SiO_2 系统相图

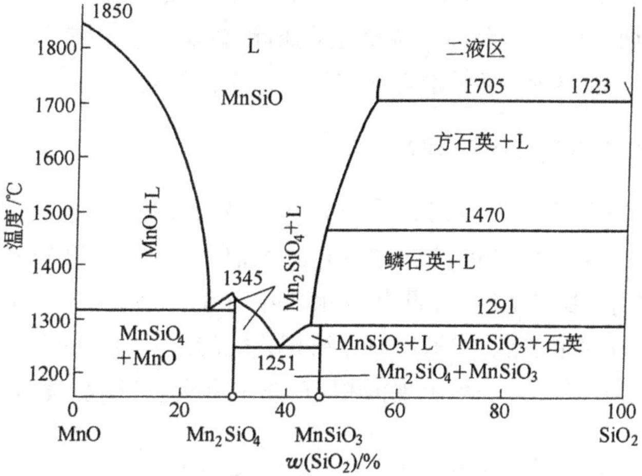

图 6-22 MnO-SiO_2 系统相图

含量分别为 38% 、44.5%和 53.82%。1700℃左右的二液区平顶将液相线拉宽，使得从低共熔点到平顶的液相线陡峭上升，说明在 SiO_2 含量不低于 55%～70%(视不同系统)的组成范围内，当从低共熔温度升高到 1700℃左右时，液相量的增长速率很慢。如 FeO-SiO_2 系统，一个含 98% SiO_2，2%FeO 的二元混合物，在 1178℃约有 3.2%的液相，而

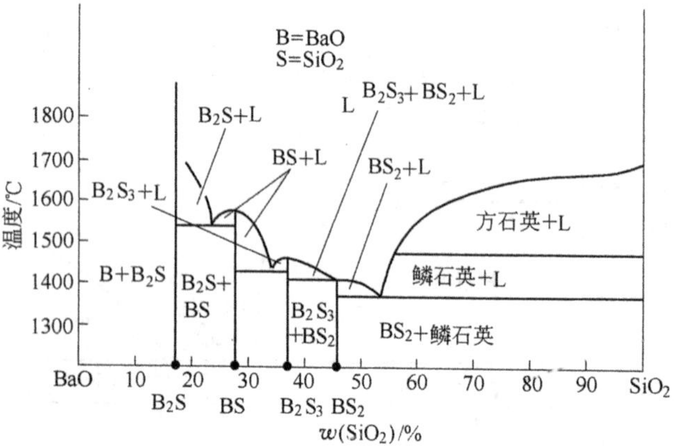

图 6-23　BaO-SiO₂ 相图

温度升至 1696℃，升高了 518℃时，液相量也不过 4.8%。这一特征，满足了作为硅砖生产用矿化剂既在较低温度下出现液相，又不构成对 SiO_2 强熔剂作用的要求，MnO 等也是如此，读者可借用杠杆规则进行分析，所以 FeO、CaO 等常被选作硅砖生产中的矿化剂。

6.6.3　Al_2O_3-SiO_2、TiO_2-SiO_2

Al_2O_3-SiO_2（图 6-1）、TiO_2-SiO_2（图 6-24）相图，共熔温度分别为 1595℃和 1550℃，它们的共同特点是共熔温度较高，单独存在都难以作为硅砖生产用矿化剂，且低共熔组成中分别含有 94.5%和 90%的 SiO_2，自低共熔组成点至 SiO_2 熔点液相线陡峭，说明向 SiO_2 中即使引入少量 Al_2O_3、TiO_2，一旦出现液相，其数量可观，且随温度升高，液相

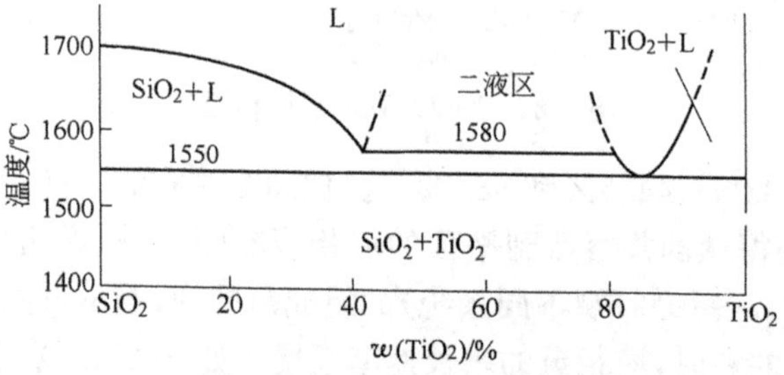

图 6-24　TiO₂-SiO₂ 相图

增长速率快，特别是它们的低共熔温度都接近甚至低于硅砖的使用温度，可以预料，含有较多 Al_2O_3 的硅砖，使用时是很危险的。TiO_2 则稍好些，所以 Al_2O_3 在硅砖生产中为一应加以限制的有害成分。

6.7 MgO-Al_2O_3 系统相图

MgO-Al_2O_3 系统相图如图 6-25。系统中有一化合物镁铝尖晶石（MgO · Al_2O_3，缩写 MA），熔点 2135℃。理论组成 Al_2O_3 71.7%，MgO 28.3%。高温下在理论组成的两侧有一较宽范围的固溶领域。其中 MgO 在尖晶石中的最高固溶量（2050℃）可达 10%，Al_2O_3 在尖晶石中的固溶量则更高，超过 20%。通常称 MgO 含量比理论组成高的尖晶石为富镁尖晶石，而 Al_2O_3 含量比理论组成高的尖晶石为富铝尖晶石。以 MgO · Al_2O_3 为界，形成了 MgO-MgO · Al_2O_3、MgO · Al_2O_3-Al_2O_3两个分系统，其低共熔温度分别为 2050℃和 1920℃，这说明 MgO 与 Al_2O_3 二元混合物任何比例混合，开始出现液相的温度都高于 1900℃，整个系统均为耐火性物质。另外，MgO · Al_2O_3 或 Al_2O_3 在 MgO 中也有一定的固溶度，最高在 2050℃可达 18%。

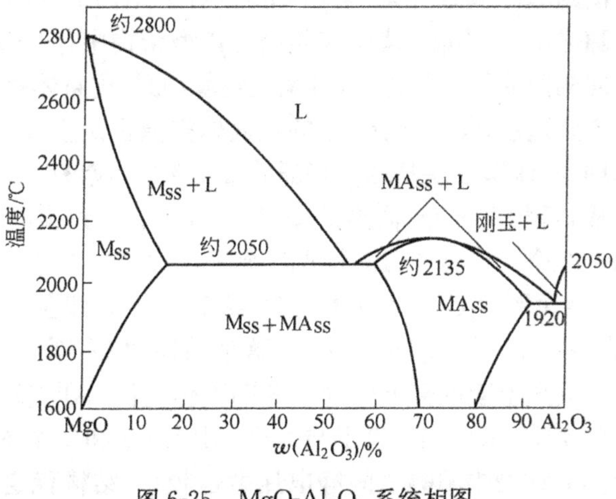

图 6-25 MgO-Al_2O_3 系统相图

MgO-Al_2O_3 系统相图对分析向 MgO 中引入 Al_2O_3 制造镁铝砖，尖晶石的合成和铝（镁）—尖晶石制品的特性等均有重要指导意义。

为便于对整个系统的深刻认识，还是先从尖晶石入手。

6.7.1　$MgO \cdot Al_2O_3$ 的结构与性质

$MgO \cdot Al_2O_3$ 属立方晶系，面心立方点阵，Fd3m 空间群，为典型的尖晶石型结构。结构中，按正负离子半径比，Al^{3+} 的配位数为 6，形成[AlO_6]八面体，而 Mg^{2+} 由于正离子的相互影响，配位数由通常的 6 降为 4，形成[MgO_4]四面体，这样在尖晶石的结构中，Al^{3+} 和 Mg^{2+} 两个正离子的静电键强度均为 1/2，每个 O^{2-} 的电价则由 3 个 Al^{3+} 和 1 个 Mg^{2+} 离子提供。即 3 个[AlO_6]八面体与 1 个[MgO_4]四面体共顶。它可以看成是[AlO_6]八面体以边棱连接成一条条八面体链，然后各八面体链纵横搭接，链间通过[MgO_4]四面体连接，而[MgO_4]四面体之间并不直接连接。这个结构可以看成是 NaCl 型结构和闪锌矿型结构的组合，O^{2-} 离子作面心立方密堆，Al^{3+} 离子充填于一个单元面心立方体的八面体空隙之中，形成组合体的 NaCl 型结构部分，而 Mg^{2+} 离子则充填于另一个单元面心立方体的斜对角线的四面体空隙之中，构成组合体的闪锌矿型结构部分，只是在阳离子充填时，类 NaCl 型结构部分有 6 个边棱的 Al^{3+} 离子空着，转移到类闪锌矿结构部分的相应边棱的八面体空隙之中，而 Mg^{2+} 离子在类闪锌矿型结构中，只充填于 1 条体对角线方向的四面体空隙之中，其余全空着，而与这条体对角线两个角顶汇交的 6 条边棱（每角 3 条）中的八面体空隙也是空着。这样，在尖晶石的结构中，能够反映其结构特征的最小单位，应该由 8 个单元面心立方体构成，且相间分布，同型共棱，异型共面。所以尖晶石的 1 个晶胞内，共有 32 个 O^{2-} 离子，16 个 Al^{3+} 离子，8 个 Mg^{2+} 离子。离子数目比为：$Mg^{2+} : Al^{3+} : O^{2-} = 8 : 16 : 32$ 或 $1 : 2 : 4$，即在 1 个尖晶石晶胞内，应存在 8 个 $MgAl_2O_4$ 分子，在这个结构中 O^{2-} 离子作立方密堆，Mg^{2+} 离子只充填于氧密堆体的 1/8 四面体空隙，Al^{3+} 离子则充填于 1/2 八面体空隙，每个 O^{2-} 离子与 3 个 Al^{3+} 离子和 1 个 Mg^{2+} 离子相连，电价饱和，结构中阳离子间静电斥力也较小，结构稳定，且 Al-O 键与 Mg-O 键均为较强的离子键，结合牢固，熔点高（2135℃），化学稳定性好，膨胀系数小，热震稳定性好，为一重要的耐火材料。

与 $MgO \cdot Al_2O_3$ 具有类似结构的还有 $FeO \cdot Cr_2O_3$、$MgO \cdot$

Cr_2O_3、$MgO·Fe_2O_3$ 等，也都是耐火材料中的重要矿物成分。为便于比较，将它们的基本特性，列于表 6-4 中。

表 6-4 $MgAl_2O_4$ 等矿物性能比较

矿物名称	结构式	化学组成/%		晶格常数	密 度	熔点	莫氏	膨胀
		AO	B_2O_3	a_0/nm	/g·cm^{-3}	/℃	硬度	系数
镁铝尖晶石	$MgAl_2O_4$	28.3	71.7	0.8066	3.58	2135	8.0	8.0
铁铬尖晶石	$FeCr_2O_4$	32.1	67.9	0.8368	4.85～5.08	2160	5.5	8.9
镁铬尖晶石	$MgCr_2O_4$	21.0	79.0	0.8316	4.40～4.43	2400	5.5	9.0
铁铝尖晶石	$FeAl_2O_4$	41.3	58.7	0.8149	4.05～4.35	1780		
铁酸镁	$MgFe_2O_4$	20.1	79.9	0.8368	4.20～4.49	1720		

6.7.2 $MgO·Al_2O_3$ 的形成

$MgO·Al_2O_3$ 作为一种重要的耐火材料，无天然产出，可通过选取含 MgO 含 Al_2O_3 原料，通过电熔或烧结法进行人工合成。其合成反应为

$$MgO+Al_2O_3 \longrightarrow MgO·Al_2O_3(MgAl_2O_4)$$

上述反应，因原料种类不同，约在 900～1200℃开始形成 $MgO·Al_2O_3$，1400℃反应显著，1550℃反应基本完成。由于 MgO 和 Al_2O_3 反应生成尖晶石，约有 8%（有资料为 5%）的体积膨胀，给尖晶石合成过程烧结的致密化带来一定困难。

尖晶石的生成为固相反应，可看成较大半径的 O^{2-} 离子几乎不动，而较小半径的 Mg^{2+} 离子和 Al^{3+} 离子在固定的氧密堆体格架中相互扩散的结果，可示意如表 6-5。

表 6-5 尖晶石形成示意

离子扩散	MgO	$MgAl_2O_4$	Al_2O_3
	$3Mg^{2+} \leftrightarrow 2Al^{3+}$		
界面上的反应	4MgO $-3Mg^{2+}$ $+2Al^{3+}$		$4Al_2O_3$ $-2Al^{3+}$ $+3Mg^{2+}$
产 物	$MgAl_2O_4$		$3MgAl_2O_4$

威格纳(C. Wagher)认为,这样的示意和尖晶石晶格构造相符,它是由有序排列的氧骨架和局部无序分布的阳离子组成。这样,在 Al_2O_3 侧,当尖晶石形成之际,将有 O^{2-} 离子从刚玉的六方密堆向尖晶石的立方密堆变化过程。而在 MgO 侧,MgO 和 $MgAl_2O_4$ 结构中的 O^{2-} 离子均保持立方密堆排列方式。MgO 侧和 Al_2O_3 侧生成尖晶石的比例为 1∶3。它们在烧结过程中,由于高温下固溶体的组成(Al_2O_3 浓度)不同,晶界移动度$\left(\frac{cm/s}{N/cm^2}\right)$发生改变,尖晶石致密化程度也有差异。这可由图 6-26 说明。该图表示了 $MgO \cdot Al_2O_3$ 的晶界移动速率随固溶体组成(Al_2O_3 浓度)的关系。由图可知,在 MgO/Al_2O_3 摩尔比大体为 1 时,较富 Al_2O_3 或富 MgO 的场合,晶界移动速率都大。对于富 Al_2O_3 侧尖晶石,阳离子替代可表示为 $Al_2O_3 \xrightarrow{MgO \cdot Al_2O_3} 2Al_{Mg}^{\cdot} + V''_{Mg} + 3O_O$ 产生了 Mg^{2+} 离子空位,有助于离子扩散,晶界移动速率随 Al_2O_3 浓度增加而逐渐增大,而一旦超出 Al_2O_3 固溶界限,由于第二相出现的阻碍作用,晶界移动速率急剧减小。同样,在富 MgO 侧,由于有 MgO 析出阻碍了晶界移动,移动速率减小。总之,在尖晶石合成过程中,在 MgO 与 Al_2O_3 的接触界面上尖晶石的形成速度很快。但一

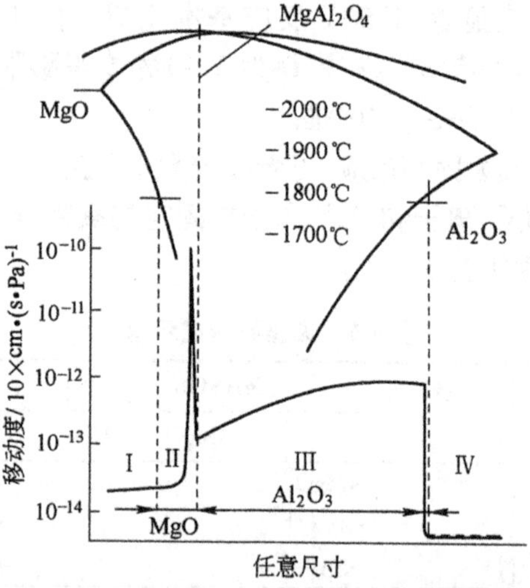

图 6-26 1800℃ $MgAl_2O_4$ 晶界移动度

旦尖晶石开始形成，在富 Al_2O_3 侧，由于晶界移动速率大，增长速度快，有助于尖晶石形成，却不利于尖晶石晶粒的致密化，而在超出固溶界限和富 MgO 侧，晶粒增长速度放慢，有利于合成尖晶石的致密化过程。

上述尖晶石合成反应过程机理能为我们在合成尖晶石时，提供一些诸如尽可能增大合成原料中 MgO 与 Al_2O_3 的接触界面，合成尖晶石的致密化问题总是一种困难等等一些有价值的信息。

6.7.3　固溶-脱溶反应

在 $MgO\text{-}Al_2O_3$ 系统中，有方镁石固溶体（用 P_{SS}表示）和尖晶石固溶体（用 S_{SS}表示）两个阳离子缺位型固溶体区域即：

$$Al_2O_3 \xrightarrow{MgO} 2Al_{Mg}^{\cdot} + V''_{Mg} + 3O_O (P_{SS})$$

$$Al_2O_3 \xrightarrow{MgO \cdot Al_2O_3} 2Al_{Mg}^{\cdot} + V''_{Mg} + 3O_O (S_{SS})$$

这两种固溶体，固溶体的组成（Al_2O_3 浓度）和它们的晶格常数有一定的关系，如图 6-27 所示。在高温 t_1 组成 C_1 的 P_{SS}和组成 C_3 的 S_{SS}，冷却至 t_2 时，固溶体组成分别由 C_1 变为 C_2 和 C_3 变为 C_4，而它们的晶格常数也分别由 a_1 变为 a_2 和 a_3 变为 a_4，晶格常数增大，出现了微观膨胀。这时，对于 P_{SS}组成 C_1 转变为 C_2 析出的 Al_2O_3 以尖晶石 $MgO \cdot Al_2O_3$ 的形态存在于方镁石 MgO 晶格内；对于 S_{SS}，组成由 C_3 变为 C_4 析出的 Al_2O_3 则以刚玉形态存在于尖晶石晶格内，由原来的单一一相转变为两相共存，这种由高浓度固溶体单一一相脱溶成低浓度固溶体和析出物两相共存效应，改变了材料的显微结构特征，使材料趋于致密化和结合强度提高。这一效应具有普遍意义，特别在 $MgO\text{-}Al_2O_3\text{-}Fe_2O_3\text{-}Cr_2O_3$ 系直接结合镁铬砖中，这种脱溶作用所具有的对材料组织结构充填致密化效应，大大提高了材料的直接结合程度和结合强度。

另外，$MgO\text{-}Al_2O_3$ 系统阳离子缺位型固溶体材料有吸收 FeO、MnO 和抑制熔渣渗透能力，成为炼钢生产中一种重要的耐火材料。

通过上述分析，我们至少得到以下启示：

(1) 尽管 $MgO\text{-}Al_2O_3$ 系统内开始出现液相温度几乎都在 2000℃以上，但是作为耐火材料的组成设计，还是应该选择 $MgO\text{-}MgAl_2O_4$ 或 $Al_2O_3\text{-}MgAl_2O_4$ 更为稳定，而纯 $MgO \cdot Al_2O_3$ 或 $MgAl_2O_4\text{-}Al_2O_3$ 都

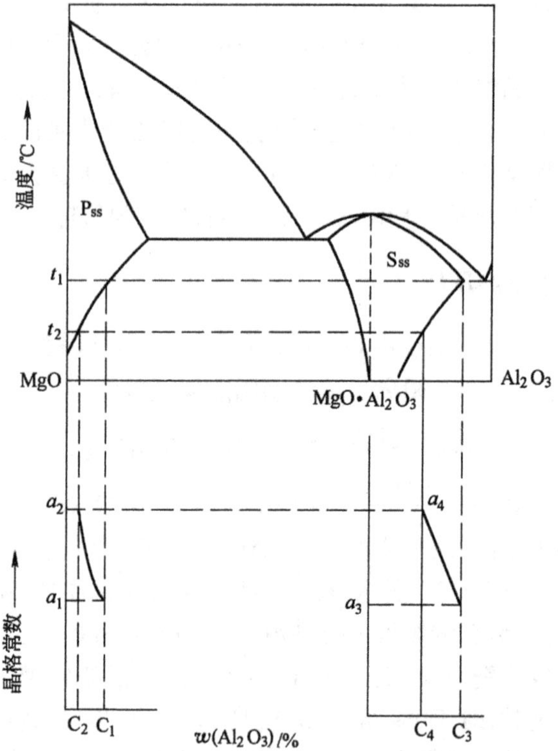

图 6-27　$MgO-Al_2O_3$ 系统固溶体组成与晶格常数关系

不是理想的耐火材料，这已为钢铁冶金实际应用所证实。

(2) 镁铝尖晶石 $MgO \cdot Al_2O_3$ 虽然在较低温度下就可以生成，但提高合成温度，特别对阳离子缺位型尖晶石，有助于尖晶石的致密化。

6.7.4　镁铝或镁尖晶石制品

向 MgO 中引入 Al_2O_3，使其在高温下形成尖晶石 $MgO \cdot Al_2O_3$，新生尖晶石存在于方镁石 MgO 颗粒表面，形成方镁石颗粒边界间尖晶石层，这种制品称为镁铝或镁尖晶石制品。研究和应用都表明，镁铝或镁尖晶石制品与镁质制品相比，无论是高温结构强度，还是抗渣性，热震稳定性都要好。这首先应该归功于这种制品的相结构和尖晶石的某些优越性能。

镁铝或镁尖晶石制品的相结构，可由 $MgO-Al_2O_3$ 系统中 $MgO-MgO\cdot Al_2O_3$ 分系统推断(图 6-28)。前文已经分析，MgO 和 $MgO\cdot Al_2O_3$ 之间高温下有一定的互溶度。大体为在低共熔温度(2050℃)下，MgO 中约固溶有 16%(有资料为 18%) Al_2O_3，而 $MgO\cdot Al_2O_3$ 中约含 39%MgO(尖晶石理论组成中 MgO 为 28.3%)。温度降低，互溶度下降，约在 1500℃二者几乎完全脱溶。这种脱溶作用，会改变材料的显微结构，尤其在富 MgO 侧的阳离子缺位固体区域高温下溶解到 MgO 中的 $MgO\cdot Al_2O_3$，降温时将沉析于 MgO 晶界间称作新生成二次晶内尖晶石。能提高材料的高温强度和致密化程度，提高材料对熔渣渗透抵抗能力。从提高材料耐高温性能出发，材料的组成范围也应选择在富 MgO 侧，因为这样，对于 Al_2O_3<16%或(18%)的 $MgO-MgO\cdot Al_2O_3$ 系统，出现液相的温度均会高于 2050℃，如含 5%和 10% Al_2O_3 的组成物，开始出现液相温度分别为 2500℃和 2250℃，而完全液化的温度分别约为 2780℃和 2750℃。

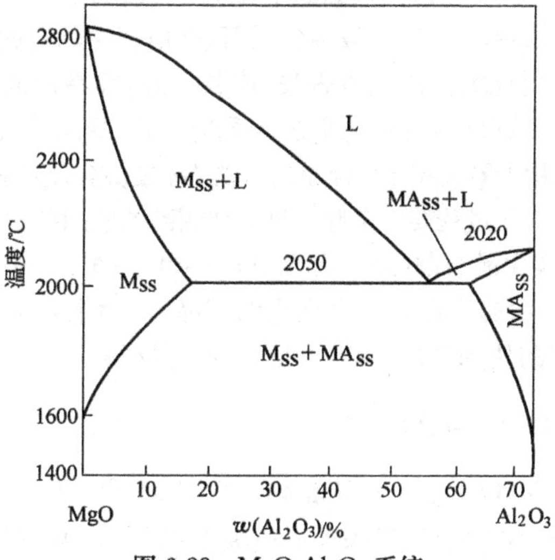

图 6-28 $MgO-Al_2O_3$ 系统

镁铝或镁尖晶石制品的许多优越性能，首要取决于材料的相组成和显微结构特征，也得益于尖晶石自身的一些特点。关于尖晶石的一些特性，前文已作了一些介绍。这里还要强调的是它在与方镁石组合时的一些突出特点。$MgO \cdot Al_2O_3$ 与 $MgO \cdot Fe_2O_3$ 可以任何比例形成固溶体,高温下固溶于 MgO 中的 $MgO \cdot Fe_2O_3$ 可能被转移到 $MgO \cdot Al_2O_3$ 中,优先形成固溶体,使 $MgO \cdot Fe_2O_3$ 降低 MgO 塑性的不良影响受到抑制,冶金窑炉、容器作业中温度经常波动于 800～1600℃之间,这种环境,MgO 的膨胀率为 1.0%～2.3%,而 $MgO \cdot Al_2O_3$ 只有 0.6%～1.15%,合成尖晶石 0.2MPa 荷重软化温度高达 1920～1960℃,在低于 1600℃条件下能保持较高的弹性机械性质,蠕变试验尖晶石的变形率较方镁石低一半左右。

通过以上分析我们可以推断,镁铝或镁尖晶石制品具有耐高温,高温强度高,热震稳定性好,抗渣性强等特点。

镁铝或镁尖晶石制品的工业生产可以采取向 MgO 中引入含 Al_2O_3 原料,或 MgO、Al_2O_3 预合成的尖晶石原料,或 Al_2O_3、$MgO \cdot Al_2O_3$ 同时引入的方式。值得注意的是,由于 MgO、Al_2O_3合成尖晶石时的体积效应,当尖晶石形成数量较多时,会提高材料的气孔率,降低强度。所以以 Al_2O_3 形式引入数量有限,一般在 5%～10%,以预合成 $MgO \cdot Al_2O_3$ 形式引入可带入较多尖晶石,但由于尖晶石的合成反应已经完成,反应强化烧结作用基本丧失,控制不好,容易造成制品强度偏低,而 Al_2O_3 与 $MgO \cdot Al_2O_3$ 合理搭配,同时引入,既能带入较多数量的尖晶石,又可利用 MgO、Al_2O_3 合成的尖晶石化过程,促进材料的烧结。当然,这种情况工艺过程要复杂些。具体视制品的使用条件要求而定。

除镁铝或镁尖晶石制品外,在 $MgO-Al_2O_3$ 系统中,$Al_2O_3-MgO \cdot Al_2O_3$ 或刚玉—尖晶石也是一个理想的制品,作为钢包的整体浇注内衬,也取得很好的使用效果,读者可自行进行分析。

6.8 $MgO-Cr_2O_3$ 系统相图

图 6-29 为 $MgO-Cr_2O_3$ 系统相图。它与 $MgO-Al_2O_3$ 系统极为相似。系统内有一化合物镁铬尖晶石 $MgO \cdot Cr_2O_3$,其性能见表 6-4。$MgO \cdot Cr_2O_3$ 为天然铬铁矿复合固溶体中主要成分,往往与铁铬尖晶石、尖晶石等伴生,其本身很少单独作为耐火材料。但它与 MgO 复合作为第二固相制造的镁铬砖,特别是直接结合镁铬砖,广泛用于冶金、建材等工业领域。

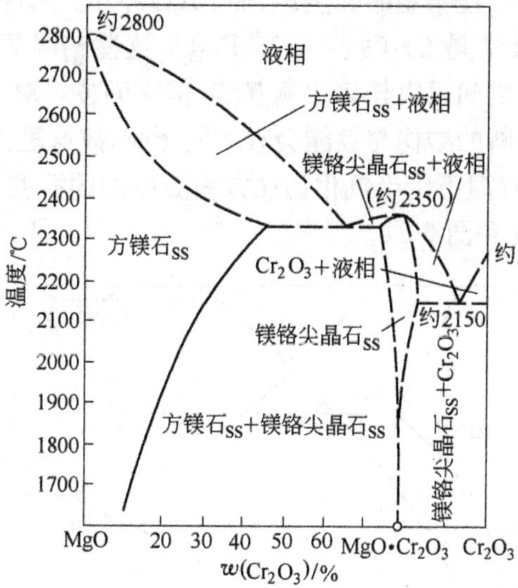

图 6-29 MgO-Cr_2O_3 系统相图

6.8.1 MgO-MgO·Cr_2O_3 分系统

MgO-Cr_2O_3 系统中，MgO 与 MgO·Cr_2O_3 分系统为分析电熔镁铬原料及其制品的结构设计具有指导意义。由图 6-29 可知，MgO·Cr_2O_3 在 MgO 中有较大的固溶度，在最低共熔温度 2350℃可高达 47%，当温度下降时溶解度减小，1600℃约 11%，1400℃约 5%，1200℃约2.5%，1000℃几乎完全脱溶。这样，在电熔镁铬砂或制造镁铬砖时，欲使高温下 MgO·Cr_2O_3 能作为第二固相存在，引入数量必须考虑它在相应温度下的固溶量。同时与 MgO-MgO·Al_2O_3 分系统相似，高温高浓度固溶体单一相向低温低浓度固溶体与 MgO·Cr_2O_3 沉析物两相共存的脱溶作用，为高密、高强直接结合镁铬砖的制造工艺技术提供了重要依据，这是否也是近年来高温使用的高质量直接结合镁铬砖趋于提高其中 Cr_2O_3 含量的理由之一。

6.8.2 MgO-R_2O_3(Cr_2O_3、Al_2O_3、Fe_2O_3)系统

前文讨论了 MgO-Fe_2O_3、MgO-Al_2O_3、MgO-Cr_2O_3 3 个二元系统。

为便于比较，更由于镁铬制品的生产，向 MgO 中引入 Cr_2O_3 多以铬矿形式，制造过程常常是 Cr_2O_3、Al_2O_3、Fe_2O_3 这些倍半氧化物相伴出现，虽然它们相互之间可以任何比例互溶，但它们各自对 MgO 的溶解度差异较大，对材料的结构与性能会有不同影响，故这里将 3 个二元系富 MgO 部分，即高温下倍半氧化物在方镁石中的固溶度合并一起，进行讨论，见图 6-30 和图 6-31。

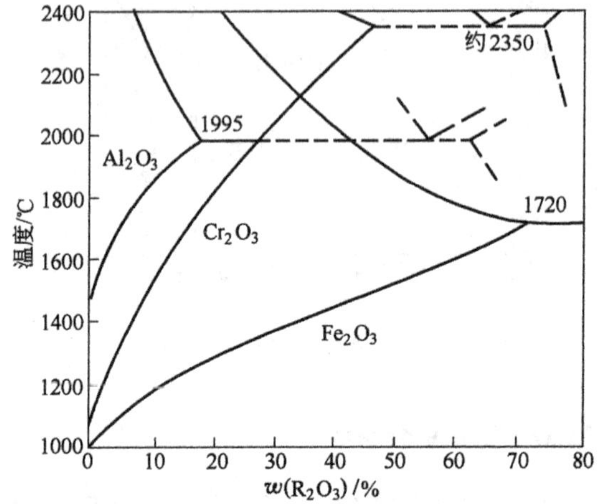

图 6-30　高温下 R_2O_3 在 MgO 中的固溶度图

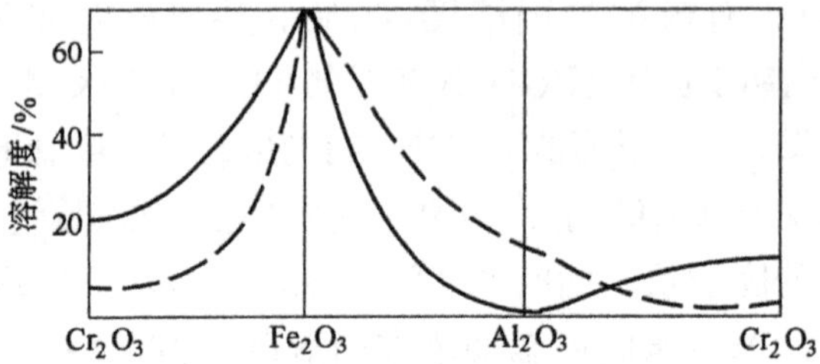

图 6-31　1700℃ R_2O_3 溶解度随其比例改变的变化关系

实线—在 MgO 中；虚线—在硅酸盐溶液中

由图 6-30、图 6-31 可知，R_2O_3 在 MgO 中的溶解度 $Fe_2O_3 \gg Cr_2O_3 >$ Al_2O_3，在硅酸盐液相中 $Fe_2O_3 \gg Al_2O_3 > Cr_2O_3$。而耐高温性能方面，MgO-MgO · Cr_2O_3 系最为优越，MgO -MgO · Al_2O_3 系次之，MgO -MgO · Fe_2O_3 系最差。这些信息对研究电熔 MgO-R_2O_3 系耐火材料颇具指导意义。

这里先要说明的是，所讨论的问题可能超出了二元系(图 6-31)，因为现实中，无论多么纯净的 MgO-R_2O_3 系统，总会含有少量 SiO_2，高温下形成硅酸盐液相。但少量硅酸盐液相的存在，不会改变 MgO-R_2O_3 系统自身的一些相变规律，所以这里仍作为二元系进行讨论。

首先，从耐高温、抗渣性角度，在 MgO-R_2O_3 系统中，MgO-$MgO \cdot Cr_2O_3$ 系具有优越性，这除了它有较高的共熔温度(2350℃)外，还在于 Cr_2O_3 在硅酸盐液相中的较低溶解度，众所周知，较低的溶解度应有较强的析晶能力，能有效地降低晶格间界面能，使硅酸盐液相趋于向晶粒间隙中移动呈孤立状，易实现方镁石晶粒间或通过镁铬尖晶石搭桥的直接结合，可有效提高高温强度和抑制熔渣渗透，提高抗渣性。但 Cr_2O_3 挥发性比较高，高温下，特别在真空条件下稳定性较差。

从抗热震性这个角度，MgO-$MgO \cdot Al_2O_3$ 系更具优越性。因为高温下 $MgO \cdot Al_2O_3$ 或 Al_2O_3 在 MgO 中的固溶—胶溶作用要较 $MgO \cdot Cr_2O_3$ 或 Cr_2O_3 尤其 $MgO \cdot Fe_2O_3$ 或 Fe_2O_3 弱得多，而 $MgO \cdot Al_2O_3$ 在 1600℃以上高温蒸气压也比 $MgO \cdot Cr_2O_3$ 低，因此，MgO-$MgO \cdot Al_2O_3$ 系材料在温度波动时较为稳定，具有良好的抗热震性。

比较 MgO-$MgO \cdot Al_2O_3$ 与 MgO-$MgO \cdot Cr_2O_3$ 系统，在 MgO/R_2O_3 比例一定的情况下，可以推测，熔融 MgO-$MgO \cdot Al_2O_3$ 系材料，方镁石晶粒内的沉析尖晶石较少，而晶间尖晶石较多，而 MgO-$MgO \cdot Cr_2O_3$ 系材料则有较多的晶内沉析尖晶石和较少的晶间尖晶石，显然，改变 R_2O_3 中各成分比例，则可调整尖晶石相的分布，改变显微结构。

另外，从图 6-30 我们还可以推断，冷却速度的差异，也可能引起显微结构的变化。对 MgO-R_2O_3 系统，一定组成的熔体，当实施快冷(淬冷)时，淬冷过程阻止了尖晶石的胶溶，将获得 R_2O_3 固溶于其中的方镁石相。反之，缓慢冷却，方镁石晶内将含有一定数量的由方镁石固溶体沉析而成的晶内尖晶石相。

熔铸耐火材料的性能与其显微结构有密切关系。研究表明，只含单相(包括单相固溶体)组成物与多相混合物的熔体相比，冷却析晶过程，前者易结晶成粗大粒状晶体，垂直于铸件等温线发育长大；而后者则更多地呈较细的各相同径的结晶作用。显微结构呈结晶颗粒细小，各向同径程度较高的材料较粗大粒状晶体结构的材料，有较高的强度和较好的热冲击性。

总之，$MgO-R_2O_3$ 系统相图为我们提供了可以通过调整 R_2O_3 中 Cr_2O_3、Al_2O_3、Fe_2O_3 的比例和冷却方式，来控制方镁石—尖晶石材料的显微结构，改变其相应的性能的相关信息。

6.9　CaO-铁氧系相图与钙铁砂

CaO-铁氧系相图如图 6-11 所示，其中(a)为 CaO-FeO 二元系，(b)为 $CaO-Fe_2O_3$ 二元系。这两个二元系统为我们提供的重要信息是系统中有一个共同的化合物铁酸二钙($2CaO \cdot Fe_2O_3$，缩写 C_2F)，但 C_2F 在高温下的性状却随铁氧的价态而改变。在还原条件下，C_2F 于 1150℃分解为 CaO 固溶体和富铁液相，如图(a)，而在氧化条件(高 p_{O_2})下，C_2F 于 1449℃熔融，为一致熔化合物，如图(b)。这一现象，为镁钙铁砂的合成与应用提供了重要的理论依据。

镁钙铁砂又称高铁镁钙砂或铁酸二钙结合镁砂。它是将含 MgO、CaO、Fe_2O_3 原料按适宜比例配合，经共磨、压制(球、坯)和高温煅烧制备的人工合成碱性原料。主要应用于炼钢或电炉熔池、铁合金电炉熔池和喷补料等。

镁钙铁砂配料的化学成分以 MgO 为主，通常都在 80%以上，CaO 一般在 5%～15%，Fe_2O_3 在 5%～9%，SiO_2、Al_2O_3 要严格限制，特别是 SiO_2 要控制在 1.5%甚至 1.0%以下。组成中的 CaO/ SiO_2 比(摩尔比)大于 2，Al_2O_3/ Fe_2O_3 比小于 1。因此，常规工艺生产的镁钙铁砂，主晶相为方镁石(MgO)，主要结合相为铁酸二钙(C_2F)，还可能有少量 C_4AF、C_2S 等，不存在含镁的硅酸盐。

镁钙铁砂中 CaO 与 Fe_2O_3 结合成 $2CaO \cdot Fe_2O_3$，由 CaO-铁氧相图可知，其为一低熔物相，它的参与，使得合成砂烧结容易，且 CaO 基本被稳定，合成砂的抗水化能力也很强，这为贮存、运输和使用带来很大方便。

$2CaO \cdot Fe_2O_3$ 作为镁钙铁砂的主要结合相，它的高温性状，由 CaO-铁氧相图(图 6-11)可知，受环境的气氛条件即 p_{O_2} 影响。因此，镁钙铁砂的相分布即显微结构，除与组成有关外，还应与煅烧时的热工制度和使用时的气氛条件相关。

由图 6-11(a)可知，在还原条件下，$CaO \cdot 2FeO$ 于 1125℃分解，于

1160℃生成 CaO 固溶体(C_{SS})和高铁液相(L_F)，即

$$CaO \cdot 2FeO \xrightarrow{1160℃} CaO_{SS} + L_F$$

这是因为在升温过程或在高温(使用条件)下，$\frac{Fe^{2+}}{Fe^{3+}}$比升高，Fe_2O_3 失去部分 O^{2-} 转化为液态 FeO，液态 FeO 又为 MgO 所吸收，扩散进入 MgO 晶格形成镁方铁矿(Mg、Fe)O。这一方面可促使方镁石晶体长大，又使体系固化，分解出的 CaO_{SS}则滞留在方镁石固溶体晶间成为结合相。其反应可表示为：

$$2CaO \cdot Fe_2O_3 + MgO \longrightarrow (Mg \cdot Fe)O + CaO_{SS} + O_2 \uparrow$$

这就是说，镁钙铁砂在高温使用条件下，主要由(Mg · Fe)O 和 CaO_{SS}两高熔点固相组成，表明它应具有 MgO-CaO 系材料的特点。耐高温，抗侵蚀，特别是 CaO 能捕捉钢中夹杂物净化钢液，与渣中 SiO_2 反应生成高熔点矿物，阻止熔渣渗透和侵蚀。因此，镁钙铁砂作为电炉熔池衬体具有良好的烧结性和耐用性。

如果温度降低，$\frac{Fe^{2+}}{Fe^{3+}}$比降低，意味着 FeO 获取 O^{2-} 转化为 Fe_2O_3，并且在方镁石中的固溶度下降。降温缓慢时，FeO 能比较完全地转化为 Fe_2O_3，从方镁石固溶体内迁出充分，并与主晶相间 CaO 反应生成 $2CaO \cdot Fe_2O_3$，成为方镁石间的结合相，如果降温比较快，一部分 Fe_2O_3 来不及迁出就以 $MgO \cdot Fe_2O_3$ 脱溶相形式贮存于方镁石晶内，而迁出的 Fe_2O_3 势必生成 $2CaO \cdot Fe_2O_3$ 结合相，并将会有游离 CaO 存在；当降温特别快时，方镁石固溶体中的 FeO 来不及转化为 Fe_2O_3，而仍以固溶体的形式保留下来，主晶相之间则主要为游离 CaO 结合相。

可见，在 MgO-CaO 系材料中引入适量的铁氧，既不会对 MgO-CaO 系材料高温性能构成明显的副作用，又能促进材料烧结，方镁石晶体长大，可保证材料在常温下具有良好的抗水化性。这就是 CaO-铁氧相图为我们提供的重要信息，并为实践所证实。

6.10　Al_2O_3-B_2O_3 相图

图 6-32 为 Al_2O_3-B_2O_3 系相图。两端元熔点分别为 Al_2O_3 2050℃，B_2O_3 470℃，图中有两个不一致熔化合物，其中 A_2B 为一低熔物相于

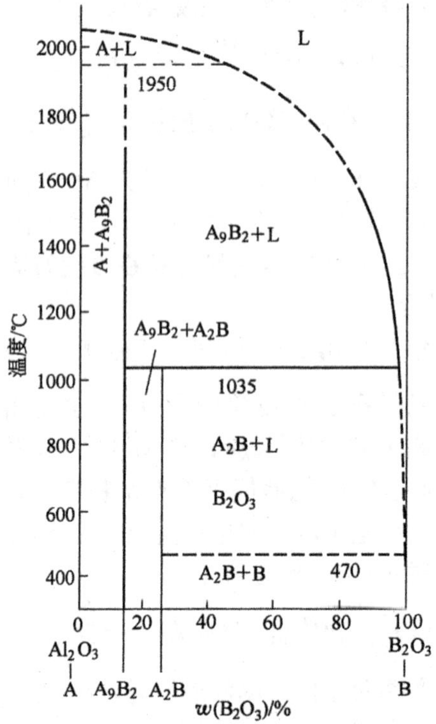

图 6-32　Al_2O_3-B_2O_3 系相图

1035℃分解为 A_9B_2 和液相，A_9B_2 为一高熔物相，1950℃分解为 Al_2O_3 和液相，其中液相量不足 30%。该图对指导刚玉质捣打料的低温烧结有重要意义。

刚玉质干式振捣料可作为感应炉内衬材料。刚玉自身烧结温度高，需要加入一定数量的助烧结剂，如 Na_2O、B_2O_3 等中低温助烧结剂，MgO、TiO_2 等高温助烧结剂。为了保证刚玉质干式振捣料在 1000～1250℃中温条件下具有一定的强度，在高温使用条件下又无液相出现，可采用 B_2O_3 作为助烧结剂。

由 Al_2O_3-B_2O_3 系相图可知，B_2O_3 自身熔点很低，约 470℃。但如果配料组成点选择在 Al_2O_3-A_9B_2 分系统内，即 B_2O_3 含量低于 A_9B_2 理论组成的 B_2O_3 含量(约 13.25%)，那么，随着熔融的 B_2O_3 为 Al_2O_3 所吸收，生成化合物 A_9B_2，反应达到平衡时，最终液相将消失而固化，并实现有液相参与下的烧结作用，使材料在较低温度下就产生强度。

由于加入的 B_2O_3 与 Al_2O_3 粉料反应速度大于与 Al_2O_3 骨料反应速度，因此在非平衡状态下干式捣打料的液相主要存在于基质中。假如刚玉质干式振捣料的配料是由 70%刚玉骨料和 30%刚玉细粉及助烧结剂混合粉构成，若其中的 B_2O_3 为 6%，那么，相对于基质而言，B_2O_3 为 20%，由相图，利用杠杆原理推算，在不同温度下振捣料基质中的液相量，1200℃ 时约为 8. 23%，1400℃ 约 8. 61%，1600℃ 约 9. 63%。这样的液相量，不但能使刚玉质干式振捣料实现在较低温度下的烧结，而且，当反应达到平衡时，组成进入 Al_2O_3-A_9B_2 高熔融体系，将能使材料在高温下使用又不出现液相，实现了低温烧结，高温使用的目的，并且还可以根据所要求的烧结温度和烧结层厚度，按高温下相平衡关系来调整和控制 B_2O_3 加入量，以满足实际使用要求。这一点在二元相图应用方面具有普遍意义。

6. 11　MgO-ZrO_2、CaO-ZrO_2 系相图

图 6-33、图 6-34 分别为 MgO-ZrO_2、CaO-ZrO_2 系相图。比较这两

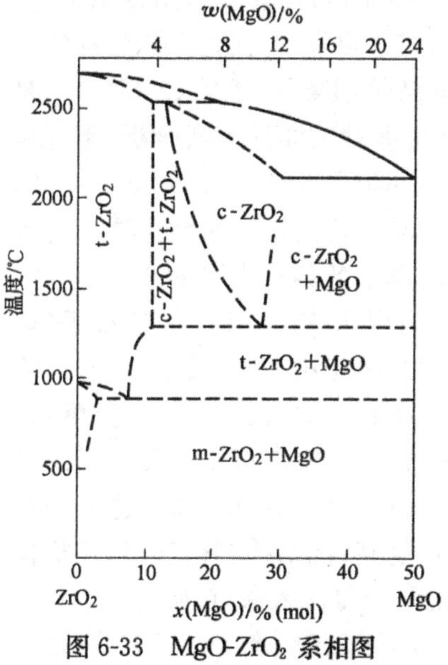

图 6-33　MgO-ZrO_2 系相图

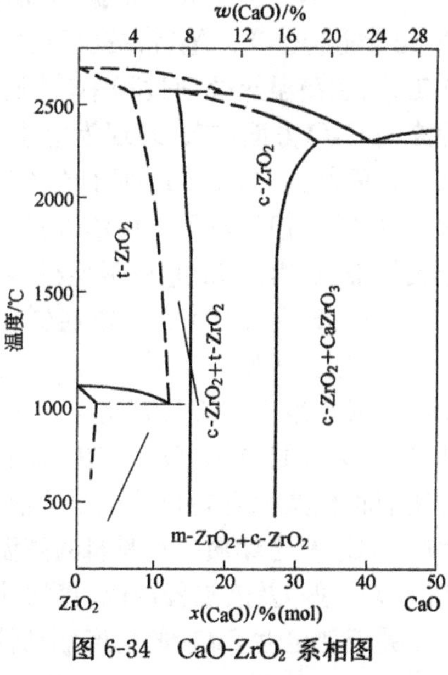

图 6-34　CaO-ZrO_2 系相图

个相图，MgO-ZrO_2 间无任何化合物，ZrO_2 在 MgO 中也无固溶现象，MgO 在 ZrO_2 中则有一定的固溶度，最高 2070℃，约达 40%。图中还告诉我们高温下随着 ZrO_2 中固溶 MgO 量增加，ZrO_2 晶型由单斜 ZrO_2 转变为立方 ZrO_2。MgO-ZrO_2 间最低共熔温度 2070℃，共熔组成为 49%(mol)MgO，51%(mol)ZrO_2，说明整个 MgO-ZrO_2 系统为高熔融体系。

在 CaO-ZrO_2 系统中，CaO 在 ZrO_2 中也有较高的固溶度，最高(约 2280℃)固溶量约达 40%(mol)。系统中在 CaO、ZrO_2 摩尔比为 1 时，有一化合物 $CaZrO_3$，熔点 2330℃。与 CaO 的共熔温度约 2260℃，说明整个 CaO-ZrO_2 系统也是耐高温体系。

MgO-ZrO_2、CaO-ZrO_2 系相图对镁锆、镁钙锆和稳定性氧化锆制品的生产有重要指导意义。

ZrO_2 复合碱性耐火材料在 20 世纪 90 年代得到迅速发展，并被应用于炼钢钢包渣线和水泥回转窑内衬的一些关键性部位。这是一类很有发展前景的耐火材料。

关于 ZrO_2 复合碱性耐火材料，人们最为关注的是 ZrO_2 在材料中的存在形态，许多研究者根据 X 射线衍射图和元素分布图得出 Zr 和 Ca 元素重合分布。笔者在进行相关研究中也发现，无论采取怎样的合成工艺，在高温热处理过程中，添加的高价阳离子(Zr^{4+} 和 Ti^{4+})总是优先向 CaO 方面扩散，表现为电子显微镜对试样的元素分析，不管是点还是面都是 Ca、Zr(Ti)重合分布。这可能是由于 CaO、MgO 虽然结构类型相同，但阳离子—氧单键强度和晶格能的差异所致。这一现象让我们推测，引入 ZrO_2 的碱性材料，高温下的相分布可能会改变。如对于 CaO/SiO_2 比为 1 的普通镁砂，当引入 ZrO_2 后，在高温下(如 1500℃以上)，CMS 分解为 MgO 和液相，液相中 CaO 遇 ZrO_2 有可能反应生成高熔点 $CaZrO_3$(熔点 2330℃)(图 6-34)，CaO/SiO_2 比降低，则 SiO_2 又可能与 MgO 反应生成高熔点的 M_2S(熔点 1890℃)，其结果会使液相量减少或剩余的也是高黏性(含 Zr)富 SiO_2 液相，这是否是生产 ZrO_2 复合镁质耐火材料的高温强度高，抗结构剥落性好，抗机械冲击(韧性好)及熔渣侵蚀能力强的原因，值得深入探讨、研究。

关于稳定性 ZrO_2 的生产，众所周知，纯 ZrO_2 熔点约 2700℃，是一

种耐高温,抗各种渣蚀能力都很强的高级耐火材料。可是它有如下式的晶格转变:

$$\text{单斜 } ZrO_2 \underset{\text{约 }900℃}{\overset{\text{约 }1100℃}{\rightleftharpoons}} \text{四方 } ZrO_2 \overset{2370℃}{\rightleftharpoons} \text{立方 } ZrO_2$$

转变中,由于单斜型(密度 5.56g/cm^3)与四方型(密度 6.10 g/cm^3)的密度差,会有约 9%的体积效应,出现松散开裂现象。使得纯 ZrO_2 材料不能直接用于生产。通过向 ZrO_2 中引入低价氧化物(CaO、MgO、Y_2O_3 等),通过热处理使其与 ZrO_2 形成高温相立方萤石型固溶体,这种萤石型固溶体可保持在低温下不发生相变,从而使 ZrO_2 得以稳定,称为稳定性 ZrO_2,作为 ZrO_2 的稳定剂,有 CaO、MgO、Y_2O_3 等氧化物,其中 Y_2O_3 有效但价格昂贵,最常用的为 CaO、MgO。

关于 CaO、MgO 作为 ZrO_2 的稳定剂,从相平衡的角度,可用 CaO-ZrO_2、MgO-ZrO_2 系相图富 ZrO_2 部分说明。在 CaO-ZrO_2 系,ZrO_2 中约固溶有 16%～29%(mol)CaO 的组成范围内,生成的立方 ZrO_2 固溶体,从高温至常温一直保持稳定,而在 MgO-ZrO_2 系统中,ZrO_2 中约固溶有 16%～26%(mol)MgO 的组成范围内生成的立方 ZrO_2 固溶体不稳定,约在 1300℃分解为四方 ZrO_2 固溶体和 MgO,而后在 1000℃以下又转变为单斜 ZrO_2 固溶体,前已述及,这个转变有体积效应。可见,尽管高温下 CaO、MgO 都具有形成立方固溶体的稳定作用,但低温阶段,二者作用行为有差异。CaO 则被认为是一种有效的 ZrO_2 稳定剂。

上述只是从对 ZrO_2 的稳定性这个角度出发对问题的认识。这里还要指出的,从耐火材料的性能要求出发,由于完全稳定的 ZrO_2 热膨胀系数($(8.8\sim11.8)\times10^{-6}$/℃)大,热导率低,抗热冲击能力差,这又限制了它在温度急变条件下的使用。而非稳定性 ZrO_2 热膨胀系数(4.4×10^{-6}/℃)低,人们又利用它的这一特征和它在相变过程中,因体积效应所诱发的相变增韧和微裂纹增韧作用,大大改善 ZrO_2 材料的抗热冲击能力。因此实际上人们常常使用的是部分稳定的 ZrO_2,以 3%～8%CaO 或 CaO、MgO 复合物为 ZrO_2 的稳定剂。

7　三元系实际相图

三元系相图与二元系相比，系统中多了一个组分，更接近实际，对材料的组成设计，性能推断，使用效果预测等更具有指导意义，因此是研究较多，应用最为普遍的相图部分。这里仅列举与耐火材料关系比较密切的三元实际相图进行讨论。

7.1　$CaO\text{-}Al_2O_3\text{-}SiO_2$ 系相图

7.1.1　对相图的基本认识

$CaO\text{-}Al_2O_3\text{-}SiO_2$ 系相图（图 7-1）为三元相图中比较复杂和应用较为广泛的一个。

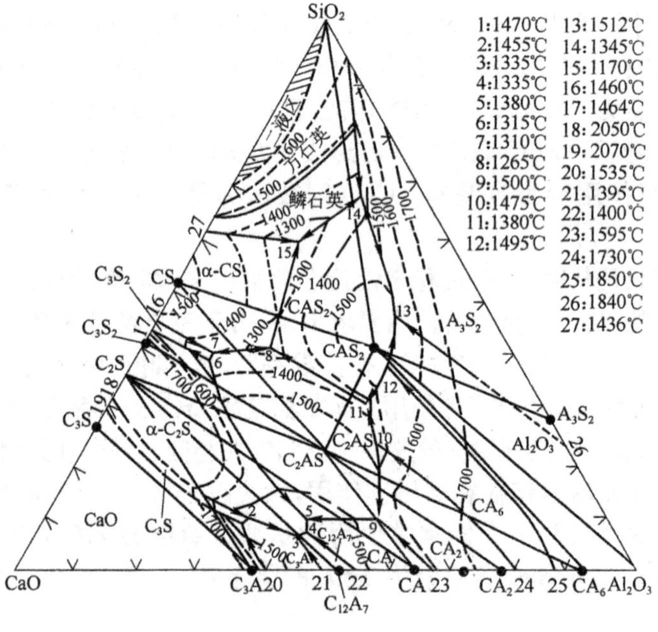

图 7-1　$CaO\text{-}Al_2O_3\text{-}SiO_2$ 系相图

7.1.1.1 相图的基本构成

$CaO-Al_2O_3-SiO_2$ 系相图，全系统共有 15 个化合物，其中：3 个纯组分及其熔点是：CaO(2570℃)、Al_2O_3(2050℃)、SiO_2(1723℃)；10 个二元化合物，其中 6 个一致熔化合物，它们的熔点是：CS(1540℃)、C_2S(2130℃)、$C_{12}A_7$(1415℃)、CA(1600℃)、CA_2(1750℃)、A_3S_2(1850℃)；4 个不一致熔化合物，它们及其分解熔融温度是：C_3S_2(1464℃)、C_3S(约 2070℃)、C_3A(1535℃)、CA_6(1850℃)，分解反应为：

$$C_3S_2 \xrightleftharpoons{1464℃} L+C_2S$$

$$C_3S \xrightleftharpoons{2070℃} L+CaO$$

$$C_3A \xrightleftharpoons{1535℃} L+CaO$$

$$CA_6 \xrightleftharpoons{1850℃} L+A$$

有两个三元化合物，它们的熔点：钙长石 CAS_2(1553℃)、铝方柱石 C_2AS(1590℃)。

15 个化合物将整个 $CaO-Al_2O_3-SiO_2$ 系统分为 15 个分三角形，各分三角形的相应三元无变量点的性质及界线上的温降方向见表 7-1 及图 7-2，图中实线为共熔线，虚线为转熔线（不一致熔或分解熔融线）。

表 7-1 C-A-S 系统无变量点的性质

无变量点	相平衡关系	性质	温度/℃	组成/%		
				CaO	Al_2O_3	SiO_2
1	$L+CaO \rightleftharpoons C_3S+C_3A$	双升点	1470	59.7	32.8	7.5
2	$L+C_3S \rightleftharpoons C_3A+C_2S$	双升点	1455	58.3	33.0	8.7
3	$L \rightleftharpoons C_3A+C_2S+C_{12}A_7$	共熔点	1335	52.0	41.2	6.8
4	$L \rightleftharpoons CA+C_2S+C_{12}A_7$	共熔点	1335	49.5	43.7	6.8
5	$L+C_2AS \rightleftharpoons C_2S+CA$	双升点	1380	48.3	42.0	9.7
6	$L+C_2S \rightleftharpoons C_3S_2+C_2AS$	双升点	1315	48.2	11.9	39.2
7	$L \rightleftharpoons C_3S_2+C_2AS+CS$	共熔点	1310	47.2	11.8	41.0
8	$L \rightleftharpoons CAS_2+C_2AS+CS$	共熔点	1265	38.0	20.0	42.0
9	$L \rightleftharpoons CA+C_2AS+CA_2$	共熔点	1500	37.5	53.2	9.3
10	$L+CA_2 \rightleftharpoons C_2AS+CA_6$	双升点	1475	31.2	44.5	24.3

续表 7-1

无变量点	相平衡关系	性质	温度/℃	组　成/%		
				CaO	Al_2O_3	SiO_2
11	$L \rightleftharpoons C_2AS + CA_6 + CAS_2$	共熔点	1380	29.2	39.0	31.8
12	$L + A \rightleftharpoons CA_6 + CAS_2$	双升点	1495	23.0	41.0	36.0
13	$L + A \rightleftharpoons A_3S_2 + CAS_2$	双升点	1512	48.2	42.0	9.7
14	$L \rightleftharpoons A_3S_2 + CAS_2 + S$	共熔点	1345	9.8	19.8	70.4
15	$L \rightleftharpoons CS + CAS_2 + S$	共熔点	1170	23.3	14.7	62.2

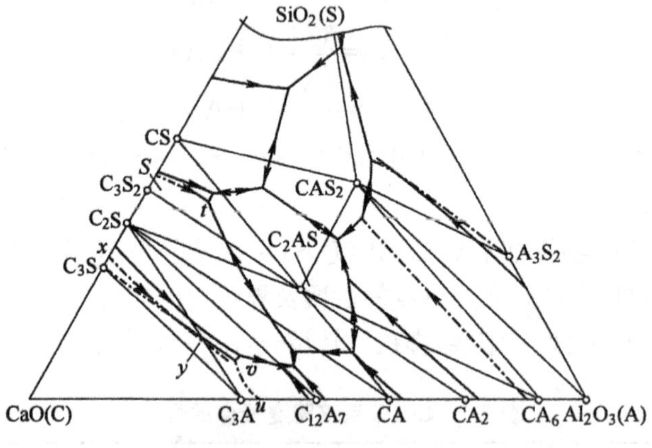

图 7-2　$CaO-Al_2O_3-SiO_2$ 系统的分三角形、无变量点和境界线

与分解熔融化合物相关的转熔线分两种情况，如图中与 C_3S_2、C_3S 相关的 S-t，u-v 境界线全段均为转熔线，CA_6 的转熔线也属此类，而与 C_3S 相关的境界线 x-y-v 两段，x-y 段为转熔线，y-v 段则为共熔线。这可从 C_3S 组成点向与其相关的境界线上引切线，切点 y 将界线分为两部分，其性质可用切线规则判断。显然 x-y 段为转熔线，y-v 段为共熔线。A_3S_2 的境界线也有类似情况。

7.1.1.2　冷却析晶过程

$CaO-Al_2O_3-SiO_2$ 系统中，有 15 种混合物（a、b、…、o）的熔体，其冷却析晶过程及结晶终了温度，最终平衡相见图 7-3 和表 7-2。

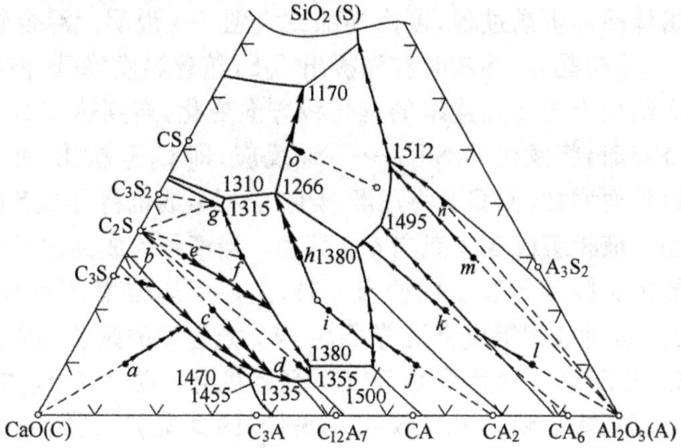

图 7-3 $CaO-Al_2O_3-SiO_2$ 系统混合物（a、b、…、o）熔体冷却析晶过程

表 7-2 混合物（a、b、…、o）熔体冷却析晶终了温度及平衡相

混合物	组 成/%			结晶终点		
	CaO	Al_2O_3	SiO_2	温度/℃	平 衡 相	液相组成点
a	80	10	10	1470	$C+C_3A+C_3S$	1
b	70	5	25	1455	$C_3S+C_3A+C_2S$	2
c	60	20	20	1355	$C_2S+C_3A+C_{12}A_7$	3
d	50	40	10	1355	$C_2S+C_{12}A_7+CA$	4
e	60	10	30	1380	$C_2S+CA+C_2AS$	5
f	50	20	30	1315	$C_2S+C_2AS+C_3S_2$	6
g	50	10	40	1310	$C_3S_2+C_2AS+CS$	7
h	40	30	30	1265	$CS+C_2AS+CAS_2$	8
i	40	40	20	1500	$C_2AS+CA+CA_2$	9
j	30	60	10	1475	$C_2AS+CA_2+CA_6$	10
k	20	60	20	1380	$C_2AS+CA_6+CAS_2$	11
l	10	80	10	1495	CAS_2+CA_6+A	12
m	10	60	30	1512	$CAS_2+A+A_3S_2$	13
n	10	50	40	1345	$CAS_2+A_3S_2+S$	14
o	30	20	50	1170	CAS_2+CS+S	15

这里，仅以混合物 g 的熔体为例来分析其冷却析晶过程。混合物 g 的熔体冷却析晶过程，可由局部放大图 7-4 说明。混合物 g(熔体)位于 C_2S 初晶区，冷却时首先析出 C_2S，随着温度降低，液相组成向着 C_2S 组成点与 g 点连线的延长线方向变化，当到达 C_2S 和 C_3S_2 界线上 p 点时，将发生 $C_2S+L \rightarrow C_3S_2$ 反应，即 C_3S_2 析出，并随着冷却析晶过程而增加，而 C_2S 将逐渐减少，固相组成也将自 C_2S 向 C_3S_2 方向移动。液相组成自 p 点向 q 点移动。当液相组成到达 C_3S_2 与 g 的连线的延长线与界线上的交点 q 时，上述反应结束，C_2S 消失，仅 C_3S_2 析晶，这时液相组成将沿着 C_3S_2 与 g 点连线的延长线方向变化(即所谓穿相现象)，到达 C_3S_2 与 C_2AS 界线上 r 点时，C_3S_2 与 C_2AS 开始共析晶，最终到达$\triangle C_3S_2$-C_2AS-CS 的共晶点 s(低共熔点)，C_3S_2，C_2AS，CS 三相共析晶。g 点组成在$\triangle C_3S_2$-C_2AS-CS 内，最终液相消失于 s 点，固化，析晶结束，温度 1310℃。其余各点读者可自行分析。

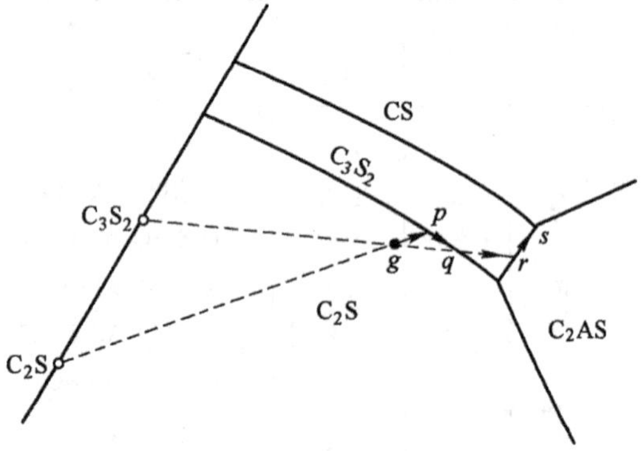

图 7-4　混合物 g 熔体冷却析晶过程

7.1.1.3　等温截面图

研究材料在某温度下的熔融关系和相关系，对分析材料在某特定温度下的制作工艺和使用性状也有很大帮助，这可借助等温截面图进行分析。图 7-5 为 CaO-Al_2O_3-SiO_2 系相图 1600℃等温截面图，共有 14 个相区，各相区的平衡相列于表 7-3。

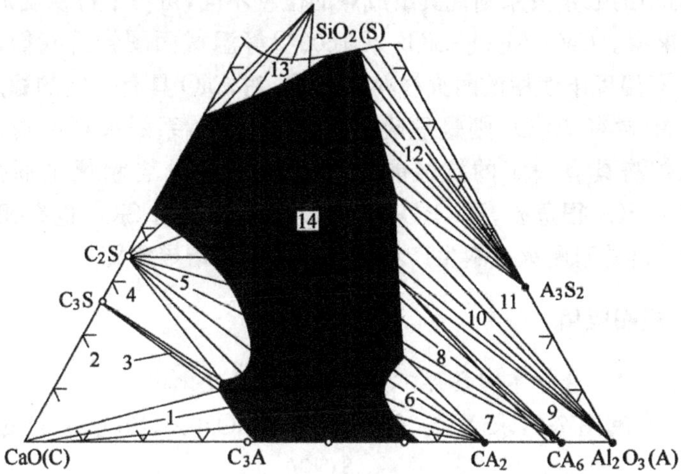

图 7-5　CaO-Al_2O_3-SiO_2 系相图 1600℃等温截面图

表 7-3　CaO-Al_2O_3-SiO_2 系相图 1600℃平衡相区的平衡相

相　区	平衡相	相　区	平衡相
1	CaO+L	8	CA_6+L
2	CaO+C_3S+L	9	CA_6+Al_2O_3+L
3	C_3S+L	10	Al_2O_3+L
4	C_3S+C_2S+L	11	Al_2O_3+A_3S_2+L
5	C_2S+L	12	A_3S_2+L
6	CA_2+L	13	SiO_2+L
7	CA_2+CA_6+L	14	L

图 7-5 和表 7-3 告诉我们，CaO-Al_2O_3-SiO_2 系统在 1600℃温度下，仅液相的单相区有 1 个(14)，面积庞大，约占 1/2。一固相一液相的二相区有 8 个，它们是 1、3、5、6、8、10、12 和 13，在这些二相区内引的直线称连接线，线的两端表示位于线上的任何组成物在 1600℃温度下平衡的固液两相的组成，固、液两相的数量，视组成物组成点位置不同，可由杠杆规则确定，同一相区，不同连接线上的组成物液相组成不同，但固相组成相同。其余 2、4、7、9、11 为二固一液三相区，三角形的 3 个顶点则表示位于三相区内的组成物在 1600℃温度下的 3 个平衡

相,平衡相的数量关系则视其组成点的位置不同,可由平行线规则或杠杆规则求得。CaO-Al_2O_3-SiO_2 系 1600℃等温截面图告诉我们,制造在 1600℃温度下使用的耐火材料,Al_2O_3 对 CaO 具有一定的稳定性,而 CaO 中含有 Al_2O_3 则是危险的;Al_2O_3-SiO_2 系耐火材料对 CaO-SiO_2 系炉渣具有一定的抗蚀能力,且随着 Al_2O_3 含量增加而提高;Al_2O_3 对 SiO_2 很危险,而 CaO 则要好一些;CaO 对 SiO_2 也有相当的稳定性。这些对耐火材料生产和使用都有重要指导意义。

7.1.2　相图应用

7.1.2.1　分析不同条件下各平衡相组成及比例

(1) 参阅图 7-6,求 *X* 点($Al_2O_3$25%、CaO20%、$SiO_2$55%)的熔体

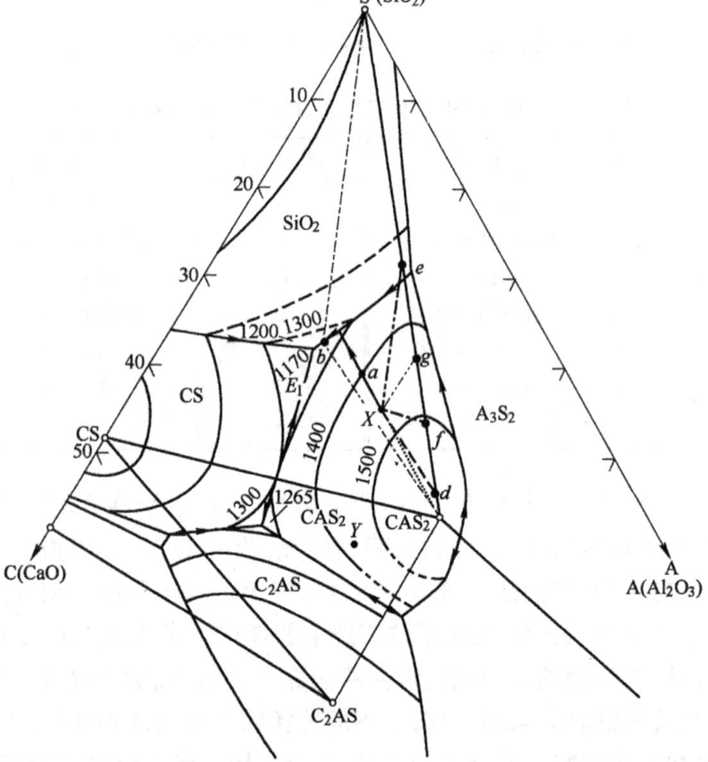

图 7-6　CaO-Al_2O_3-SiO_2 系相图富 SiO_2 部分

冷却过程液相组成的变化过程及1400℃、1200℃、1170℃(最低能量状态)时的平衡相及其比例。

组成X位于CAS_2初晶区中△S-CS-CAS_2内，大体在1450℃等温线上，所以冷却时约在1450℃首先析出CAS_2，液相组成沿CAS_2-X连线向着CAS_2减少的方向变化，到达CAS_2与SiO_2(鳞石英)界线上，CAS_2和SiO_2共同析晶，液相组成则在两相的界线上变化，最终到达CAS_2、S和CS三相共晶(熔)点1170℃，三相同时析晶，直至液相消失，结晶结束。

1400℃：由CAS_2和组成为a的液相(组成：CaO 20%，$Al_2O_3$21%，$SiO_2$59%)两相平衡构成，其比可由杠杆规则求得：

$$CAS_2\% = \frac{\overline{X-a}}{\overline{CAS_2-a}} \times 100\% = 26\%$$

$$液相\ a\% = \frac{\overline{CAS_2-X}}{\overline{CAS_2-a}} \times 100\% = 74\%$$

1200℃：由CAS_2、SiO_2(鳞石英)和液相b (CaO20%，$Al_2O_3$21%，$SiO_2$59%)三相构成。三相比例由平行线求得：先连接三平衡相组成点得△S-*b*-CAS_2，然后从原始组成点*X*向△S-*b*-CAS_2任意一边如S-CAS_2边引平行于其他两边的平行线交S-CAS_2边于*d*、*e*两点。则

$$CAS_2\% = \frac{\overline{S-e}}{\overline{S-CAS_2}} \times 100\% = 50\%$$

$$SiO_2(鳞石英)\% = \frac{\overline{CAS_2-d}}{\overline{S-CAS_2}} \times 100\% = 5\%$$

$$液相\ b\% = \frac{\overline{d-e}}{\overline{S-CAS_2}} \times 100\% = 45\%$$

1170℃：冷却平衡状态为CAS_2、S和CS三相平衡，作△S-CS-CAS_2用与1200℃同样的方法，得三平衡相的比例为：

$$CAS_2\% = \frac{\overline{g-S}}{\overline{S-CAS_2}} \times 100\% = 68\%$$

$$鳞石英(S)\% = \frac{\overline{CAS_2-f}}{\overline{S-CAS_2}} \times 100\% = 19\%$$

$$CS\% = \frac{\overline{f-g}}{\overline{S-CAS_2}} \times 100\% = 13\%$$

(2) 在 CaO 中引入 10%脱水高岭石($Al_2O_3 \cdot 2SiO_2$),加热这个混合物,这个系统应在什么温度下出现液相,并求随加热过程液相量的变化。

这个问题可作如下说明,在 CaO 中引入 10%脱水高岭石($Al_2O_3 \cdot 2SiO_2$),脱水高岭石相当于图 7-7 中 P($Al_2O_3$46%, $SiO_2$54%)点。这个混合物在未加热之前,应是一个非平衡状态,在加热过程中 CaO 和P($Al_2O_3 \cdot 2SiO_2$)要发生趋于平衡的反应,即都将离开原组成点位置向平衡点图中 M(CaO90%,$Al_2O_3$4.6%, $SiO_2$5.4%)点移动,而最终的反应平衡相应该是 CaO、C_3S、C_3A,开始出现液相的温度自然是 1470℃。

但是作为这个非平衡系统的加热过程,组分 CaO 向平衡点 M 的移动,仍在其原平衡三角形内,而 P 在吸收 CaO 向 M 点移动过程中,将经历自△S-A_3S_2-CAS_2 至△C-C_3S-C_3A 共 9 个分三角形,在这些分三角形中,△CS-CAS_2-C_2AS 最低共熔点温度最低 1265℃。因此,可以说非平衡系统在加热过程中可能从 1265℃就会有液相出现,而随着加热过程平衡反应的进行,液相量也会随组成点的移动而改变,无确定的规律。

当组成点移动至平衡状态即 M 点时,则液相组成随加热过程会有规律的自图 7-7 中的 $e \to f \to g \to M$ 变化,液相量也就可以通过平行线或杠杆规则进行计算。如在加热到 1470℃达到平衡时,相组成为 CaO,C_3S 和 L_e,可连接△C-C_3S-L_e,过 M 点向 C-C_3S 边引平行于其他两边的平行线交于 a、b 两点,此时的液相量为:

$$L_e\% = \frac{\overline{a-b}}{\overline{C-C_3S}} \times 100\% = 15\%$$

同理,当加热至液相组成点移至 f 时,其液相量为

$$L_f\% = \frac{\overline{a'-b'}}{\overline{C-C_3S}} \times 100\% = 22.5\%$$

液相组成到达 g 点时,液相量为

$$L_g\% = \frac{\overline{c-M}}{\overline{c-g}} \times 100\% = 31.5\%$$

到达 M 点的温度,全部液化,液相量 100%,此时的温度大约在 2400~

2500℃之间。这个变化也可以用图 7-8 表示。

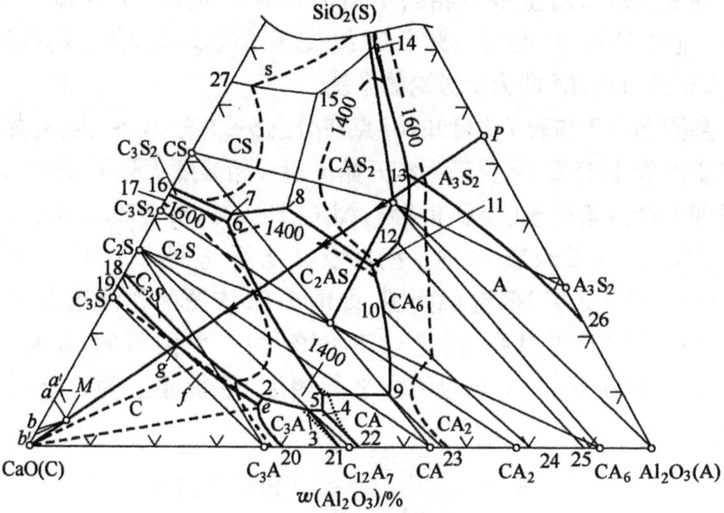

图 7-7　$CaO-Al_2O_3-SiO_2$ 系相图

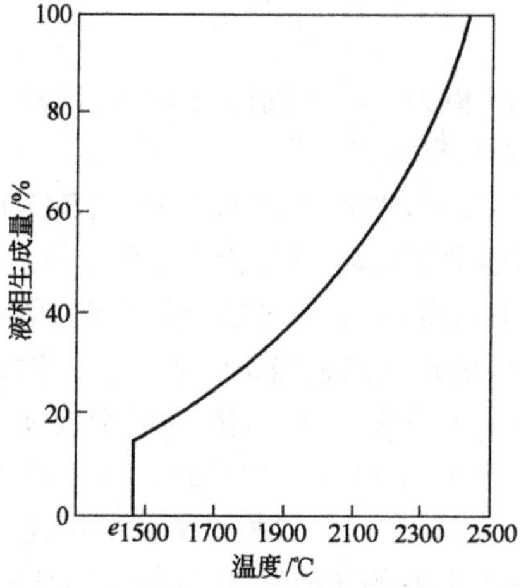

图 7-8　组成 M 加热过程液相量变化

(3) 纯黏土($Al_2O_3 \cdot 2SiO_2 \cdot 2H_2O$)(脱水后计)中混入 2%CaO，开始形成液相温度下降多少度？初始液相组成如何？若将其加热到

1500℃，求平衡相的组成和比例。

纯黏土脱水后组成点相当于图 7-9 中 P 点（Al_2O_3：46%，SiO_2：54%）连接 CaO-P 与等 2%CaO 线交于 M(CaO：2%、$Al_2O_3$45%、$SiO_2$52.9%)点，M 即为所讨论的系统。

参阅图 7-2 和表 7-1 可知，M 点在分△S-CAS_2-A_3S_2 内，开始出现液相温度为 1345℃，可见新系统开始出现液相温度下降了 250℃，液相组成即为低共熔组成（CaO：9.8%，$Al_2O_3$19.8%，$SiO_2$70.4%）。

欲知 1500℃组成 M 的平衡相及其比例，应借助于 CaO-Al_2O_3-SiO_2 系相图 1500℃等温截面图，即图 7-9（该图的作法读者可参阅图7-1的 1500℃等温线，这里就不再赘述）。由图可知，组成 M 在 1500℃正处于 A_3S_2＋L 的两相平衡相区，平衡相应为 $A_3S_2+L_M$，其比例

$$A_3S_2\% = \frac{\overline{M-L_M}}{\overline{A_3S_2-L_M}} \times 100\% = 56\%$$

$$L_M\% = \frac{\overline{A_3S_2-M}}{\overline{A_3S_2-L_M}} \times 100\% = 44\%$$

两相的组成为：

固相为 A_3S_2，液相为 L_M，参阅图，由平行线法，得知其组成为：CaO：4%，Al_2O_3：12%，SiO_2：84%。

(4) 在烧结 Al_2O_3 时，加入（40%CaO，60%SiO_2）混合物 2%作为助烧结剂于 1500℃温度下煅烧，请分析其效果如何。

这一问题仍要用 CaO-Al_2O_3-SiO_2 系 1500℃等温截面图进行分析。如图 7-9，混合物的组成点相当于图中 Q 点，连接 Al_2O_3-Q 可知，在煅烧过程中，Al_2O_3 吸收混合物 Q，使 Q 的组成将沿着连线由 Q 向 N（平衡点）变化，直至 Q 中约含有 42%的 Al_2O_3，图中 L_N 点其仍处于单一液相区，而后进入 Al_2O_3＋L 二相平衡区，当到达平衡点 N 点时为 $Al_2O_3+L_N$ 两相平衡，此时的液相量，由杠杆规则计算约为 3.3%。煅烧过程中液相的出现，而且在很宽的组成范围内，自然有助于 Al_2O_3 的烧结，所以混合物 Q 作为助烧结剂是有效的。

7.1.2.2 硅酸铝质耐火材料对 CaO-SiO_2 系炉渣的稳定性分析

CaO-Al_2O_3-SiO_2 系统的一边 Al_2O_3-SiO_2 二元系，基本反映着硅

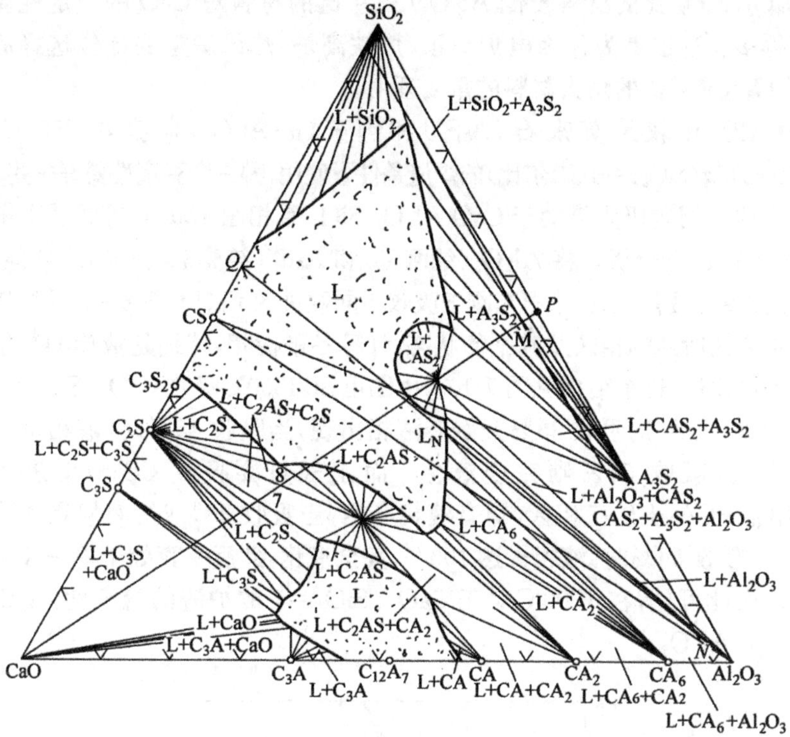

图 7-9 $CaO-Al_2O_3-SiO_2$ 系相图 1500℃等温截面图

酸铝质、莫来石质和刚玉质耐火材料的组成，而另一边 $CaO-SiO_2$ 二元系则为不同 CaO/SiO_2 比的冶金炉渣成分，这在前面已经做过讨论。

众所周知，CaO 为钢铁冶金过程中的主要造渣剂，冶炼过程将造成不同 CaO/SiO_2 比的冶金炉渣，$Al_2O_3-SiO_2$ 系耐火材料对冶金炉渣的稳定性如何？可借助于 $CaO-Al_2O_3-SiO_2$ 系相图进行讨论。

(1) 不同 Al_2O_3/SiO_2 比材料对 CaO 的稳定性。由图 7-7 可知，对于 $Al_2O_3/SiO_2<2.55$ 的 $Al_2O_3-SiO_2$ 系耐火材料吸收少量 CaO 后，将有 CAS_2 生成，这将使材料开始出现液相温度由 1595℃降至 $S-A_3S_2-CAS_2$ 分系统的 1345℃，约降低 250℃，而对于 $Al_2O_3/SiO_2>2.55$ 的 $Al_2O_3-SiO_2$ 系材料，吸收一定数量 CaO 后，除 CAS_2 外，还可能生成高熔点的 CA_6，系统开始出现液相的温度为 1512℃或 1495℃。显然高

Al_2O_3/SiO_2 比的材料较低 Al_2O_3/SiO_2 比的材料对 CaO 的稳定性要好得多。这也是为什么电炉炉顶、炼铁高炉、热风炉重要部位选择高 Al_2O_3/SiO_2 比的耐火材料的重要理由。

(2) 比较纯莫来石（A_3S_2）和刚玉（α-Al_2O_3）制品在 1500℃，$x(CaO)/x(SiO_2)=1$（摩尔比）的炉渣条件下使用，哪一个稳定性要好一些。

这一问题仍要借助于 CaO-Al_2O_3-SiO_2 系相图 1500℃等温截面图（图 7-9）进行分析。将 Al_2O_3（纯刚玉）和 A_3S_2（纯莫来石）与 CS 连线，这两条线分别表示莫来石与刚玉吸收不同数量的 CaO∶SiO_2=1 的炉渣的组成物所处的相区及其平衡状态，计算各平衡相，特别是液相的数量并加以比较，这个结果见图 7-10。由图可知，1500℃吸收 CaO∶SiO_2=1 的炉渣，A_3S_2 约吸收 35%开始有液相出现，当吸收 45%时，液相量约达 71%，吸收 54%则完全液化。而刚玉只要吸收 CS 则就进入 Al_2O_3+CA_6+L 三相区，即有液相产生，当吸收 33%时，液相量约达 50%，吸收 55%时，液相量达 100%，完全液化，此后一直处于单一液相区。由此可见，在 1500℃对于 CaO∶SiO_2=1 的炉渣的稳定性，A_3S_2 优于 α-Al_2O_3。

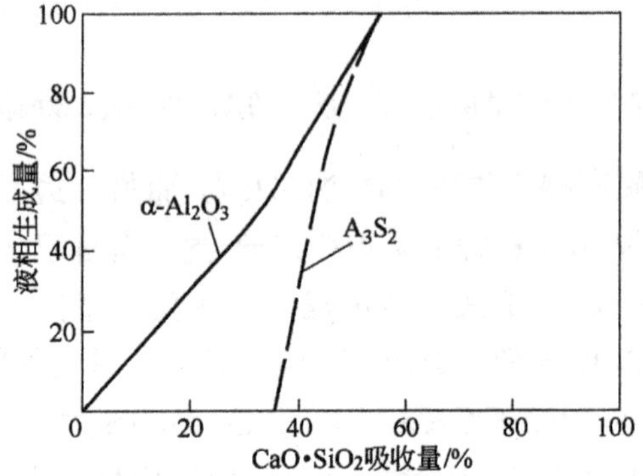

图 7-10 1500℃时 α-Al_2O_3、A_3S_2 吸收 CS 的液相生成量

7.1.2.3 铝酸盐水泥组成的优化设计

铝酸盐水泥是不定型耐火材料用的一种重要结合剂，按 Al_2O_3 含量或矿物组成不同，有矾土水泥（Al_2O_3：45%～55%，CaO：30%～

45%)铝-60 水泥(Al_2O_3:59%~61%,CaO:27%~31%),低钙铝酸盐水泥(Al_2O_3:69%~72%,CaO:21%~25%)和纯铝酸钙水泥(Al_2O_3:72%~78%,CaO:19%~23%)。由天然矾土或工业氧化铝加适量石灰配制,用烧结或电熔法合成。当以天然矾土为原料时,除主成分CaO、Al_2O_3 外,总或多或少含有一定数量的 SiO_2。因此,基本成分属 CaO-Al_2O_3-SiO_2 系统中靠近 CaO-Al_2O_3 二元系一边,其中的主要矿物与性能除在 CaO-Al_2O_3 系相图已介绍的之外,还可能存在 C_2S 和 C_2AS(见图 7-11),它们与 CA、CA_2 和 $C_{12}A_7$ 这些水泥中的主要矿物是处于不同的组成三角形内,这样铝酸盐水泥由于配料组成不同,可能的矿物组合方式就会有差异。

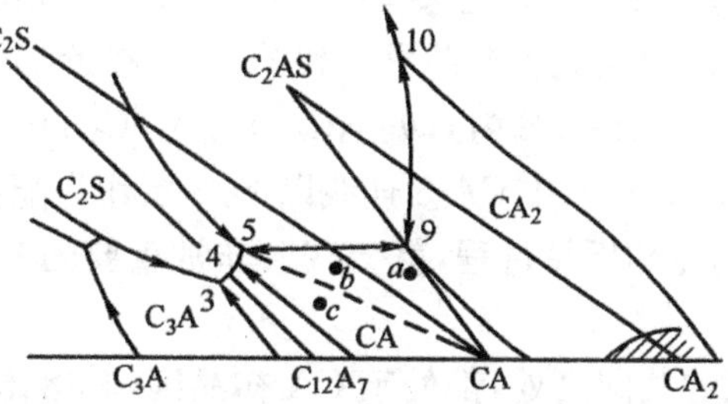

图 7-11 CaO-Al_2O_3-SiO_2 系铝酸盐水泥区

由图 7-11 可知,铝酸盐水泥可能的矿物组合方式有如下 4 种情况:

(1) CA-$C_{12}A_7$-C_2S 三角形,开始出现液相温度 1335℃;

(2) CA-C_2S-C_2AS 三角区,开始出现液相温度 1380℃;

(3) CA-CA_2-C_2AS 三角区,开始出现液相温度 1500℃;

(4) CA_2-CA_6-C_2AS 三角区,开始出现液相温度 1475℃。

比较上面 4 种组合,(1)、(2)两组开始出现液相温度较低,材料可以在较低温度下烧结,生产容易,但耐高温性能差,以这种水泥为结合剂的耐火材料使用温度不应超过 1345~1400℃。4 种矿物中 C_2S 虽然有加水硬化性能,但伴随其晶型转化有体积效应,会降低材料的稳定性;C_2AS 无水硬性,熔点也低,为铝酸盐水泥中一有害成分;$C_{12}A_7$ 硬化速度过快,如含量高会给施工带来困难,需要缓凝剂;只有 CA 为最理想的矿物成分,硬化速度适中,硬化产物又有较高的强度和足够的耐高温性能。因此，水泥的配料组成点应选择在近 CA 组成区。如矾土水泥。

(3)、(4)两组开始出现液相温度较高，烧结困难些，制造时要求较高的烧结温度或通过电熔方法生产。这种水泥耐高温，可作为使用温度在 1400℃以上的耐火材料用结合剂。水泥的配料组成应在近 CA-CA_2 区，且 SiO_2 量控制越低越好，以尽量避免 C_2AS 相出现，如纯铝酸盐水泥，基本属于 CaO-Al_2O_3 系统。

关于矾土水泥，一般由矾土加石灰配制，Al_2O_3 含量最低为铝酸盐水泥，但应用较广泛的一种。其配料方案的选择，这里还要做一些说明。由图 7-11 可知，在近 CA 区有(1)、(2)、(3)3 个三角区，但按矾土水泥的 CaO/Al_2O_3 比例，只能选择在(1)、(2)两个三角区内，且组成点的位置不同，材料的性能也有差异。如图 7-11 在近 CA 区，我们可以选择 *a*(在△CA-C_2AS-C_2S 内)，*b*(△CA-$C_{12}A_7$-C_2S 中 CA-5 线以上)和 *c*(在△CA-$C_{12}A_7$-C_2S 中 CA-5 连线以下)3 点作为配料的组成点，来分析一下它们的冷却析晶过程，就会获取非常重要的关于矾土水泥的配料信息。

a、*b*、*c* 三点的共同之处，都处于 CA 初晶区，其熔体冷却开始都析出 CA，但其后的析晶过程是有差异的。

a 点：当液相组成变到 5-9 界线上时有 C_2AS 析出，结晶结束在 5 点(1380℃)，最终平衡相为 CA、C_2S、C_2AS，其中 C_2AS 无水硬性，为有害成分。

b 点：初始析晶过程与 *a* 相同，当液相组成变到 5-9 界线上时，有 C_2AS 析出，但其结晶结束点在 4(1335℃)，因此当液相组成变化到 5 点时，将发生如下平衡反应：

$$L+C_2AS \rightleftharpoons CA+C_2S$$

直至 C_2AS 消失，继续冷却液相沿 5-4 界线变化至 4 点析晶结束，最终平衡相为 CA、$C_{12}A_7$ 和 C_2S，三相均具有胶凝性。但 1380℃(5 点)的平衡反应过程在实际生产过程中很难进行完全。如图 7-12 所示，开始液相+

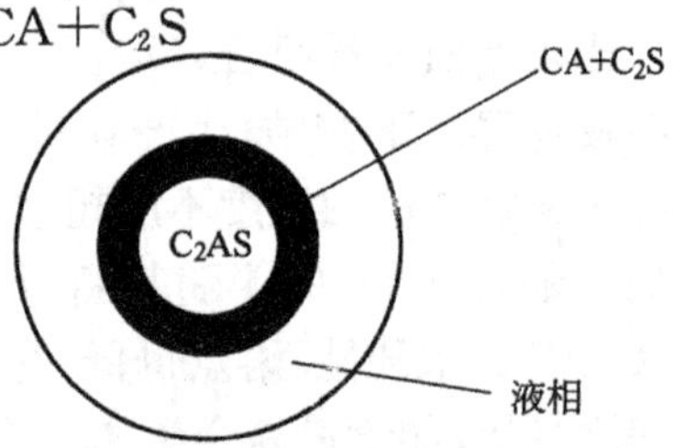

图 7-12　5 点转熔示意图

C_2AS转熔成$CA+C_2S$，当在C_2AS表面生成一层$CA+C_2S$薄层后，继续转熔，液相必须渗透过$CA+C_2S$薄层才能与C_2AS反应，这需要相当时间和条件，而实际生产条件下很难达到完全平衡状态，总是残留有一定的C_2AS相。关于这种非平衡状态，也是我们运用相图分析实际问题时应该注意的。

*c*点：冷却过程液相组成变化不经历5-9界线，即无C_2AS相析出过程，其他过程与*b*相同，最终平衡相只有CA、$C_{12}A_7$和C_2S。由此可见，尽管*b*、*c*两组成点都处于同一△$CA-C_2S-C_{12}A_7$内，结晶结束于同一无变量点，但由于冷却析晶过程经历不同，实际的最终物相组合会有差异，这种现象在转熔反应过程是常出现的。

通过上述分析，矾土水泥最佳的配料组成点，应该选择在△$CA-C_{12}A_7-C_2S$内CA-5连线以下为宜。这就是相图提供给我们的重要配料信息。

7.1.2.4 Al_2O_3 *在硅砖中的效应*

Al_2O_3在硅砖中是最常见的也被认为是最有害的杂质成分之一，要求制造硅砖的硅石原料视其品质不同，Al_2O_3含量要小于0.3%～1.3%，配料中还要引入2%～3%的CaO作为结合剂和矿化剂，这样Al_2O_3在硅砖中的效应也可用$CaO-Al_2O_3-SiO_2$系相图的富SiO_2部分分析。

图7-13为$CaO-Al_2O_3-SiO_2$系相图的富SiO_2部分。由图可知，CaO、Al_2O_3单独与SiO_2共存时，开始出现液相温度，作为矿化剂都偏高。而复合后，在组成点落在△$S-CS-CAS_2$内只在1170℃就出现液相，液相组成：CaO23.3%，$Al_2O_3$14.7%，$SiO_2$62.0%，Al_2O_3/SiO_2质量比0.63，说明CaO、Al_2O_3共存，且质量比小于0.63的情况下，可以作为硅砖的矿化剂。

图中的等温线分布和走向提示我们，在$CaO+Al_2O_3$总量一定时，随Al_2O_3/CaO比提高，液相量急剧增加，这一效应在1500℃特别是1600℃以上尤为显著，说明Al_2O_3对SiO_2的强熔剂作用，含Al_2O_3偏高的硅砖使用温度超过1500℃是多么危险。但是，若硅砖中含有2%～3%的CaO时，少量的Al_2O_3可能使组成点进入二液区，这还可能稍微提高硅砖的耐火度。可见，硅砖中Al_2O_3的效

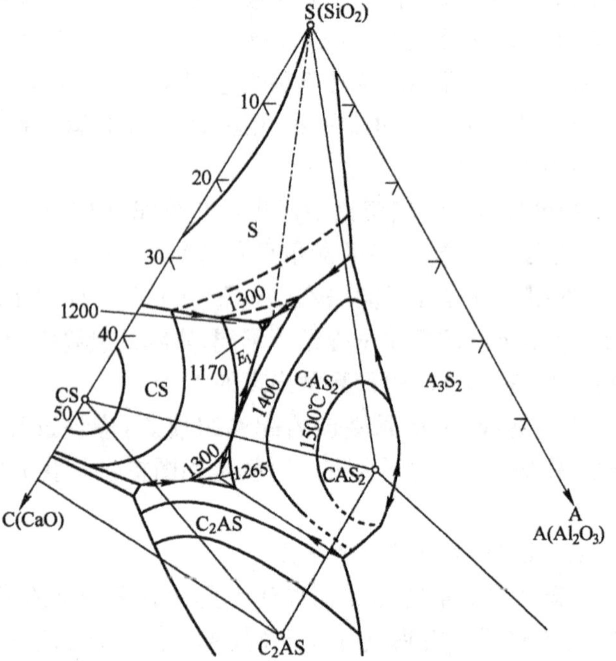

图 7-13 CaO-Al_2O_3-SiO_2 系相图富 SiO_2 部分

应，也应是一个从量变到质变的变化过程，适量的无害，过量则为强熔剂，这为我们在设计焦炉硅砖非铁质矿化剂时引入少量 Al_2O_3 提供了依据。

7.2 MgO-Al_2O_3-SiO_2 系相图

7.2.1 对相图的基本认识

7.2.1.1 相图的一般介绍

MgO-Al_2O_3-SiO_2 系相图（图 7-14）是耐火材料领域应用较多的一个三元相图。如图所示，该系统内有 4 个二元化合物，2 个三元化合物。它们的性质列于表 7-4。全图有 9 个初晶区，1 个二液区，9 个分三角形，对应 9 个无变量点，其性质列于表 7-5。

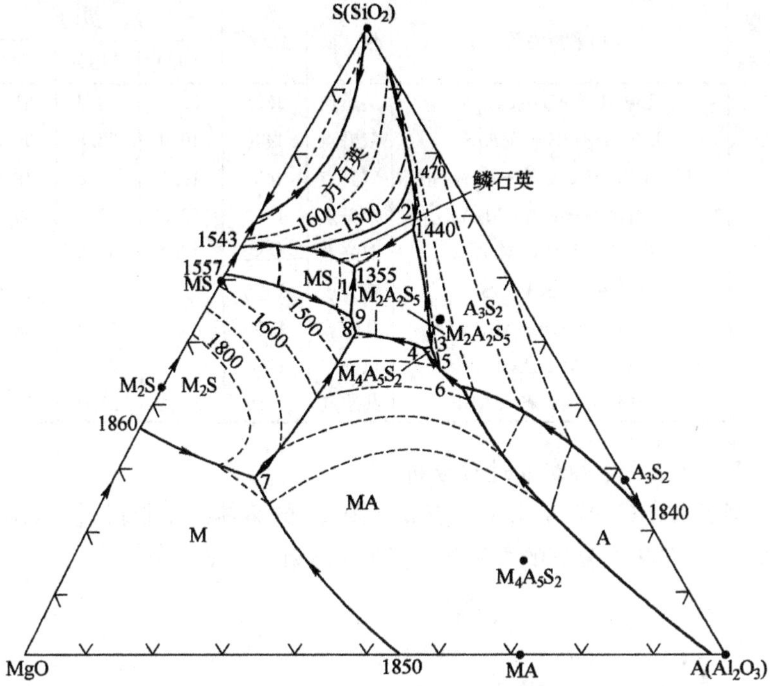

图 7-14 MgO-Al_2O_3-SiO_2 系相图

表 7-4 MgO-Al_2O_3-SiO_2 系各化合物的性质

名 称	化 学 式	熔融或分解温度/℃	组 成/%		
			MgO	Al_2O_3	SiO_2
斜顽辉石	$MgO \cdot SiO_2$(MS)	1557 分解	40	—	60
镁橄榄石	$2MgO \cdot SiO_2$(M_2S)	1890	57	—	43
莫来石	$3Al_2O_3 \cdot 2SiO_2$(A_3S_2)	1850	—	72	28
镁铝尖晶石	$MgO \cdot Al_2O_3$(MA)	2135	28.2	71.8	—
堇青石	$2MgO \cdot 2Al_2O_3 \cdot 5SiO_2$($M_2A_2S_5$)	1540 分解	14	35	51
假蓝宝石	$4MgO \cdot 5Al_2O_3 \cdot 2SiO_2$($M_4A_5S_2$)	1475 分解	20	65	15

表 7-5 $MgO-Al_2O_3-SiO_2$ 系各无变量点的性质

无变量点	相平衡关系	性 质	温度/℃	组 成/%		
				MgO	Al_2O_3	SiO_2
1	$L \rightleftharpoons MS + M_2A_2S_5 + S$	共熔点	1355	20.3	18.3	61.4
2	$L + A_3S_2 \rightleftharpoons S + M_2A_2S_5$	双升点	1440	10.0	23.5	66.5
3	$L + A_3S_2 \rightleftharpoons M_4A_5S_2 + M_2A_2S_5$	双升点	1460	16.1	34.8	49.1
4	$L + M_4A_5S_2 \rightleftharpoons MA + M_2A_2S_5$	双升点	1453	17.5	33.5	49.0
5	$L + MA + A_3S_2 \rightleftharpoons M_4A_5S_2$	双降点	1482	17.0	37.0	46.0
6	$L + A \rightleftharpoons MA + A_3S_2$	双升点	1578	15.2	42.0	42.8
7	$L \rightleftharpoons M + MA + M_2S$	共熔点	1710	56.0	16.0	28.0
8	$L + MA \rightleftharpoons M_2A_2S_5 + M_2S$	双升点	1370	25.7	22.8	51.5
9	$L \rightleftharpoons MS + M_2A_2S_5 + M_2S$	共熔点	1365	25.0	21.0	54.0

7.2.1.2 冷却析晶过程分析

$MgO-Al_2O_3-SiO_2$ 系组成点 a、b、…、j 的熔体冷却析晶过程，温度降至 1500℃和常温下的平衡相，见图 7-15 和表 7-6。

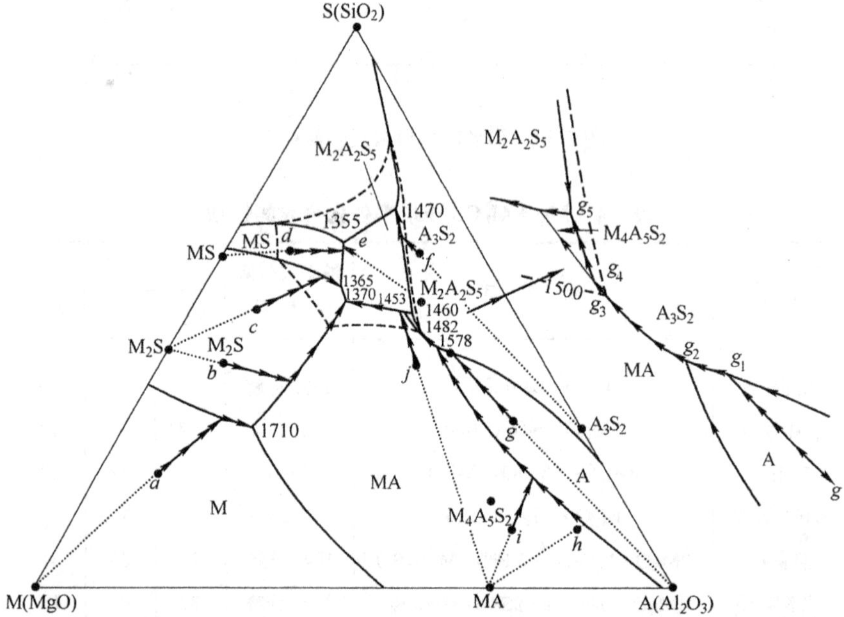

图 7-15 $MgO-Al_2O_3-SiO_2$ 系 a-j 点熔体冷却析晶的路线

表 7-6 MgO-Al_2O_3-SiO_2 系 *a*～*j* 点析晶终了温度和 1500℃及常温下的平衡相

组成点	组成/%			结晶终了温度/℃	平衡相	
	MgO	Al_2O_3	SiO_2		1500℃	常温
a	70	10	20	1710	$M_2S+MA+M$	$M_2S+MA+M$
b	50	10	40	1370	$M_2S+MA+L$	$M_2S+MA+M_2A_2S_5$
c	40	10	50	1365	M_2S+L	$M_2S+MS+M_2A_2S_5$
d	30	10	60	1355	L	$MS+M_2A_2S_5+S$
e	20	20	60	1355	L	$MS+M_2A_2S_5+S$
f	10	30	60	1440	A_3S_2+L	$A_3S_2+M_2A_2S_5+S$
g	10	60	30	1460	$A_3S_2+M_4A_5S_2+L$	$A_3S_2+M_4A_5S_2+M_2A_2S_5$
h	10	80	10	1578	$MA+A_3S_2+A$	$MA+A_3S_2+A$
i	20	70	10	1482	$MA+A_3S_2+L$	$MA+A_3S_2+M_4A_5S_2$
j	20	40	40	1370	$MA+L$	$MA+M_2A_2S_5+M_2S$

下面仅以组成点 *g* 为例分析其冷却析晶过程，其余各点读者可自行分析。

组成点 *g* 位于刚玉初晶区，冷却时大约在 1770℃开始析出 α-Al_2O_3，液相组成沿 A-*g* 连线向着 Al_2O_3 减少方向变化，即由 *g* 向 g_1 方向变化，到达 Al_2O_3 与 A_3S_2 界线上(g_1)则有 A_3S_2 析出，注意这部分界线为转熔线，冷却过程线上 α-Al_2O_3 减少，A_3S_2 增加，即

$$Al_2O_3+L \rightleftharpoons A_3S_2$$

到达 g_2 点，α-Al_2O_3 全部消失，同时 MA 开始自液相中析晶，g_2 点为 α-Al_2O_3，A_3S_2，MA 和液相 4 相共存的不变点，待反应结束 α-Al_2O_3 消失，进一步冷却，A_3S_2 与 MA 共同析晶，经历 g_3 点，到达 g_4 点(1482℃)点，MA 消失，有 $M_4A_5S_2$ 新相析出，即 $MA+A_3S_2+L \rightleftharpoons M_4A_5S_2$，随后，液相将沿 $M_4A_5S_2$ 和 A_3S_2 界线上变化，到达 g_5(1460℃)$M_2A_2S_5$ 开始析出，4 相共存，直至最后一滴液相消失，全部结晶化，为 $M_4A_5S_2$，A_3S_2 和 $M_2A_2S_5$ 三相平衡共存，至常温。在上述析晶过程中，要特别注意从 g_4 点开始后的液相变化路线，是沿 $M_4A_5S_2$-A_3S_2 界线变化，还是沿 $M_4A_5S_2$-MA 界线变化，假设是沿 $M_4A_5S_2$-MA 界线变化，线上的平衡相为 $M_4A_5S_2$，MA 和液相，连接这三相组成点作三角形，原始组成点 *g*

位于这个三角形之外，这显然是不可能的，因为作为原始物系组成点，在某种状态下如果是三相平衡的话，它一定位于连接这平衡的三相组成点所作三角形之内，如果是两相平衡共存，一定位于这平衡的两相之间的连线上，因而自 g_4 开始，液相组成一定沿 $M_2A_2S_5$-A_3S_2 界线变化而不能沿 $M_4A_5S_2$-MA 界线变化。

由以上分析，组成点 g 在 1500℃的平衡相应为 MA，A_3S_2 和组成为 g_3 的液相，连接这三平衡相组成点作三角形，g 必然位于这三角形内。我们还可以用平行线法求得 1500℃和常温下三平衡相的比例为：

1500℃：MA：15%，A_3S_2：52%，液相 g_3：33%

常温：$M_4A_5S_2$：31%，A_3S_2：44%，$M_2A_2S_5$：25%

7.2.1.3　等温截面图

MgO-Al_2O_3-SiO_2 系 1600℃等温截面图的相区及平衡相见图 7-16 和表 7-7，其中，纯固相三相区 1 个：1；二固一液三相区 3 个：2、5、7；一固一液二相区 5 个 3、4、6、8、10；单一液相区 1 个：9。可见靠近 MgO-Al_2O_3 系的材料具有很高的难熔性。

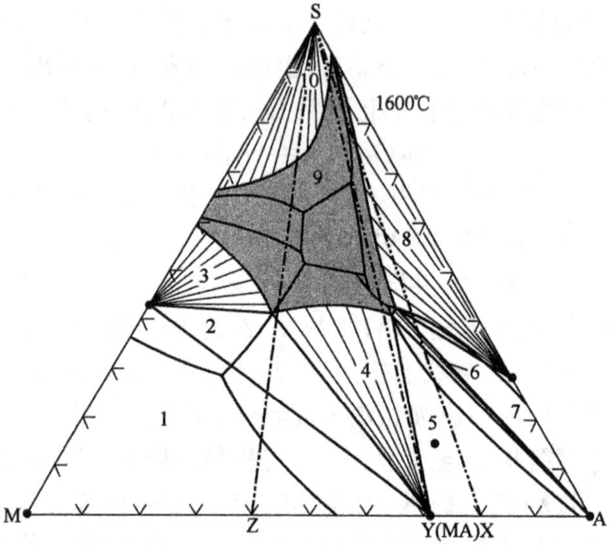

图 7-16　MgO-Al_2O_3-SiO_2 系 1600℃等温截面图

表 7-7 MgO-Al_2O_3-SiO_2 系 1600℃平衡相区及平衡相

相 区	平衡相	相 区	平衡相
1	$MgO+M_2S+MA$	6	Al_2O_3+L
2	$M_2S+MA+L$	7	$Al_2O_3+A_3S_2+L$
3	M_2S+L	8	A_3S_2+L
4	$MA+L$	9	L
5	Al_2O_3+MA+L	10	SiO_2+L

7.2.2 相图应用

前文已作过讨论，MgO-Al_2O_3 二元系，全系统都有很高的难熔性，可制造优质耐火材料。SiO_2 或是原料中固有的，或因使用中吸入的，它的存在对 MgO-Al_2O_3 系不同 MgO/Al_2O_3 比材料难熔性的影响，则可由 MgO-Al_2O_3-SiO_2 系相图作出判断。

从难熔性角度，MgO-Al_2O_3 系材料大体上可分为 3 类，即 MgO-MA 分系统的方镁石(MgO)—尖晶石(MA)(或 MA-MgO)材料：纯尖晶石(MA)材料和 MA-Al_2O_3 分系统的刚玉(α-Al_2O_3)—尖晶石(MA)材料。

7.2.2.1 SiO_2 对不同组成材料耐高温性能的影响

比较 SiO_2 对组成 X(20%MgO，80%Al_2O_3)，Y(28.3%MgO，71.7%Al_2O_3)，Z(60%MgO，40%Al_2O_3)3 种材料耐高温性能的影响。

显然，[X]属刚玉—尖晶石材料，[Y]属纯尖晶石材料，[Z]属尖晶石—方镁石材料。SiO_2 对这 3 种材料耐高温性能的影响，可在 MgO-Al_2O_3-SiO_2 相图上，将[X][Y][Z]3 个组成点与 SiO_2 连线，[X]-S、[Y]-S、[Z]-S 这 3 条线分别代表[X]、[Y]、[Z]3 种材料混入或吸收不同数量 SiO_2 所经历的相区。分析每个相区的熔融关系和相关系，就可以判断 SiO_2 对各原始组成物高温性能的影响。如图 7-17 所示，组成[X]无 SiO_2 时开始出现液相的温度为 1925℃，在有 SiO_2 存在时，且随着 SiO_2 数量的增加，先后进入三角形 5、6、8、9，出现液相温度也分别降至 1578℃、1482℃、1640℃、1440℃；组成[Y]无 SiO_2 时熔点 2135℃，有 SiO_2 且随其含量增加，组成先后进入三角形 7、9，出现液相温度分别降至 1453℃和 1440℃；组成[Z]无 SiO_2 时 1850℃出现液相，有 SiO_2 时随

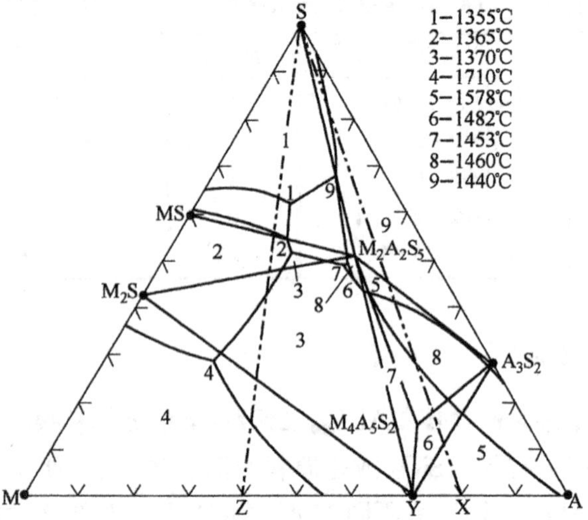

图 7-17　MgO-Al_2O_3-SiO_2 系固面图

其含量增加，先后进入三角形 4、3、2、1，出现液相温度分别降至1710℃、1370℃、1365℃、1355℃。上述分析在实际制造和使用过程中，当 3 种材料吸收或混入少量 SiO_2 初始在非平衡的情况下，随着加热过程反应的进行，可能都在不同的低温条件下出现液相，并随着平衡反应的进行组成点的移动，出现液相温度的升高，材料还可能固化。如当 3 种材料均混入或吸入 5%SiO_2 的情况下，出现液相温度，开始可能是[X] 1440℃，[Y]1440℃，[Z]1355℃，而反应达到平衡时，开始出现液相的温度，分别为[X]1578℃，[Y]1482℃，[Z]1710℃，显然加热时都有固化过程，且从少量 SiO_2 降低 3 种材料难熔性这个角度，对[Y]影响最大，[Z]影响最小，[X]居中。

上述对 3 种材料反应过程的分析，还可以用图 7-18 表达。

如果上述是在 1600℃这个特定温度下，情况又会如何呢，如分析 SiO_2 对 3 种材料在 1600℃温度条件下使用时的影响，属这类问题。

这可借助于图 7-16MgO-Al_2O_3-SiO_2 系 1600℃等温截面图进行分析比较。在图 7-16 内同样连接[X]-S，[Y]-S，[Z]-S，三条线也就分别表示 SiO_2 在[X]，[Y]、[Z]3 种组成物中的混入或吸收量，由此可求得1600℃ 3 种材料中随混入或吸收 SiO_2 数量的改变所产生的液相量的

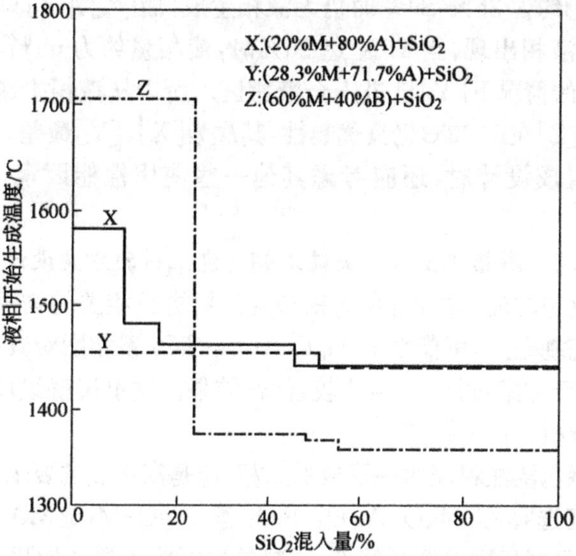

图 7-18　MgO-Al_2O_3 系组成 X、Y、Z 混入或吸收不同 SiO_2 开始生成液相温度

变化关系，结果见图 7-19（读者可自行由图 7-16 绘制图 7-19），由图可

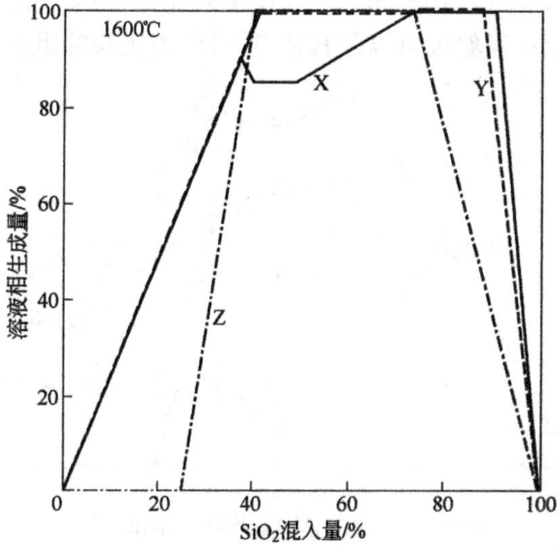

图 7-19　MgO-Al_2O_3-SiO_2 系组成 X、Y、Z 在 1600℃混入或吸收不同 SiO_2 时的液相生成量

知，组成[Z]约含 25% SiO_2 时仍无液相生成，而[X]，[Y]只要有 SiO_2 进入，就有液相出现，当 SiO_2 达 25%时，液相量约为 65%，且大约在 41% SiO_2 的情况下[Y]已进入全液相区。所以从液相生成量这个角度看，组成[Z]在 1600℃仍具优越性，其次为[X]，[Y]最差。当然在实际材料的组成设计时，还应考虑其他一些使用性能因素，进行综合分析。

7.2.2.2 高铝矾土基—尖晶石钢包浇注料的方案设计

根据钢包的使用条件，在对钢包浇注料进行相关的物理化学方面的理论研究基础上，可借助于 $MgO-Al_2O_3-SiO_2$ 系相图对其组成（核心是基质）进行方案设计，实验比较，优选结果。这里仅就组成的方案设计作简要分析。

根据钢包浇注料使用中形成的新相，应是高熔点的要求，浇注料基质的组成宜选择在 $MgO-Al_2O_3-SiO_2$ 系 $MgO-M_2S-MA$ 分系统内（图 7-20）。又据我国的资源特点，原料的选择为优质高铝矾土熟料、烧结镁砂和矾土基烧结尖晶石，由它们的基本化学成分，分别相当于 $MgO-Al_2O_3-SiO_2$ 系相图中 A、B、C 三点（图 7-20），这就决定了基质的组成点应在△M-M_2S-MA 和△*A*-*B*-*C* 交叉部分，如图中选择的 AM-1，AM-2，AM-3 点（当然也可以是其他点）可作为实验的组成点。

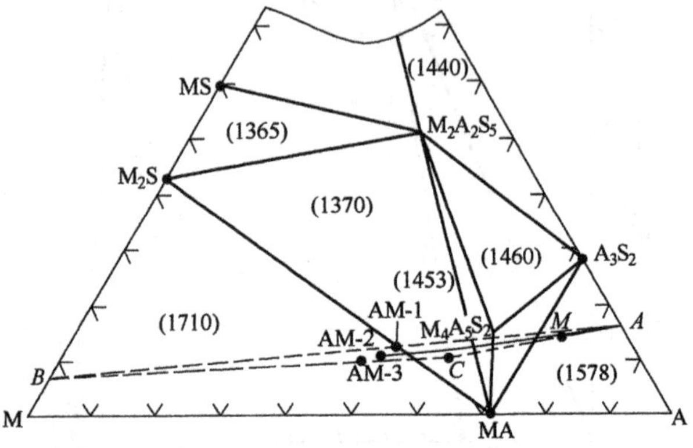

图 7-20 $MgO-Al_2O_3-SiO_2$ 系固面图

这里以 AM-2 点为例，作进一步分析。以优质高铝矾土（A）为骨料，AM-2 为基质，7∶3 比例配合浇注料。连接 AM-2-A，浇注料的组

成点应在连接线的 M 点，平衡相为 α-Al_2O_3、MA、A_3S_2，符合新相为高熔点化合物的要求，开始出现液相温度为 1578℃，在邻近的区域是温度较高的一个。

骨料与基质组成为非平衡体系，使用中要发生平衡反应，这样基质的组成点(骨料也如此)将由 AM-2(骨料 A)移向 M，在此过程中，它将经历组成△M-M_2S-MA，△M_2S-$M_2A_2S_5$-MA，△MA-$M_2A_2S_5$-$M_4A_5S_2$，△MA-A_3S_2-$M_4A_5S_2$ 和 MA-A_3S_2-A 5 个分系统，开始出现液相温度也发生相应变化，由 1710℃→1370℃→1453℃→1482℃→1587℃。

这些液相都富含 SiO_2 和 Al_2O_3(参阅表 7-5)，推测为高黏性。这样少量高黏性液相的存在，既能阻碍熔渣渗透，提高抗渣性，又能缓解应力，改善抗热震性。

设计中基质的配料采取了尖晶石和镁砂的复合，使镁砂中 MgO 与高铝矾土熟料中 Al_2O_3 逐步作用生成尖晶石，将生成尖晶石的时间拉宽，产生持续缓慢微膨胀作用，使浇注料的高温体积稳定。

总之，以 MgO-Al_2O_3-SiO_2 系相图为依据设计的钢包浇注料，在实际应用中吨钢耐火材料消耗下降 50%以上，使用寿命大幅度提高。

7.2.2.3 MgO 在 Al_2O_3-SiO_2 材料中的效应

借助于 MgO-Al_2O_3-SiO_2 系相图，可判断 MgO 在 Al_2O_3-SiO_2 系材料中的效应。如图 7-14，对 Al_2O_3-SiO_2 系统，在 SiO_2-A_3S_2 分系统内，引入 MgO，将使系统开始出现液相温度由 1595℃降至 1440℃，对于一个含 42%Al_2O_3 的优质黏土而言，当引入 3%MgO 时，1500℃约形成 60%液相，(读者可借助 1500℃等温截面图进行计算)，可见在炼钢温度下，黏土砖与 MgO 接触是危险的。但在耐火黏土(或矾土)中引入 MgO 后有堇青石($M_2A_2S_5$)生成，由于它的膨胀系数较低，常温约 1000℃只有 1.1～2.0×10^{-6}，抗热冲击能力很强，是制造陶瓷匣钵的重要材料。

在 A_3S_2-Al_2O_3 分系统内，引入 MgO 后，系统开始出现液相温度由 1840℃降至 1578℃，并有高熔点尖晶石(MA)相生成，这对制造不烧成铝镁制品非常有意义。较低的温度出现液相具有促进不烧制品在使用时的早期烧结作用，而高熔点尖晶石相的形成及它的微膨胀效应作为制品中基质的骨架，能提高抗熔渣侵蚀能力和渗透能力。这为铝镁材料的设计提供了科学依据。

7.2.2.4 纯 MgO 材料的 Al_2O_3-SiO_2 系助烧结剂

有些材料如 MgO，熔点很高，自身难以烧结，为使其能在较低温度下烧结，并在高温下使用，往往需使用助烧结剂，这对不定型耐火材料的开发尤其重要。

作为助烧结剂一般要求有如下特征：1）与主成分反应能在较低温度下出现液相，借助于液相的存在，实现烧结；2）随温度升高液相增长速度缓慢，以免对主成分产生强熔剂作用，并随着与主成分反应过程的进行，液相量减少或消失，最终平衡相为高熔点产物。下面以 MgO 的烧结采用 Al_2O_3-SiO_2 系助烧结为例，来分析此问题。

欲研制一种 MgO 材料能在 1500℃低温烧结，1700℃高温使用，添加 5%蜡石（70% SiO_2，30% Al_2O_3）为助烧结剂，是否可行？

此问题的分析，可借助于 MgO-Al_2O_3-SiO_2 系 1500℃等温截面图进行，如图 7-21，向 MgO 中添加 5%蜡石，在图中 M、N（蜡石组成点）间连线，混合物的平衡组成点为连线上的 T 点，在分系统 M-M_2S-MA 内，于 1710℃开始形成液相，所以这个材料可以满足 1700℃高温使用的条件。问题是能否烧结。能否在 1500℃温度下实现烧结，可以考查一下混有蜡石的 MgO 材料成型体在 1500℃热处理过程的状态。首先，混入 MgO 粉粒间的蜡石，二者在高温作用下，必然相互扩散，发生平衡反应。对于蜡石而言，由于吸收 MgO，反应产物必然离开原始组成点沿图 7-21 中 N-M 连线自 N 移向 T，它将经历 2 个一固一液相区，1 个单一液相区，2 个二固一液相区及 1 个三固相区即达平衡点 T。这其中当蜡石吸收大约 11%～31% MgO 时将完全熔融为单一液相，液相的参与必有助于平衡反应的进行和烧结，而当 MgO 含量达 52%以上后，熔融液又将消失而固化，不会影响 1700℃的高温使用。关于 1500℃叶蜡石吸收不同数量 MgO 产生的液相量之间的关系见图 7-22。

由上述分析可知，在 MgO 中添加少量蜡石，烧成初期，借助于液相的扩散，渗透，溶解析晶等作用，可以促进系统的平衡反应，MgO 的烧结，而最终形成 MgO、M_2S、MA 三个高熔点的结晶相，至 1700℃也不会产生液相，能满足高温使用要求。可见，少量蜡石作为 MgO 助烧

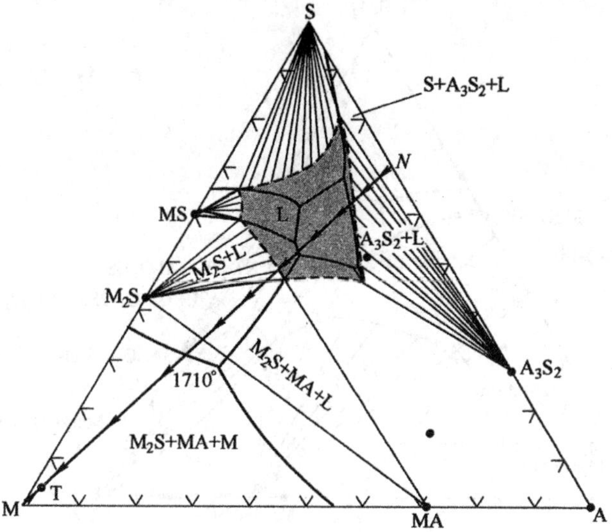

图 7-21 MgO-Al_2O_3-SiO_2 系 1500℃等温截面图

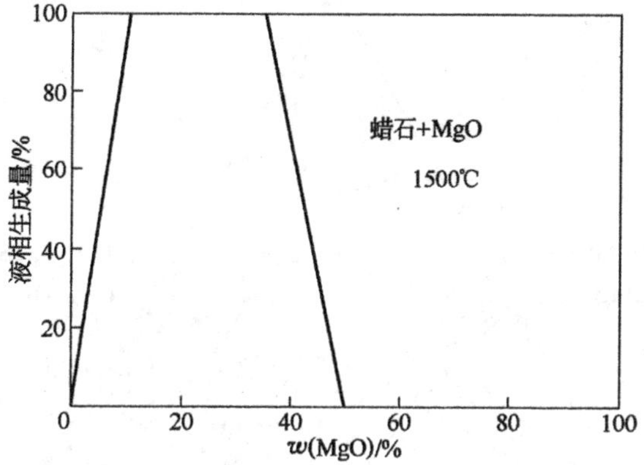

图 7-22 1500℃蜡石吸收 MgO 产生液相量与 MgO 的数量关系

结剂，实现低温烧结和高温使用是可行的。

作为相图应用实例，读者还可以借助于图 7-23、图 7-24 分析是否可以在 MgO-A_3S_2 系统内，开发某种耐火材料在 1700℃高温下使用。如果使用温度为 1800℃，又将如何？

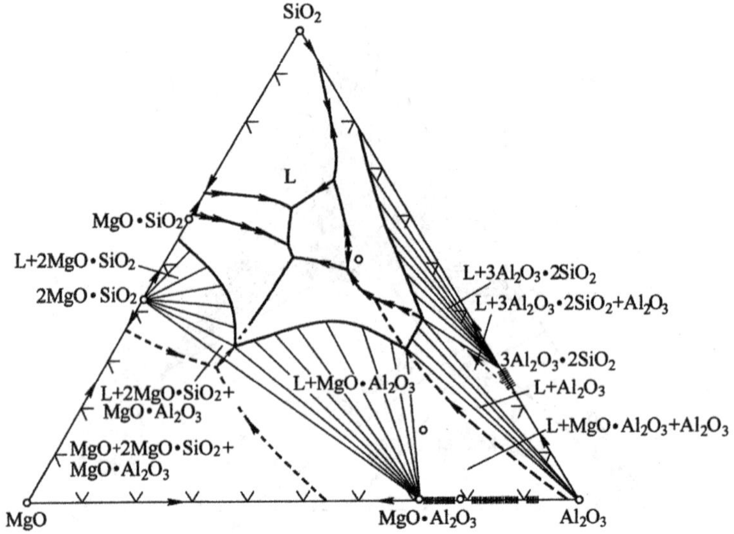

图 7-23 1700℃ 等温截面图

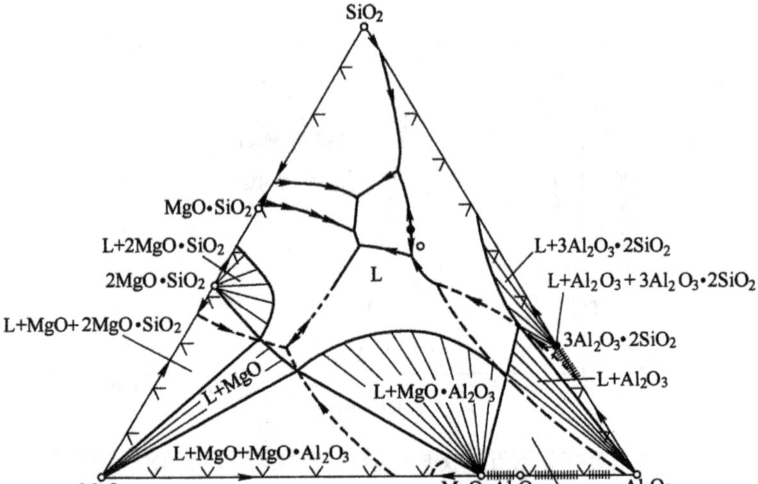

图 7-24 1800℃等温截面图

7.3 $CaO-MgO-SiO_2$ 系相图

$CaO-MgO-SiO_2$ 系相图对镁质、白云石质耐火材料和冶金炉渣等的研究有重要指导意义。

7.3.1 对相图的基本认识

7.3.1.1 相图的一般介绍

图 7-25 为 $CaO-MgO-SiO_2$ 系相图。由图可知，这个系统共有 6 个二元化合物，它们是：CS、C_3S_2、C_2S、C_3S、MS 和 M_2S，4 个三元化合物：CMS_2、C_2MS_2、CMS、C_3MS_2，包括 3 个纯组分共 10 个化合物，对应于 13 个初晶区。本系统共 15 个分三角形，对应 15 个三元无变量点。各化合物和三元无变量点性质，见表 7-8 和表 7-9。

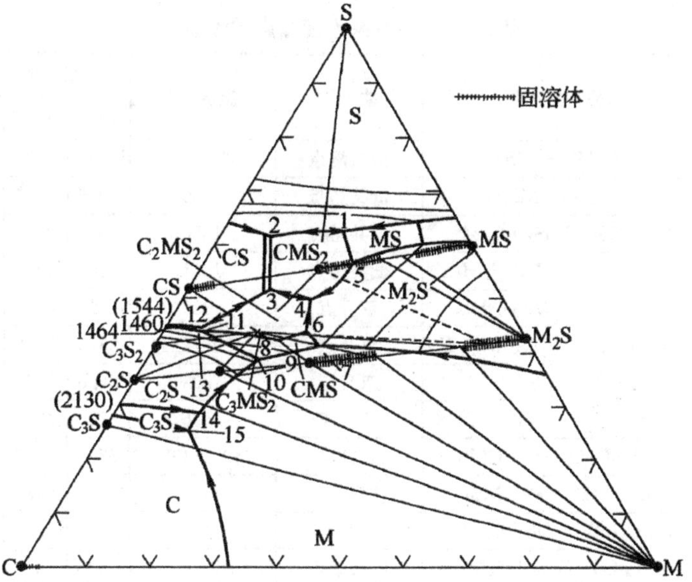

图 7-25 $CaO-MgO-SiO_2$ 系相图

表 7-8　C-M-S 系各化合物的性质

化合物名称	化学式	熔点或分解温度/℃	性　质	组　成/%		
				CaO	MgO	SiO_2
假硅灰石	α-CS	1544	一致熔	48		52
二硅酸三钙	C_3S_2	1475	不一致熔	58		42
硅酸二钙	C_2S	2130	一致熔	65		35
硅酸三钙	C_3S	2070	不一致熔	74		26
斜顽辉石	α-MS	1557	不一致熔		40	60
镁橄榄石	M_2S	1890	一致熔		57	43
透辉石	CMS_2	1391	一致熔	26	18.5	55.5
镁方柱石	C_2MS_2	1451	一致熔	41	15	44
钙镁橄榄石	CMS	1498	不一致熔	36	26	38
镁蔷薇辉石	C_3MS_2	1575	不一致熔	51.2	12.1	36.7

表 7-9　C-M-S 系无变量点的性质

无变量点	相平衡关系	性　质	温度/℃	组　成/%		
				CaO	MgO	SiO_2
1	$L \rightleftharpoons CMS_2+MS+S$	低共熔点	约 1375	19	19	62
2	$L \rightleftharpoons \alpha\text{-}CS+CMS_2+S$	低共熔点	1320	30.5	8	61.5
3	$L \rightleftharpoons \alpha\text{-}CS+CMS_2+C_2MS_2$	低共熔点	1350	35.5	13	51.5
4	$L \rightleftharpoons CMS_2+C_2MS_2+M_2S$	低共熔点	1357	30	20	50
5	$L+M_2S \rightleftharpoons CMS_2+MS$	双升点	1390	20	23.5	56.5
6	$L+CMS \rightleftharpoons C_2MS_2+M_2S$	双升点	1430(1436)	33.5	22.5	44
7	$L+M \rightleftharpoons CMS+M_2S$	双升点	1502	32.5	26	41.5
8	$L+C_3MS_2 \rightleftharpoons C_2MS_2+CMS$	双升点	1436	39	18.5	42.5
9	$L+M \rightleftharpoons C_3MS_2+CMS$	双升点	1490(1498)	37.5	22.5	40
10	$L+C_2S+M \rightleftharpoons C_3MS_2$	双降点	1575	43	18	39
11	$L+C_3MS_2 \rightleftharpoons C_2S+C_2MS_2$	双升点	1400	49	7	44
12	$L \rightleftharpoons \alpha\text{-}CS+C_3S_2+C_2MS_2$	低共熔点	1376	50	5.5	44.5
13	$L+C_2S \rightleftharpoons C_3S_2+C_2MS_2$	双升点	1379	50	6	44
14	$L \rightleftharpoons C_3S+C_2S+M$	低共熔点	约 1790	57.5	13.5	29
15	$L+C \rightleftharpoons C_3S+M$	双升点	约 1850	61	13.5	22.5

本系统在 SiO_2 初晶区有面积很大的二液区，在各化合物间形成固溶体的现象也十分普遍。如在 CaO、CaO · MgO · $2SiO_2$、CaO · MgO · SiO_2 中都可溶入部分 MgO，形成(Ca、Mg)O、(Ca、Mg)O · MgO · $2SiO_2$ 以及(Ca、Mg)O · MgO · SiO_2，还有 2MgO · SiO_2 和 MgO · SiO_2，可溶入部分 2CaO · SiO_2，CaO · SiO_2，形成 2(Mg、Ca)O · SiO_2 和(Mg、Ca)O · SiO_2，2MgO · SiO_2 与 CaO · MgO · SiO_2 间也可以部分互溶形成有限固溶体。下面我们所讨论的问题，没有考虑各成分间的相互固溶现象，仅是单纯化合物这种情况。

7.3.1.2　熔体冷却析晶过程分析

在 C-M-S 系统中，我们仅以化合物 C_3MS_2 的熔体冷却析晶为例，讨论析晶过程，其他化合物读者可自行确定适宜的组成点进行分析。见图 7-26，C_3MS_2 为不一致熔化合物组成点位于 C_2S 初晶区内，如果将其加热，将首先分解为 C_2S 和熔体，直至全部熔融。现将这个熔体冷却，由图中等温线推测，大约在 1740℃，C_2S 开始析晶。析晶后的残存熔体组成将沿 $a \rightarrow b$ 方向变化，到达 C_2S 与 MgO 界线上 b 点，C_2S 和 MgO 开始同时析晶，液相组成将由 $b \rightarrow d$ 方向变化，到达 d 点(1575℃)发生 $C_2S+M+L \rightleftharpoons C_3MS_2$ 的反应，至 C_2S、MgO 和残余液相同时消失，全部形成 C_3MS_2，过程结束，继续冷却，只有 C_3MS_2 单相存在。也就是若将 C_3MS_2 加热的话，于 1575℃将发生如下分解反应：

$$C_3MS_2 \longrightarrow C_2S+MgO+L$$

待 C_3MS_2 全部分解完毕，温度升高，沿上述的相反方向变化。

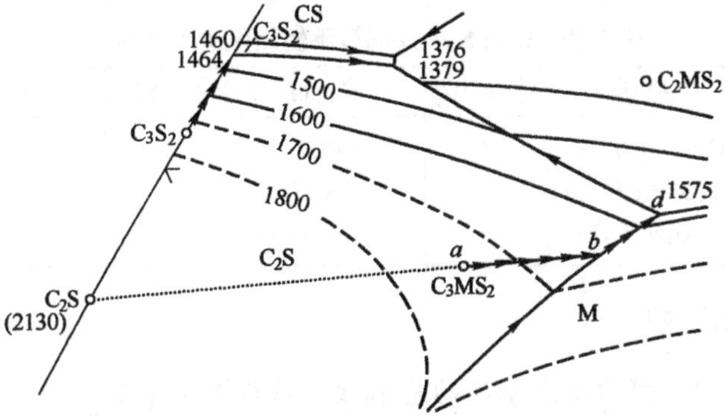

图 7-26　组成 C_3MS_2 的熔体冷却过程熔体组成的变化途径

7.3.1.3 等温截面图

由图 7-25 的等温线分布，我们可以做该图的 1600℃等温截面图，见图 7-27。其他温度的等温截面图，读者可自行试作。

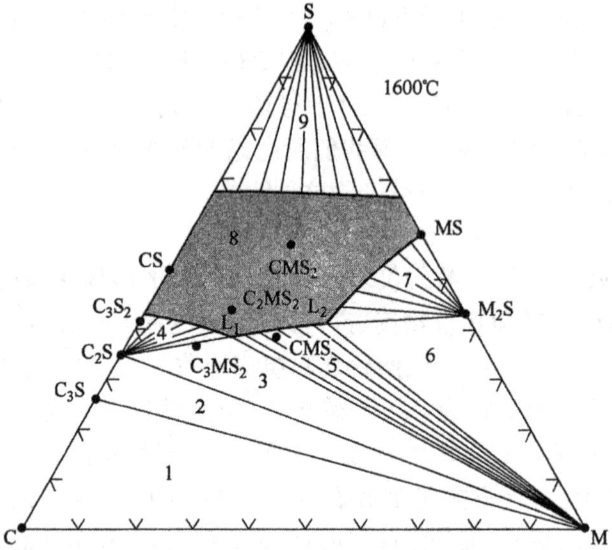

图 7-27 C-M-S 系相图的 1600℃等温截面图

由图 7-27 可知，C-M-S 系相图的 1600℃等温截面图共 9 个平衡相区。其中单一液相区 1 个，8；一固一液二相区 4 个，4、5、7、9；二固一液三相区 2 个，3、6；三固相区 2 个，1、2。各平衡相区的平衡相见表 7-10。

表 7-10 C-M-S 系 1600℃平衡相区的平衡相

平衡相区	平衡相	平衡相区	平衡相	平衡相区	平衡相
1	CaO、MgO、C_3S	4	C_2S、L	7	M_2S、L
2	C_3S、MgO、C_2S	5	MgO、L	8	L
3	C_2S、MgO、L_1	6	M、M_2S、L_2	9	SiO_2、L

7.3.2 相图应用

7.3.2.1 镁质耐火制品的基本相关系与性能比较

由烧结或电熔镁砂为主要原料制造的镁质耐火制品，主要化学成分为 MgO，主要夹杂成分为 CaO、SiO_2，属 CaO-MgO-SiO_2 系统。所以，可以用 CaO-MgO-SiO_2 系相图对镁质耐火制品的基本相关系和性能进行分析比较。

由图 7-25 可知，该系统中与 MgO 相毗邻的化合物受 CaO/SiO_2 比控制，由小到大依次形成 M_2S（1890℃），CMS（1498℃），C_3MS_2（1575℃），C_2S（2130℃），C_3S（2070℃）。这些化合物中 CMS、C_3MS_2 为低熔点物质，为镁质耐火制品中的有害矿物。与此相应的，同 MgO 相关的组成三角形有 5 个：①△M-M_2S-CMS（1502℃）、②△M-CMS-C_3MS_2（1498℃）、③△M-C_3MS_2-C_2S（1575℃）、④△M-C_2S-C_3S（1790℃）和⑤△M-C_3S-C（1850℃）（括号内为该系统开始出现液相温度）。基于上述分别分析，可有以下几点启示。

（1）若制得能在 1600℃温度下使用的镁质耐火制品，考虑到高温下 CaO-MgO 间，CMS-M_2S 间能在一定组成范围内形成固溶体的关系，材料中的 CaO/SiO_2 摩尔比应远小于 1 或大于 2，即取△1、4、5。而 CaO/SiO_2＝1～2 间的△2、3 的耐火制品耐高温性能差。所以镁质耐火制品控制 CaO、SiO_2 含量及 CaO/SiO_2 比至关重要，特别对高纯镁质制品，尤为敏感。

（2）由图 7-25 中为 MgO 所饱和的界线曲线走向，大体上随 CaO/SiO_2 增大，液相中 MgO 含量减少，即固相（MgO）与为其饱和的液相二者成分差趋于增大，有助于降低固相晶粒间界面能，增大润湿角，增加固相晶粒间的直接结合程度，可以预料高 CaO/SiO_2 比的材料，含有更高的抗熔渣侵蚀，渗透能力。

（3）同时应该注意的是，当 CaO/SiO_2＞3 时，实际在 CaO/SiO_2＝3 附近，由于 $C_3S \xrightarrow{1250℃} CaO + C_2S$ 反应，都可能有游离 CaO 存在，应该控制游离 CaO 水化的破坏作用。

7.3.2.2 氧化镁和白云石对 CaO-SiO_2 系炉渣的稳定性比较

假如将纯 MgO 和白云石（50％CaO，50％MgO）于 1600℃在CaO-SiO_2 系炉渣条件下使用，比较它们的抗侵蚀能力。我们可借助于 C-M-S 系 1600℃等温截面图，通过计算材料吸收不同数量炉渣所产生的液相量的多少进行比较。下面借助于图 7-28，以 CaO/SiO_2＝1（质量）（图中 Y 点)的炉渣为例来分析这一问题。

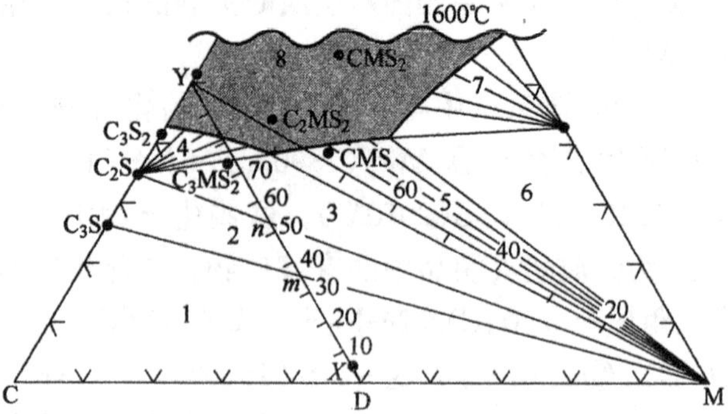

图 7-28　1600℃氧化镁(M)和白云石(D)吸收不同数量炉渣(Y)的相变化

由图 7-28,分别连接 M(MgO)-Y,D(白云石)-Y,这两条线分别表示 1600℃方镁石与白云石吸收不同数量 C/S=1 的炉渣的组成物及其状态的变化,我们可以在这两条线上一系列点进行液相量估算,其结果见图 7-29。

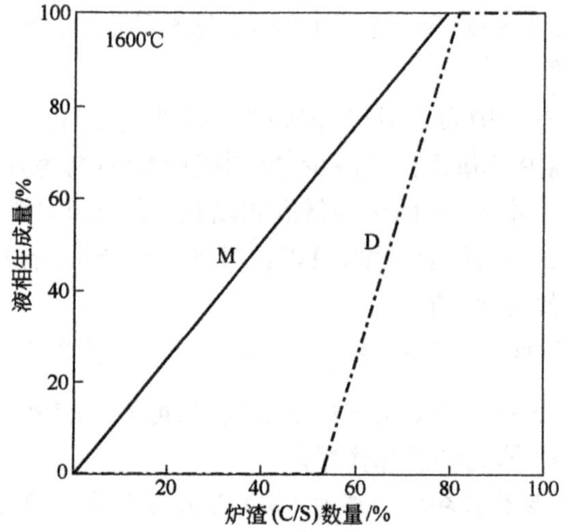

图 7-29　1600℃氧化镁(M)和白云石(D)吸收不同数量炉渣(Y)的液相生成量

由图 7-28、图 7-29 可知,对于 MgO,吸收炉渣组成由 M→Y 的变化过程为,一旦吸收炉渣即刻形成液相,进入 5 MgO+L 两相平衡相区，液相量随吸收炉渣量增加而增多，大约相当于吸收 78%的炉渣液相量达 100%，进入单一液相区 8。

对于白云石(D)，由 D→Y 约吸收 53%的炉渣才开始出现液相，大约吸收 82%的炉渣液相量达 100%，进入单一液相区。其相变化的特征见表 7-11。

表 7-11 白云石(D)吸收炉渣(C/S=1)过程的相变化(1600℃)

吸入炉渣量/%	平衡相	吸入炉渣量/%	平衡相
0～35	C、M、C_3S	53～74	C_2S、M、L
35	M、C_3S	74～82	C_2S、L
35～53	C_3S、M、C_2S	82～100	L
53	C_2S、M		

比较上述两个过程，从产生液相量的先后和多少这一角度出发，对于 C/S=1 的炉渣，白云石较方镁石更为稳定。这是否是世界上许多国家都以白云石或镁白云石材料为炼钢炉内衬材料的原因之一。

总之，在 1600℃的温度条件下，镁质和白云石质材料，对于 CaO-SiO_2 系炉渣的稳定性，当炉渣 CaO/SiO_2>2(mol)时，都能平衡共存，不产生液相，而对于 CaO/SiO_2<2(mol)的炉渣，则有液相产生，且液相量随 CaO/SiO_2 比降低，吸入炉渣量增加而增多。

7.3.2.3 *在白云石中加入某种助烧结剂的可行性分析*

对于组成为 D 的白云石，欲使其能在 1600℃烧结，1700℃高温使用性能稳定，引入 CaO/SiO_2=1 的炉渣 5%作为助烧结剂，请分析是否可行。

这实际是一个与上述白云石相反过程的问题，仍可借助于图7-28、图 7-29 分析。即 95%白云石，5%的炉渣，这个混合物的组成点应在图 7-28 中的 *X* 点。

这个混合物，如能在 1600℃充分烧结，达到平衡时为 C-M-C_3S 三相平衡共存，开始出现液相温度为 1850℃，在该温度以下无液相产生。因此，烧结后的混合物在 1700℃温度下使用自然是相当稳定的。

对于白云石与炉渣的混合物成型体，在 1600℃高温处理过程中，分布于白云石颗粒间的炉渣，它在 CaO-SiO_2 系统内的 CS-C_2S 分系统，1460℃就开始出现液相，1600℃为全液相区，熔融的炉渣。将向白云石颗粒间渗透与白云石反应，组成将由 Y 向 X 变化，这个变化过程的液相量变化和相变化，也可以由图 7-28 和表 7-11 得知。它经历全液相区 8，一固(C_2S)一液二相区 4，二固(C_2S、M)一液三相区 3，三固(C_3S、C_2S、M)相区 2，直至最后平衡点 X，落入三固相(C、M、C_3S)区 1。开始出现液相温度为 1850℃。这说明所选择的助烧结剂，可以在较低温度下产生液相，有促进烧结作用。而经 1600℃的高温作用，经过平衡反应，最终液相又消失，组成点进入高熔融相区，可见所选择的白云石助烧结剂是适宜的。

7.3.2.4　添加量与其对应的液相生成温度的关系

在 MgO 中添加少量混合物(80%CaO，20%SiO_2)，将在多高温度下开始产生液相，还是在这个温度下，若使其产生 10%的液相，上述混合物应添加多少？

见图 7-30，混合物的组成相当于图中 H 点，在 MgO 添加少量混合物 H，其组成应在 H-M 连线上，该连线在△C-M-C_3S 内，故开始出现液相温度应是 1850℃，液相组成为图中 Q 点，平衡关系为：$L_Q+C\rightleftharpoons$

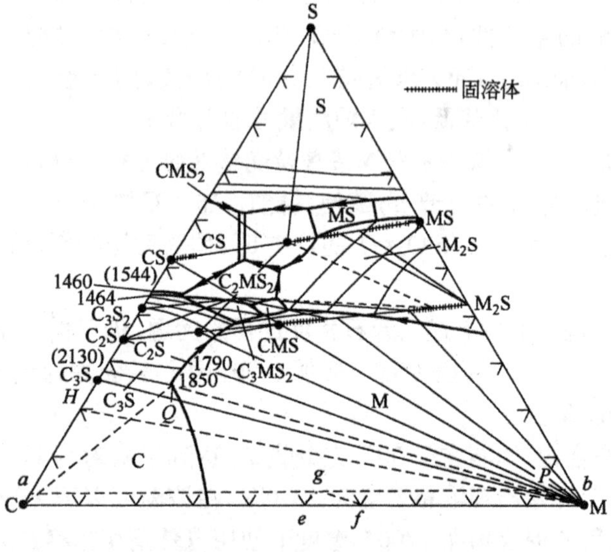

图 7-30　C-M-S 系相图

$M+C_3S$。连接△C-M-Q，添加少量混合物 H 后的物系组成点应该在该三角形内。

于底边 C-M 任选两点 *e*、*f*，要求$\frac{e-f}{C-M}\times100\%=10\%$，过 *e* 作*C-Q* 边平行线，过 *f* 作*M-Q* 边平行线，两平行线交于 *g* 点，*g* 点且与 *g* 等 SiO_2 含量的△C-M-Q 内所有组成点，在此状态下的液相量均为 10%，故可过 *g* 点作一条等 SiO_2 线（平行于 C-M 边）*a-b*，*a-b* 线与 *H-M* 线交点 *P*，*P* 点既满足 1850℃温度下液相量 10%，又在 H-M 体系内，故为所求的组成点，而$\frac{P\text{-}M}{H\text{-}M}\approx11\%$。也就是 1850℃产生 10%液相的混合物添加量。

7.4 $FeO\text{-}Al_2O_3\text{-}SiO_2$ 系相图

7.4.1 $FeO\text{-}Al_2O_3\text{-}SiO_2$ 系相图及固面投影图

图 7-31 为 $FeO\text{-}Al_2O_3\text{-}SiO_2$ 系相图。由图可知，这个系统中有三个二元化合物，铁橄榄石 $2FeO\cdot SiO_2$（F_2S），熔点 1205℃，铁尖晶石 $FeO\cdot Al_2O_3$（FA）熔点 1780℃，莫来石 $3Al_2O_3\cdot 2SiO_2$（A_3S_2）熔点 1850℃。一个三元化合物铁堇青石 $2FeO\cdot 2Al_2O_3\cdot 5SiO_2$（$F_2A_2S_5$），为不一致熔化合物，组成点距其狭小的初晶区较远，加热时，于 1210℃发生如下分解反应。

$$2FeO\cdot 2Al_2O_3\cdot 5SiO_2 \longrightarrow 3Al_2O_3\cdot 2SiO_2+SiO_2+L$$

进一步加热至约 1300℃，SiO_2 消失，只有 $3Al_2O_3\cdot 2SiO_2$ 与液相共存。

图 7-32 为 $FeO\text{-}Al_2O_3\text{-}SiO_2$ 系相图固面投影图。由图可知，铁氧在莫来石（A_3S_2）和刚玉（$\alpha\text{-}Al_2O_3$）中都有一定的固溶度，但 FeO，由于离子半径大，固溶度较低，易脱溶进入液相或玻璃中。Fe_2O_3 固溶度较大，据相关资料介绍，Fe_2O_3 在 1200℃开始固溶于莫来石，1300℃时固溶量达 12%～13%；Fe_2O_3 在刚玉中的固溶度，1200℃时约 12%，1410℃时约 18%。

由图 7-32 可知，氧化铁对硅酸铝质耐火材料的影响，同氧分压有关，在还原气氛（图(a)）中，Al_2O_3/SiO_2 比小于莫来石组成的硅酸铝质耐火材料只要吸收少量氧化铁（FeO），就会在低至 1210℃的温度下形

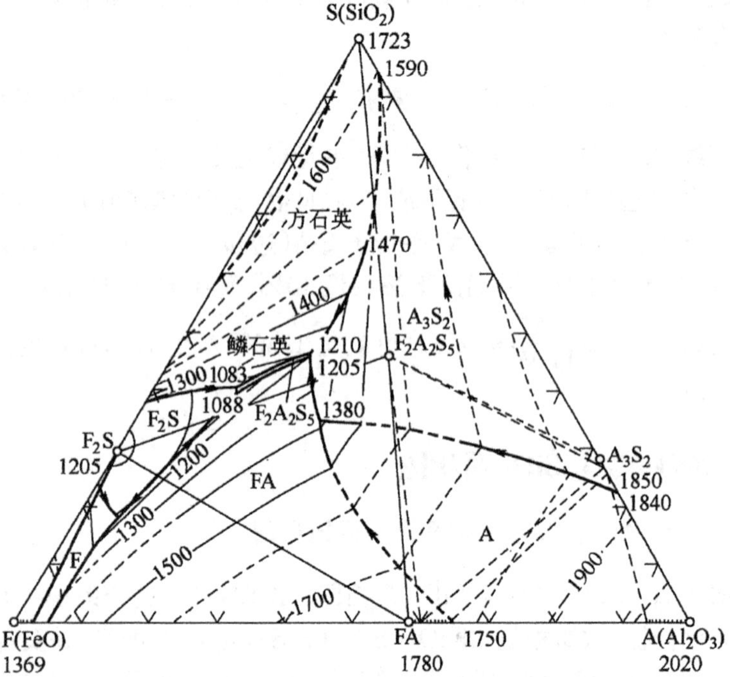

图 7-31 $FeO-Al_2O_3-SiO_2$ 系相平衡图

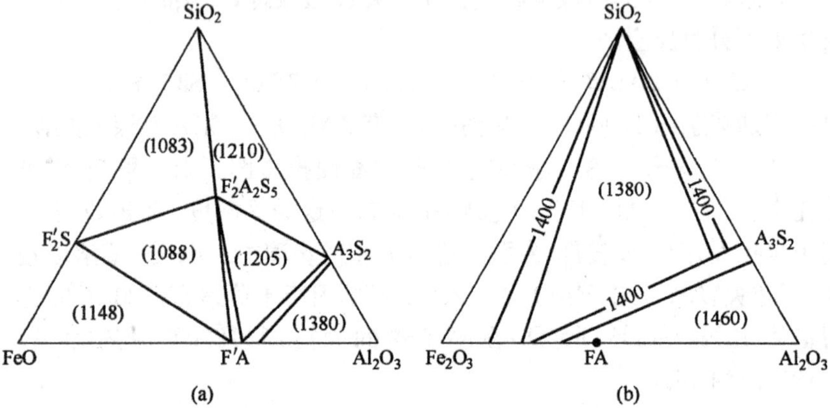

图 7-32 $FeO-Al_2O_3-SiO_2$ 系固面投影图

(a)与金属铁接触；(b)在空气中

成液相，而含莫来石和刚玉的高铝砖中，吸收 FeO 后要在 1380℃才会形成液相。

在空气中(图 7-32b)，加入氧化铁(Fe_2O_3)时，对于 Al_2O_3/SiO_2 比小于莫来石组成的硅酸铝质耐火材料，要在 1380℃或更高温度下形成液相，Al_2O_3/SiO_2 比大于莫来石组成的材料，最低也要在 1460℃才会出现液相。

由此可见，硅酸铝质耐火材料不宜在还原气氛中烧成和使用，制品中的氧化铁含量也宜尽可能的低。对于抵抗氧化铁(不论是 FeO 还是 Fe_2O_3)侵蚀的能力，则 Al_2O_3/SiO_2 比大于莫来石组成的高铝制品远优于 Al_2O_3/SiO_2 比小于莫来石组成的制品(高铝砖、黏土砖、半硅砖)，这可以说明为什么以刚玉、莫来石为主晶相的高铝制品长期以来一直占领着电炉炉顶这个重要领域。

上述就铁氧对硅酸铝质耐火材料影响的一般规律作了简要分析，以下，仅以 FeO 为例，就其对硅酸铝质耐火材料的影响作进一步分析。

7.4.2 相图应用

7.4.2.1 不同组成的硅酸铝质耐火材料在特定条件下液相组成

假如在硅酸铝质耐火材料中混入或侵入 5% FeO，请分析在 1600℃的条件下，不同组成(L、M、N、P、Q)的硅酸铝质耐火材料中形成的液相组成及其数量。

(1) 图 7-33 为 $FeO\text{-}Al_2O_3\text{-}SiO_2$ 系相图及其 1600℃等温截面图。共 7 个平衡相区，各相区平衡相见表 7-12。

表 7-12 F-A-S 系 1600℃平衡相区的平衡相

平衡相区	平衡相	平衡相区	平衡相
1	FA+L	5	A_3S_2+L
2	FA+A+L	6	S+L
3	A+L	7	L
4	A+A_3S_2+L		

(2) 利用图 7-33 就可以分析各种硅酸铝质耐火材料混入或侵入

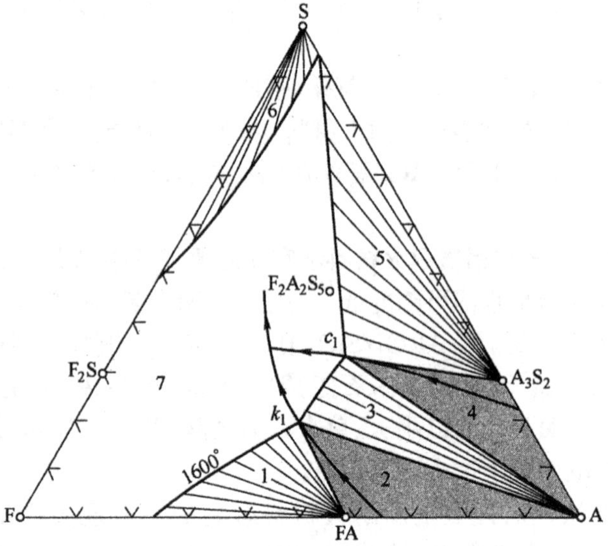

图 7-33 FeO-Al_2O_3-SiO_2 系 1600℃等温截面图

5%FeO1600℃时的平衡相，生成的液相组成和数量。

可以在 Al_2O_3-SiO_2 系统中选择 5 种典型组成的硅酸铝质耐火材料，它们是：L(90% Al_2O_3，10% SiO_2)，M(A_3S_2)，N(50% Al_2O_3，50% SiO_2)，P(30% Al_2O_3，70% SiO_2)，Q(10% Al_2O_3，90% SiO_2)，它们混入或侵入 5%FeO 后，即为图 7-34 中的 l_0、m_0、n_0、p_0、q_0。

图 7-34 中 a-b 线为等 5%FeO 线，铝硅系耐火材料混入或侵入 5% FeO 后的组成点应该在这条线上。对于某一特定组成，如图中组成 P (30% Al_2O_3，70% SiO_2)中混入 5%的组成点，应为 P-F(FeO)连线与 a-b 直线的交点 p_0，p_0 也应是将 P-F 直线一百等分的 95∶5 的分点。其他 L、M、N、Q 也是如此，读者可自行分析。

1600℃ p_0 点位于莫来石与液相两相共存区域 5 液相组成为 p_1 点，液相量为：

$$\frac{p_0-M}{p_1-M}\times 100\%=77\%$$

同样，也可求其他各组成点的硅酸铝质耐火材料 x 与 5%FeO 反应 1600℃时的液相组成和数量，结果列于表 7-13。

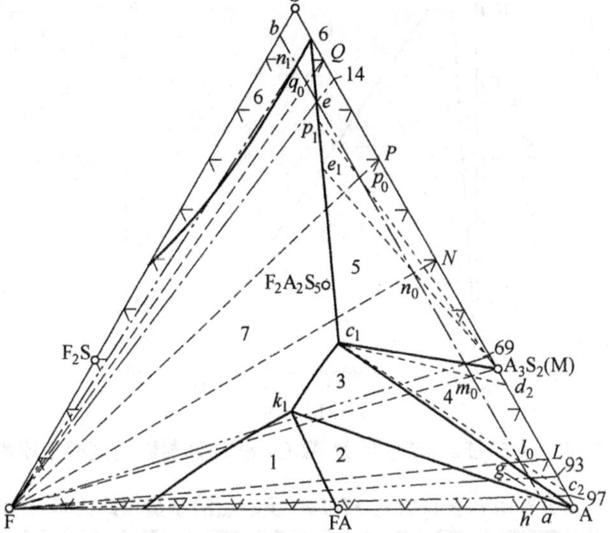

图 7-34 求 1600℃A-S 系耐火材料混入 5%FeO 的液相组成与数量关系图

表 7-13 A-S 系耐火材料混入 5%FeO 时的液相组成和数量(1600℃)

耐火材料(组成点)		液相		固相
原始组成	混入 5%FeO	组成点	数量/%	
L	l_0	c_1	$(l_0-c_2/c_1-c_2)\times100\%=20\%$	$c_2(A+A_3S_2)$
M	m_0	c_1	$(m_0-d_2/c_1-d_2)\times100\%=19\%$	$d_2(A_3S_2+A)$
N	n_0	n_1	$(n_0-M/e_1-M)\times100\%=19\%$	$M(A_3S_2)$
P	p_0	p_1	$(p_0-M/p_1-M)\times100\%=77\%$	$M(A_3S_2)$
Q	q_0	q_0	100%	

同样,我们也可以求得 Al_2O_3-SiO_2 系全系统内的材料混入 5% FeO,在 1600℃的液相生成量,这个结果见图 7-35。

利用图 7-34 还可以得到不同组成的 Al_2O_3-SiO_2 系耐火材料 1600℃与 5%FeO 反应后的平衡相,结果列于表 7-14。

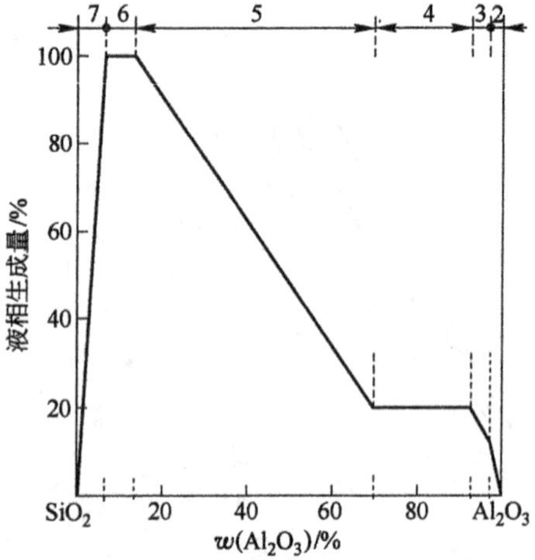

图 7-35　与 5%FeO 反应后的 Al_2O_3-SiO_2 系材料的液相生成量

表 7-14　A-S 系材料全系统与 5%FeO 反应后的平衡相的关系(1600℃)

材料组成(Al_2O_3%)	1600℃的平衡相区	平　衡　相
100～97	2	Al_2O_3、$FeO\cdot Al_2O_3$、L
97～93	3	Al_2O_3、L
93～69	4	Al_2O_3、$3Al_2O_3\cdot 2SiO_2$、L
69～14	5	$3Al_2O_3\cdot 2SiO_2$、L
14～6	7	L
6～0	6	SiO_2、L

这里再简要说明表 7-14 中不同平衡相区分界处材料组成的求法。以 7 区与 5 区分界为例，1600℃材料与 5%FeO 反应后，单一液相区 7 与液相和莫来石两相共存区 5 的分界点为图 7-34 中 e 点，因此可连接 F(FeO)-e 直线并延长交于 S-A 边，交点(14% Al_2O_3 组成点)则表示该材料组成。即组成为 14% Al_2O_3，86% SiO_2 的材料与 5%FeO 反应后的组成物组成点为 e。Al_2O_3 含量低于该点组成的材料，与 5%FeO 反应只形成单一液相，相反，Al_2O_3 含量高于该点含量的材料，与 5% FeO 反应，则为液相与莫来石两相共存。同样其他各分界点的组成见图 7-34 和表 7-14。比较这里的相关数据，我们可以获得不同 Al_2O_3 含量的 Al_2O_3-SiO_2 系材料对 FeO 稳定性的重要信息。这些规律对 Fe_2O_3 也适用且情况要好一些。

(3) 为进一步分析 FeO 对 Al_2O_3-SiO_2 系材料的影响,我们还可以对上述 L、M、N、P、Q 各组成的材料,在混入 5%FeO 情况下,开始出现液相温度及随反应温度升高液相量的变化的差异,作出相应判断。

这里首先还以组成为 P 的材料为例,作些简要说明。P 混入 5% FeO 后的组成点为 p_0,见图 7-34,它位于组成△S-$F_2A_2S_5$-A_3S_2 中,开始出现液相的温度为 1210℃。此时的液相组成即为该点的组成。随着温度升高液相的变化途径见图 7-36,(该图表示的是冷却过程液相组成变化途径,而随温度升高的变化途径则为与此相反的过程)。在 1210℃反应达到平衡,$F_2A_2S_5$ 消失,自 1210℃至约 1530℃为 S+A_3S_2+L 三相共存,液相组成沿界线变化,约从 1530~1700℃,为 A_3S_2+L 两相共存,1700℃以上则只有液相。其他 L、M、N、Q 组成的材料混入 5%FeO 后,其组成为图中 l_0、m_0、n_0、q_0 点,由其所处的组成三角形的位置,可知它们开始出现液相的温度为 $L(l_0)$1380℃,$M(m_0)$1205℃,$N(n_0)$1210℃,$Q(q_0)$1210℃。

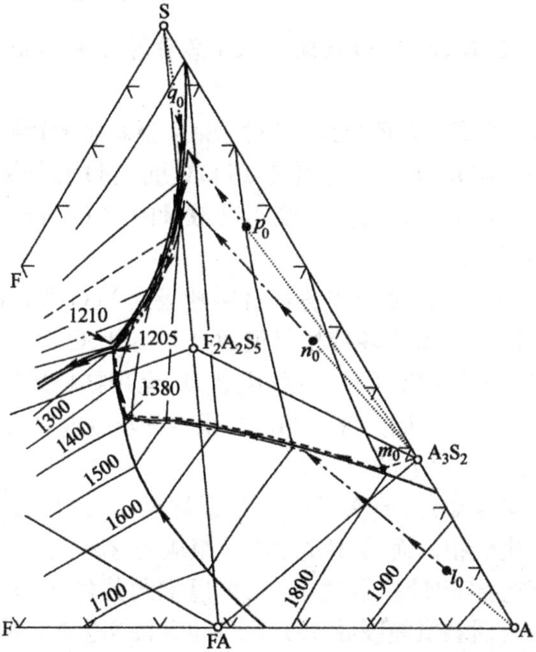

图 7-36 混入 5%FeO 的 Al_2O_3-SiO_2 系耐火材料随温度改变液相组成的变化途径

各组成物随温度升高液相量的变化，见图 7-37。

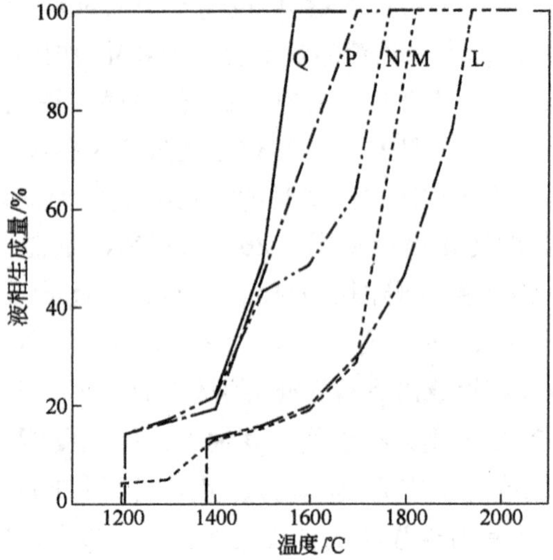

图 7-37　各种 Al_2O_3-SiO_2 材料混入 5%FeO 后的液相量与温度的关系

7.4.2.2　L、M、N、P、Q 及纯 Al_2O_3 各种材料在 1600℃抗 FeO 侵蚀能力比较

前面讨论的问题，是 FeO 对 Al_2O_3-SiO_2 系材料的影响，固定 FeO 含量。而各种 Al_2O_3-SiO_2 系材料在 1600℃抗 FeO 的侵蚀能力，可以通过求得在该温度下各种材料吸收不同数量的 FeO 所产生的液相量的多少来作出判断。

仍然可以利用图 7-34 求出各种材料随吸入 FeO 数量的变化产生液相量的改变情况。即将各种材料组成点与 F(FeO) 连线，这些线则表示各种材料吸入不同数量 FeO 的组成点，运用杠杆规则（一固一液二相区）或平行线法（二固一液三相区），很容易求得这些线上各组成点的液相量，结果示于图 7-38。

由上述结果可知，对于 Al_2O_3-SiO_2 系材料，与 FeO 反应在比较低的温度下就产生液相。而 Q、P、N、M、L 组成的材料，在 1600℃只要吸收少量 FeO 产生液相量就超过 10%，可以推测其耐 FeO 的侵蚀性较差。但纯 Al_2O_3 材料既能吸收 40%FeO 也无液相生成，显示其有较强的抗 FeO 侵蚀能力。

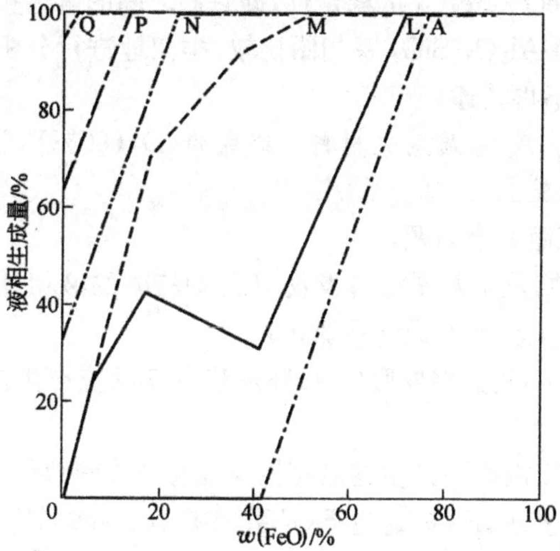

图 7-38 各种 Al_2O_3-SiO_2 系材料吸收不同数量 FeO 所产生的液相量(1600℃)

图 7-39 为 FeO · Fe_2O_3-Al_2O_3-SiO_2 系相图，关于 Al_2O_3-SiO_2 系

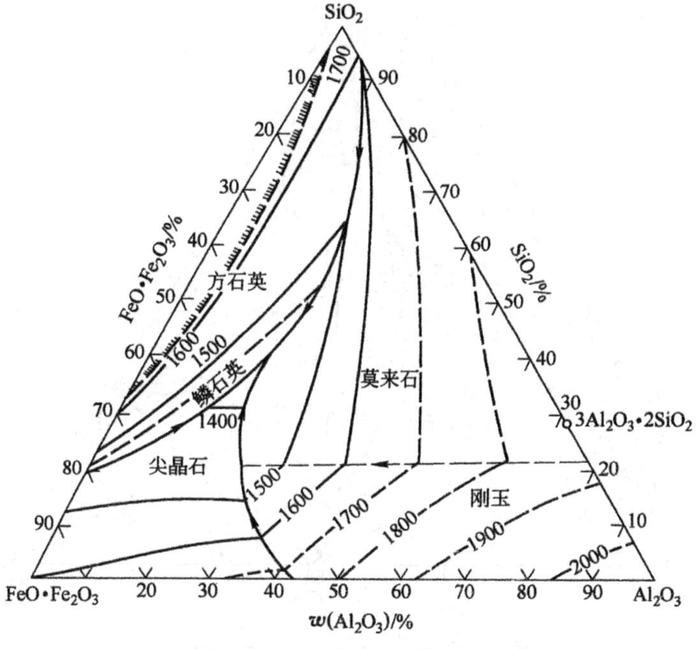

图 7-39 FeO · Fe_2O_3-Al_2O_3-SiO_2 系统相图

耐火材料对 $FeO \cdot Fe_2O_3$ 的稳定性，即它们之间的熔融关系和相关系，读者可与 $FeO-Al_2O_3-SiO_2$ 系相图比较，类似地进行分析，作出相应的判断，这里就不再赘述。

7.4.2.3 A_3S_2 质耐火材料与组成为(D)(80%FeO+20%SiO_2)的炉渣之间的反应

请分析下面3个问题：

(1) 1500℃莫来石质材料吸收10%炉渣时的液相量及液相组成，冷却时液相消失温度及最终平衡相；

(2) A_3S_2 质耐火材料吸收10%炉渣及其反应产生的液相量随温度升高的变化情况；

(3) 1500℃温度下产生的液相量与吸收炉渣的数量关系。

如图7-40所示，$FeO-Al_2O_3-SiO_2$ 系相图中 D(80%FeO，20%SiO_2)

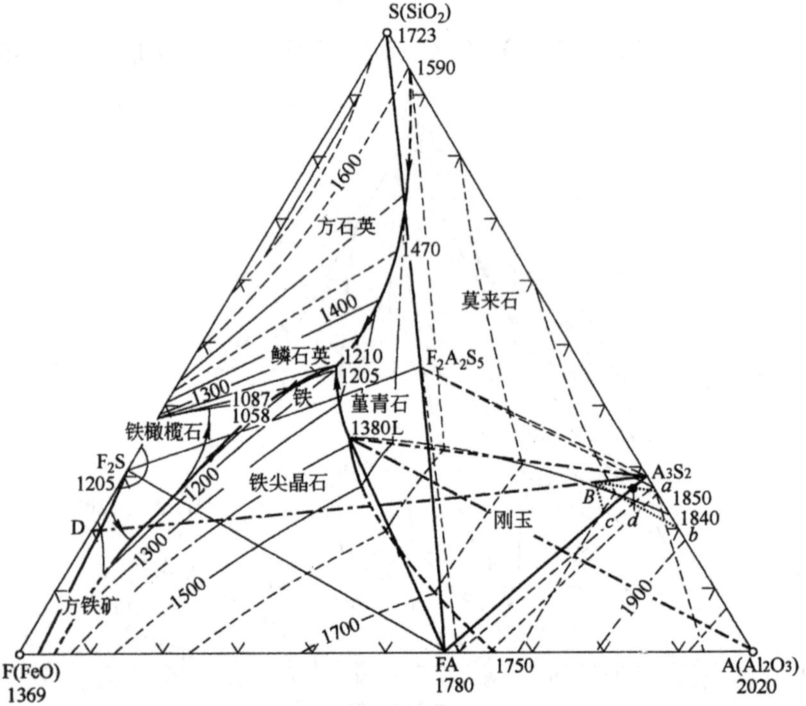

图7-40 $FeO-Al_2O_3-SiO_2$ 系相图

即为炉渣的组成点，连接 A_3S_2-D 直线，该线则表示 A_3S_2 与 D 间不同混合物的组成，线上任意一组成点都表示 A_3S_2 与炉渣 D 间的反应，吸收 10%D 炉渣的反应点为图中 A_3S_2-D 线上的 B 点，即(A_3S_2-B)：(A_3S_2-D)＝10：100。

关于问题(1)，B 组成点位于△$F_2A_2S_5$-A_3S_2-FA 内，冷却后的最终平衡相应为三角形三顶点表示的三个晶相($F_2A_2S_5$，A_3S_2，FA)，三晶相初晶区相交，出现液相温度 1205℃，则为冷却时液相消失温度。

组成物 B 在 1500℃的液相组成及数量，可由组成为 B 的熔体冷却析晶过程液相组成的变化路线与 1500℃等温线的交点求得。其相当于图 7-40 中 L 点。由该点通过平行线法可求得液相组成为：Al_2O_3 34%，FeO32%，SiO_2 34%；液相量约为 24%。

关于问题(2)，组成为 B 的熔体冷却过程液相组成的变化途径与任意等温线的交点，则表示该温度下的液相组成。由该状态下的液相与共存结晶相的关系可求得液相量，这个结果见图 7-41。

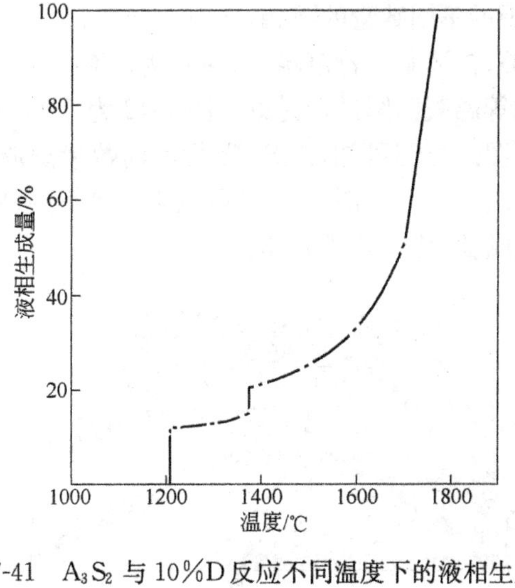

图 7-41　A_3S_2 与 10%D 反应不同温度下的液相生成量

这里要注意 1380℃反应点液相量的求法，作为冷却析晶过程，当温度稍高于或刚刚进入 1380℃时，平衡相为 A_3S_2、A 和液相，在该温度下发生如下反应：

$$L+A \rightleftharpoons A_3S_2+FA$$

反应结束后的平衡相为 A_3S_2、FA 和液相。就以各自组成点为顶点连接三角形，由各自的三角形可求得 1380℃两种状态下的液相量。对于冷却过程，当温度刚刚进入 1380℃，体系处于最高能量体系，平衡相为 A、A_3S_2、L，其液相量由△A-A_3S_2-(1380)求得：

$$\frac{a-b}{A-A_3S_2}\times 100\%=21.6\%$$

在 1380℃ $L+A \rightleftharpoons A_3S_2+FA$ 反应结束，A 消失，体系处于最低能量状态，平衡相为 A_3S_2、FA、L，其液相量由△A_3S_2-FA-(1380)三角形求得：

$$\frac{c-d}{FA-A_3S_2}\times 100\%\approx 12.5\%$$

这就是在图 7-41 中见到的 1380℃的液相量一段垂直于温标的线段，同一温度出现的不同数量的液相。

关于问题(3)，描述某一特定温度(该题为 1500℃)下的状态，最好通过该温度下的等温截面图进行讨论。图 7-42 为 $FeO-Al_2O_3-SiO_2$ 系 1500℃等温截面图。由图可知，A_3S_2 吸收不同数量炉渣 D 在 1500℃生成物的变化如表 7-15。由图 7-42 还可以求得 A_3S_2 吸收不同数量的 D 炉渣的液相生成量，结果见图 7-43。

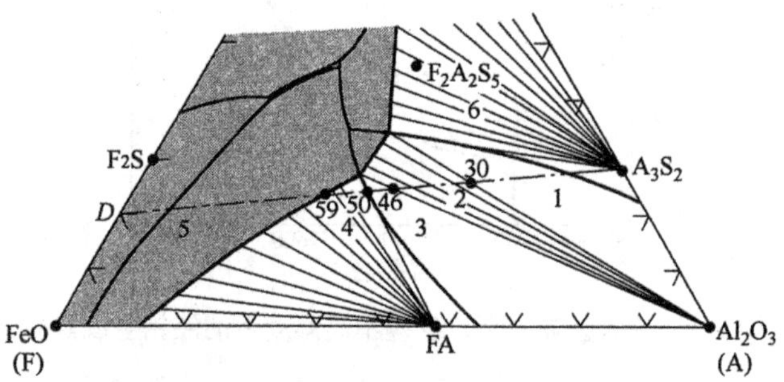

图 7-42　$FeO-Al_2O_3-SiO_2$ 系 1500℃等温截面图

表 7-15　1500℃ A_3S_2 吸收不同数量炉渣 D 的物相变化

吸收炉渣量/%	1500℃的平衡相	图 7-42 的平衡相区
0～30	A_3S_2、A、L	1
30～46	A、L	2
46～50	A、FA、L	3
50～59	FA、L	4
59～100	L	5

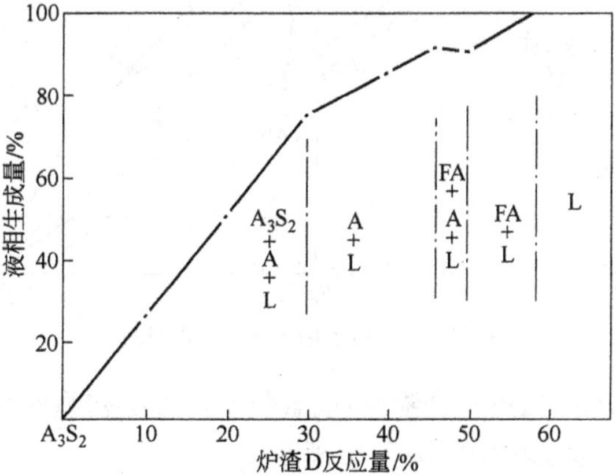

图 7-43　1500℃ A_3S_2 与不同数量炉渣 D 反应的液相生成量及平衡相

7.5　R_2O-Al_2O_3-SiO_2 系相图

碱金属氧化物（K_2O、Na_2O）或作为 Al_2O_3-SiO_2 系耐火材料中的夹杂成分，或是使用过程中的接触物（如玻璃窑），都会对材料性能产生重要影响。这可由 R_2O-Al_2O_3-SiO_2 系相图获得相关信息。

7.5.1　K_2O-Al_2O_3-SiO_2 系相图

7.5.1.1　对相图的基本认识

图 7-44 为 K_2O-Al_2O_3-SiO_2 系相图。系统中有 4 个三元化合物：钾长石 $K_2O \cdot Al_2O_3 \cdot 6SiO_2$（$KAS_6$），白榴石 $K_2O \cdot Al_2O_3 \cdot 4SiO_2$（$KAS_4$），钾霞石 $K_2O \cdot Al_2O_3 \cdot 2SiO_2$（$KAS_2$）和 $K_2O \cdot Al_2O_3 \cdot SiO_2$（KAS）。

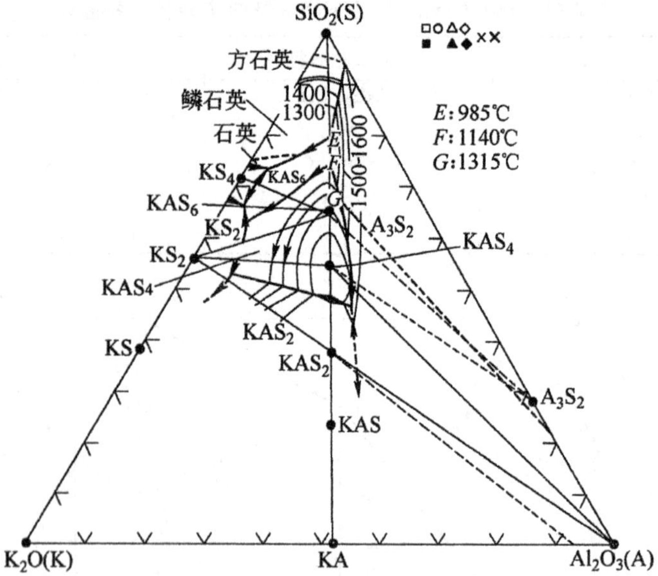

图 7-44 K_2O-Al_2O_3-SiO_2 系相图

KAS_6 为不一致熔化合物，组成点位于 KAS_4 初晶区内，与它相关的 KAS_4-SiO_2 系统相图如图 7-45 所示。

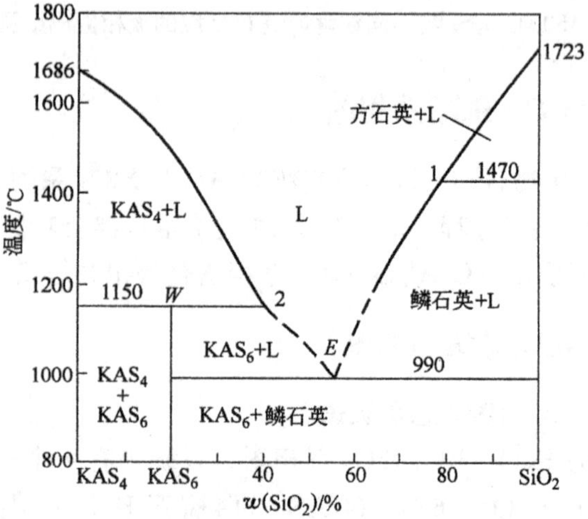

图 7-45 KAS_4-SiO_2 系统相图

由图可见，KAS_6 在 1150℃不一致熔融分解为 KAS_4 ＋L，并且要到1510℃才完全液化。KAS_6 与鳞石英的共熔温度为 990℃±20℃，组成相当于 KAS_4 45.6%，SiO_2 54.4%。在 SiO_2-KAS_6 连线和他们的界线交点（低共熔点）的右边有一个 SiO_2、KAS_6、A_3S_2 的三元无变量点（985℃±20℃），由图 7-45 可以看到，从该点温度开始起，温度急剧上升，甚至到 1500℃温度范围内，特别是 1300℃以下的液化等温线被压缩在一个狭小的组成范围内，说明液相面很陡，反映在这个温度阶段随温度变化液相量变化不大，这一点无论对耐火材料还是陶瓷的生产都是非常重要的。

KAS_4 在 1686℃一致熔融，KAS_2 约在 1800℃完全熔融，对化合物 KAS 的研究甚少。

下面借助于图 7-46 来分析一下组成为 KAS_6 的熔体冷却过程组成的变化途径。该组成物位于 KAS_4 初晶区，约在 1510℃首先析出 KAS_4，液相组成自 KAS_4 向 KAS_4-KAS_6 连线延长线方向变化，当液相组成变化到 KAS_4 与 KAS_6 界线上 Z 点时（温度为 1150℃），有如下反应发生：

$$KSA_4 + L \longrightarrow KAS_6$$

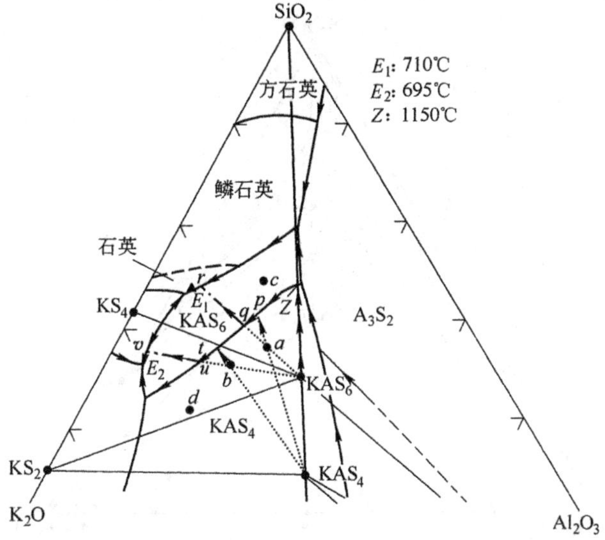

图 7-46 K_2O-Al_2O_3-SiO_2 系组成物熔体冷却液相组成

直至 KAS_4 与液相同时消失，只有 KAS_6 一相，读者还可以在 KAS_4-SiO_2 连线上，再任意选择几个典型的组成点，就可以绘制出图 7-45 来。关于其他组成点与不一致熔化合物 KAS_6 有关的熔体冷却变化途径，再以组成为 a 的熔体为例，来看一下它的变化过程。a 位于组成△S-KS_4-KAS_6 内，KAS_4 初晶区，冷却析晶首先为 KAS_4，液相则沿 KAS_4-a 连线延长线方向变化，至界线上 P 点时，将发生 $KSA_4+L \rightarrow KAS_6$ 反应，液相组成沿界线变化，KAS_4 减少，KAS_6 则不断增加，由 p 至 q，在 q 点 KAS_4 消失。q 点为 KAS_6 组成点与 a 点连线的延长线与界线上的交点。此后，液相中只析出 KAS_6，熔体组成离开 KAS_4 与 KAS_6 界线，穿越 KAS_6 初晶区，由 q 向 r 变化，到达 KAS_6 与 S(石英)的界线 r 时，由 r 向 E_1 变化，E_1 为 S、KS_4、KAS_6 低共熔点。在 E_1 点 S、KS_4、KAS_6 三相共析晶，直至液相消失、固化。其他 b、c、d 点，作为一种练习，读者可以自行分析。

图 7-47 为 K_2O-Al_2O_3-SiO_2 系 1000℃等温截面图。在这个相图中，由于化合物 KAS 熔点过高，曾有人用 KS 和 Al_2O_3 混合物进行合成，但在 1700℃以下还是析晶不出来，而 K_2O 在高温时又易于挥发，给研究带来困难，未能确定出 KAS 的相区，图中仅给出含

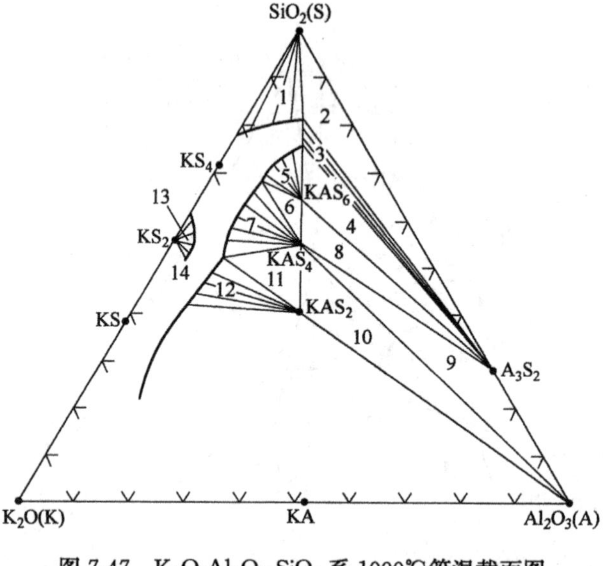

图 7-47 K_2O-Al_2O_3-SiO_2 系 1000℃等温截面图

SiO_2 30%以上范围的相关系，所以1000℃的等温截面图只在相图的上半部有确定的相关系，如图所示，共14个相区，它们的平衡相列于表7-16。

表7-16 K-A-S系1000℃平衡相区的平衡相

平衡相区	平衡相	平衡相区	平衡相
1	SiO_2、L	8	A_3S_2、KAS_4、KAS_6
2	SiO_2、A_3S_2、L	9	A_3S_2、Al_2O_3、KAS_4
3	A_3S_2、L	10	KAS_4、KAS_2、Al_2O_3
4	A_3S_2、KAS_6、L	11	KAS_4、KAS_2、L
5	KAS_6、L	12	KAS_2、L
6	KAS_6、KAS_4、L	13	KS_2、L
7	KAS_4、L	14	L

7.5.1.2 相图应用

分析和计算 Al_2O_3-SiO_2 系耐火材料混入少量 K_2O 的情况下开始形成液相的温度及1500℃时的液相生成量。

由 K_2O-SiO_2 和 K_2O-Al_2O_3 二元系可知，纯 SiO_2 混入少量 K_2O 在769℃开始生成液相，纯 Al_2O_3 混入少量 K_2O 形成 β-Al_2O_3（KA_{11}）称β-刚玉，不生成液相。在 K_2O-Al_2O_3-SiO_2 系统内，视其组成范围在△A_3S_2-S-KAS_6，△A_3S_2-KAS_6-KAS_4 和△A_3S_2-KAS_4-A 内，开始生成液相的温度分别为985℃、1140℃和1345℃，分别降低了610℃、455℃和525℃。而且一旦出现液相其数量也非常可观。如对于含42% Al_2O_3 的黏土砖和85% Al_2O_3 的高铝砖，在混入0.5%和1.0% K_2O 的情况下，在985℃和1315℃，分别产生7.5%和13%以及9.7%和14.5%的液相量，这一点读者也可以利用图7-44自行用杠杆规则进行计算，说明 K_2O 除纯 Al_2O_3 外，对 Al_2O_3-SiO_2 系耐火材料的熔剂作用是很强的。

为进一步阐述 K_2O 对 Al_2O_3-SiO_2 系耐火材料的强熔剂作用，分析一下将5%K_2O 混入 Al_2O_3-SiO_2 系耐火材料中，在1500℃所产生的液相量。图7-48为 K_2O-Al_2O_3-SiO_2 系1500℃等温截面图，图中标明了相关的12个平衡相区，它们的平衡相列于表7-17。

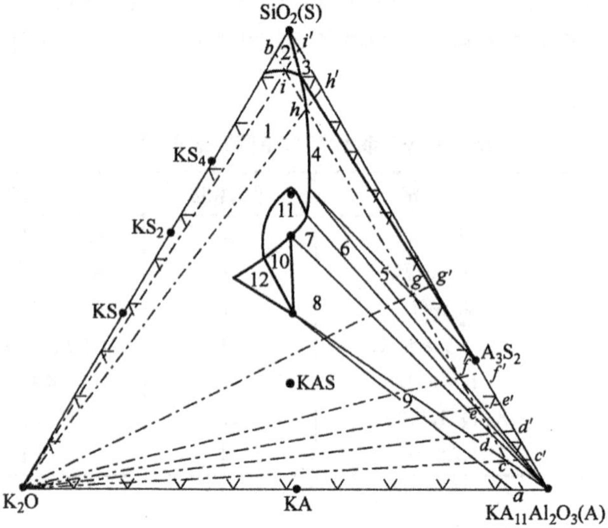

图 7-48　K_2O-Al_2O_3-SiO_2 系 1500℃等温截面图

表 7-17　K-A-S 系 1500℃的平衡相区及平衡相(部分)

平衡相区	平 衡 相	平衡相区	平 衡 相
1	L	7	α-Al_2O_3、KAS_4、L
2	SiO_2、L	8	KAS_4、KAS_2、α-Al_2O_3
3	SiO_2、A_3S_2、L	9	α-Al_2O_3、β-Al_2O_3(KA_{11})、KAS_2
4	A_3S_2、L	10	KAS_2、KAS_4、L
5	A_3S_2、α-Al_2O_3、L	11	KAS_4、L
6	α-Al_2O_3、L	12	KAS_2、L

图 7-48 还表明了等 5%K_2O 组成线 *a*-*b*，Al_2O_3-SiO_2 系耐火材料混入 5%K_2O 后的组成点即在该线上。由图可知视 Al_2O_3-SiO_2 系耐火材料原始组成不同，混入 5%K_2O 后的组成点由 *a*-*b* 先后经历三固相区 9，8，二固一液相区 7，一固一液相区 6，二固一液相区 5，一固一液相区 4，单一液相区 1 和一固一液相区 2。我们可以用杠杆规则或平行线法求得它们在 1500℃的液相量。

这个结果，见图 7-49。由图可知，从液相生成量这个角度看，Al_2O_3-SiO_2 系耐火材料随着 Al_2O_3/SiO_2 比的降低，耐碱性(K_2O)变差，而纯的 Al_2O_3 混入少量 K_2O 不但不出现液相，形成 β-Al_2O_3，其抗热冲击能力还要优于 α-Al_2O_3。

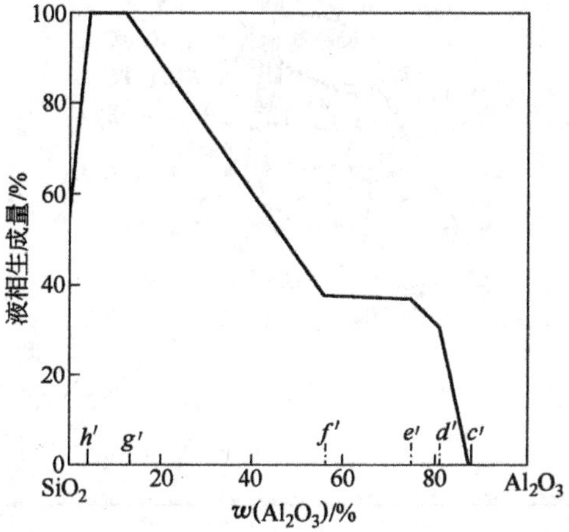

图 7-49 Al_2O_3-SiO_2 系耐火材料混入 5%K_2O 1500℃的液相生成量

7.5.2 Na_2O-Al_2O_3-SiO_2 系相图

图 7-50 为 Na_2O-Al_2O_3-SiO_2 系相图，与 K_2O-Al_2O_3-SiO_2 系相图相似，但钠长石 NAS_6 组成点位于自身的初晶区，为一致熔化合物，在△SiO_2-A_3S_2-NAS_6 内的组成物，初晶区交汇于图中 E_1 点，温度 1050℃。即对于 SiO_2-A_3S_2 分系统的硅酸铝质耐火材料，混入少量 Na_2O 后，开始形成液相的温度由 1595℃降至 1050℃，降低了 500℃多度；而对于在△A_3S_2-Al_2O_3-NAS_6 内组成物，初晶区交汇于图中 E_2 点，温度 1104℃，也就是对于 A_3S_2-Al_2O_3 分系统的耐火材料有少量 Na_2O 进入，开始出现液相的温度将由 1840℃降至 1104℃，降低了 700℃多度，由此可见，Na_2O 对 A_3S_2-Al_2O_3 系耐火材料也是一个强溶剂。

下面我们以 5%Na_2O 混入 Al_2O_3-SiO_2 系耐火材料中，看其在 1500℃温度下的熔剂效应。

图 7-51 为 Na_2O-Al_2O_3-SiO_2 系 1500℃等温截面图。图中标注了相关的 8 个平衡相区，各平衡相区的平衡相列于表 7-18，图中还作出了等 5% Na_2O 线 *a*-*b*。即当 Al_2O_3-SiO_2 系耐火材料视其原始组成点不

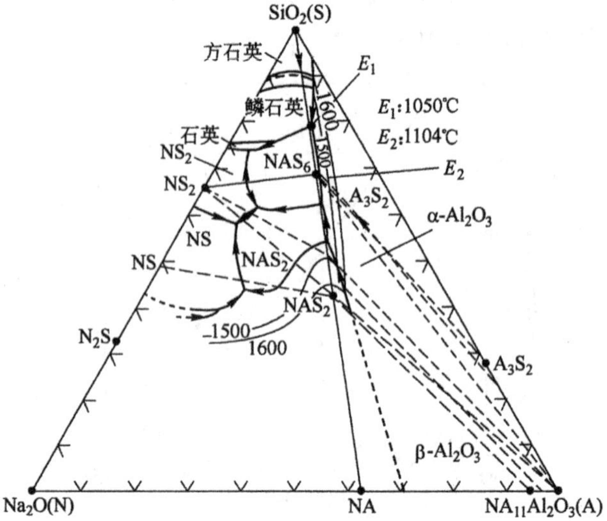

图 7-50　Na_2O-Al_2O_3-SiO_2 系相图

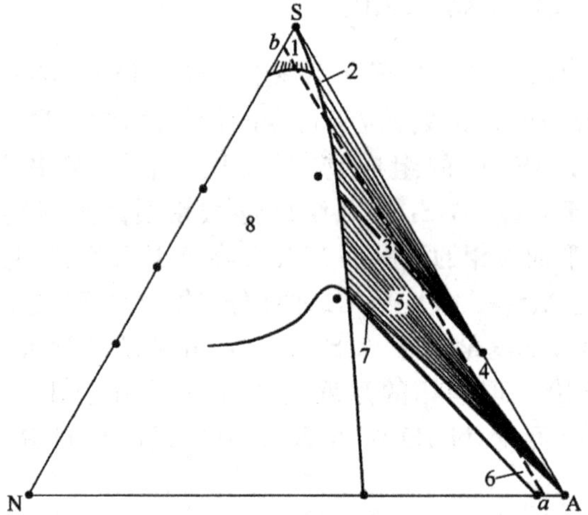

图 7-51　Na_2O-Al_2O_3-SiO_2 系 1500℃等温截面图及混入 5% Na_2O 的液相量

同。混入 5% Na_2O 后的组成点应在 *a*-*b* 线上。这样，Al_2O_3-SiO_2 系耐火材料混入 5% Na_2O 后，在 1500℃随着 Al_2O_3/SiO_2 比的降低将经历二固一液区 6，一固一液区 5，二固一液区 4，一固一液区 3，单一液相区

8 和一固一液区 1 共 6 个平衡相区。可用杠杆原理或平行线法计算出它们的液相量。结果见图 7-52，由图可知，除纯 Al_2O_3 外，其余各组成的耐火材料，只要混入 5%Na_2O 都会形成相当多的液相量，特别在高 SiO_2 区域，已经完全或几乎完全熔融，可见 Na_2O 对 Al_2O_3-SiO_2 系耐火材料的熔蚀作用也相当强。但是以刚玉(α、β)、莫来石为主要晶相的材料情况要好得多，这也是为什么现在的玻璃窑池都用纯净的刚玉、莫来石质制品来代替黏土制品的理由。

表 7-18 Na_2O-Al_2O_3-SiO_2 系 1500℃平衡相区及平衡相

平衡相区	平衡相	平衡相区	平衡相
1	SiO_2、L	5	α-Al_2O_3、L
2	SiO_2、A_3S_2、L	6	α-Al_2O_3、β-Al_2O_3、L
3	A_3S_2、L	7	β-Al_2O_3、L
4	A_3S_2、α-Al_2O_3、L	8	L

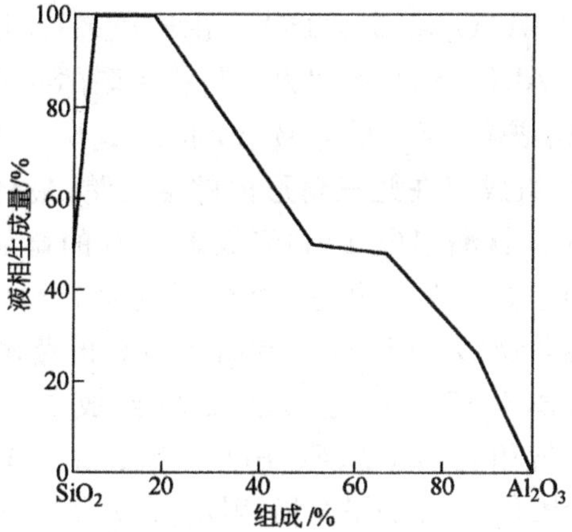

图 7-52 Al_2O_3-SiO_2 系耐火材料混入 5% Na_2O1500℃的液相生成量

7.6 TiO_2-Al_2O_3-SiO_2 系相图

图 7-53 为 TiO_2-Al_2O_3-SiO_2 系相图。图中 *ABCD* 为莫来石固溶体区，其中 *B* 点的固溶体组成约含 75%Al_2O_3，6% TiO_2，*C* 点的固溶

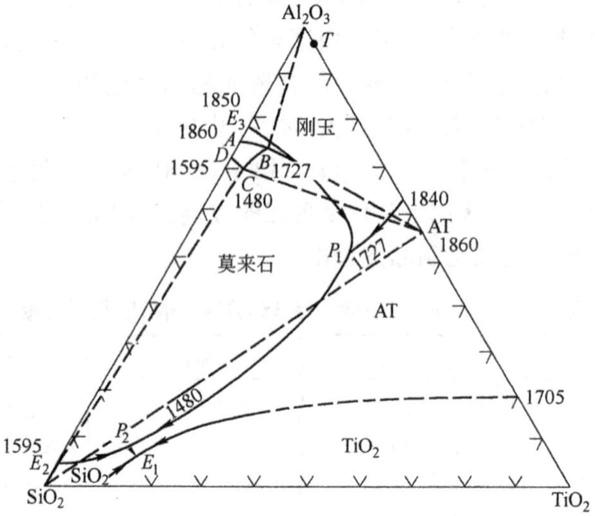

图 7-53 TiO_2-Al_2O_3-SiO_2 系相图

体组成约含69.5% Al_2O_3，3.5% TiO_2。由于莫来石固溶体区 *ABCD* 的存在，该系统与 Al_2O_3-SiO_2 系耐火材料相关联的共 6 个区域，其中两个三固相区。组成位于△Al_2O_3-B-AT 的组成物，开始出现液相温度为 1727℃(p_1)，组成点在此三角形内的混合物，最终平衡相(固化物)为刚玉 α-Al_2O_3，钛酸铝(AT)和组成点为 *B* 的莫来石，组成位于△AT-C-SiO_2 的组成物，开始出现液相的温度为 1480℃(p_2)，混合物的最终平衡相(固化物)为 AT，SiO_2 和组成为 *C* 的莫来石。3 个二固相区：△Al_2O_3-A-B，△AT-B-C，△SiO_2-C-D，组成点在这些三角形内的混合物，分别在液相边界线 E_3P_1，P_1P_2，P_2E_2 上的某点(达到相应的无变量点)完全固化，最终的平衡相(固化物)为莫来石固溶体与刚玉(与 *AB* 固溶体)或 *AT*(与 *BC* 固溶体)或 SiO_2(与 CD 固溶体)二元混合物，其中的莫来石固溶体组成将分别位于通过混合物组成点与第二固相(α-Al_2O_3，或 AT 或 SiO_2)的连接直线与 *A-B* 或 *B-C* 或 *C-D* 线的交点上；单一固相区即 *ABCD* 莫来石固溶区。

TiO_2-Al_2O_3-SiO_2 系相图对讨论 TiO_2 对 Al_2O_3-SiO_2 系耐火材料性能的影响有一定指导意义。我国天然产 Al_2O_3-SiO_2 系原料都含有

一定数量 TiO_2,分布规律随 Al_2O_3 含量提高而增加。半硅质,黏土质原料较少,一般在1%以下,高铝质原料较多,波动于1.5%~3.6%,最高达4%,是所有夹杂成分中最高者。如果只考虑 TiO_2,Al_2O_3,SiO_2 3种成分,且 Al_2O_3 最高时 TiO_2 含量达4%的话,其相当于图7-53的 T 点,那么,按照上述 Al_2O_3-SiO_2 系耐火材料中 TiO_2 的分布规律,组成点应在 SiO_2-T 连接的直线上。沿线通过一个三相区△Al_2O_3-AT-B;2个二相区△Al_2O_3-A-B,△SiO_2-C-D 和单相莫来石固溶体区 $ABCD$。

由图7-53可知,实际上组成位于△SiO_2-C-D 内的耐火材料,其 TiO_2 含量都低于3.5%,它们在 SiO_2-T 线上的组成点都未超过固溶体极限范围 SiO_2-C 线,说明这类 Al_2O_3-SiO_2 系耐火材料中的 TiO_2 应全部固溶于莫来石中。当然实际上可能会有少量进入液相或玻璃相中。

而组成落在△Al_2O_3-A-B 内的耐火材料随着 Al_2O_3 量增加,刚玉量增多,莫来石量减少,由于 TiO_2 在刚玉中的溶解度要较在莫来石中的溶解度小得多,故未能固溶的 TiO_2 只能进入高温液相,冷却时形成玻璃相。这时,如果系统中还有一定数量的铁氧存在,Fe_2O_3 与 TiO_2 的共同作用,会使这种玻璃相在1300~1350℃液化,若还有碱(Na_2O、K_2O)约1100℃就会出现液相。组成点落入△Al_2O_3-AT-B 内的耐火材料,还可能有AT出现。这些是否就成为我国烧结矾土原料制造的以刚玉、莫来石为主晶相的高铝砖反而荷重软化温度偏低的一个直接原因。

由上述分析可知,TiO_2 在莫来石中的溶解度,实际上对 SiO_2-A_3S_2 分系统内的 Al_2O_3-SiO_2 系耐火材料中的液相起净化作用,改善了液相的组成,减少了进入液相中的夹杂物的数量,而对于 A_3S_2-Al_2O_3 分系统内的 Al_2O_3-SiO_2 系耐火材料,随 Al_2O_3 增加,刚玉量增多,莫来石量减少,TiO_2 含量增加,结果随 Al_2O_3 增加而增多的 TiO_2 未能进入固溶体而越来越多的进入了液相中,使液相中 TiO_2 越来越多,降低了液化温度和液相黏度,使制品的高温性能降低。

7.7 ZrO_2-Al_2O_3-SiO_2 系相图

也许是 ZrO_2-Al_2O_3-SiO_2 系统的熔体黏度偏大,使研究工作遇到很大困难，至今尚未见到这个系统完整的平衡状态图。图 7-54 只是 ZrO_2-Al_2O_3-SiO_2 系统的富含 Al_2O_3 部分。由图可知，系统中刚玉（α-Al_2O_3），斜锆石（ZrO_2）和莫来石（A_3S_2）这三个高熔点耐火物相的低共熔混合物的近似组成为 53% Al_2O_3，17% SiO_2 和 30% ZrO_2（误差 ±1.25%），温度 1675℃±10℃。

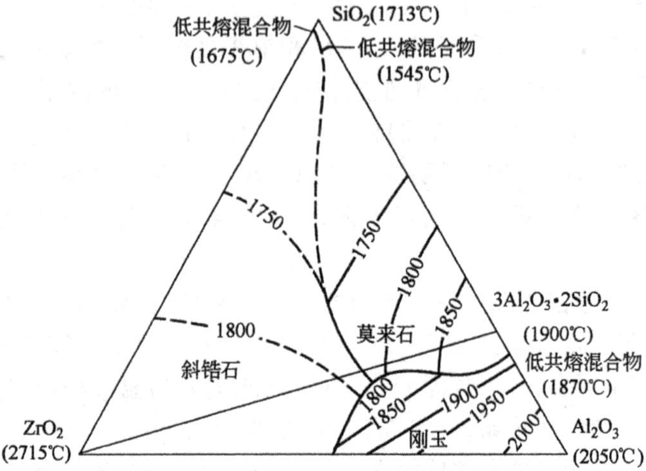

图 7-54 ZrO_2-Al_2O_3-SiO_2 系相图

研究指出，生产熔铸 ZrO_2-Al_2O_3-SiO_2 系制品，配料组成点选择在低共熔点附近是合理的。因为熔融后的熔体冷却析晶时，会出现 ZrO_2，α-Al_2O_3 和 A_3S_2 三种晶体共析晶现象。这种共析晶过程各相间相互干扰与牵制，可避免晶体的异常长大，保证低共熔混合物固有的最好结晶性质：结晶颗粒细小，尺寸均匀，互相交织在一起的混晶结构，注块密度最大。这种结构具有优越的抗热震性和化学稳定性，即所谓的“细晶强化”作用。而且即使 ZrO_2 进入液相，由于含 ZrO_2 熔体黏度高，润湿性差，难以向其他熔体中溶解，故这种材料对各种性质的熔渣和玻璃液都有较好的稳定性。

7.8 MgO-Cr_2O_3-SiO_2 系相图

MgO-Cr_2O_3-SiO_2 系相图，对指导含 Cr_2O_3 特别是直接结合镁铬

砖的生产具有一定的指导意义。

7.8.1 对相图的基本认识

图 7-55 为 $MgO-Cr_2O_3-SiO_2$ 系相图，图中 $MgO-Cr_2O_3$ 二元系有一化合物镁铬尖晶石（$MgCr_2O_4$），熔点 2180℃（有资料为 2400℃），$MgO-SiO_2$ 二元系中有两个化合物，镁橄榄石（Mg_2SiO_4）和斜顽辉石（$MgSiO_3$）但在 Cr_2O_3-SiO_2 二元系中无化合物，为方便以下分别将 MgO、Cr_2O_3、SiO_2 记作 M、C、S。

由图 7-55 中的化合物和三元无变量点可知，该图可作四个分三角形，其特点和性能见表 7-19，从中可以看出，组成处于△M-MC-M_2S 内的物质，开始形成液相的温度为 1850℃，符合作为耐火材料耐高温的基本要求，由图和表还可以看到这个系统另一个重要的特征是，在镁铬尖晶石 MC 初晶区，为 MC（或 C）所饱和的含镁硅酸盐液相中 Cr_2O_3 含量异常之低，其界线曲线被挤压在紧靠 M-S 边附近，1550℃或 1546℃至 1800℃的液化等温线也被压缩在紧靠界线曲线的一个狭小

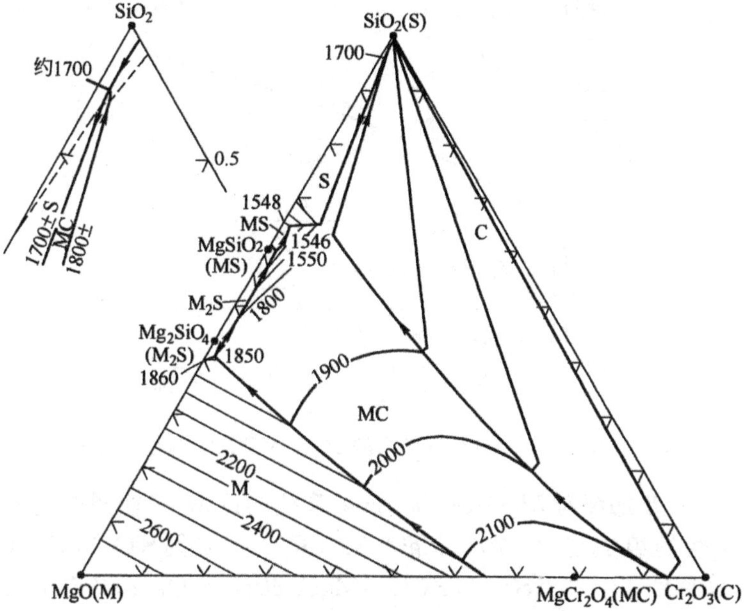

图 7-55 $MgO-Cr_2O_3-SiO_2$ 系相图

的组成范围内，1800 至 MC 熔点（2180℃）的等温线分布稀疏，液相面平坦。在 MC-M_2S-MS 分三角形内，选择一个 MC-硅酸盐（这里选 M_3S_2 点，它相当于脱水蛇纹石的组成，为铬矿中的主要夹杂成分）系统，作其多温截面图（也称等组成截面图）便可更直观地领略出上述描述的特征，见图 7-56。这个系统的这些特征对生产直接结合镁铬砖非常重要，将在后面讨论。

表 7-19 M-C-S 系分三角形的性能

分三角形	开始生成液相温度/℃	共熔液相组成/%		
		MgO	Cr_2O_3	SiO_2
M-MC-M_2S	1850	58	1.5	40.5
M_2S-MC-MS	1550	39	1.5	59.5
MS-MC-S	1546	34	1.0	65
S-MC-C	约 1710	3.5	1.0	95.5

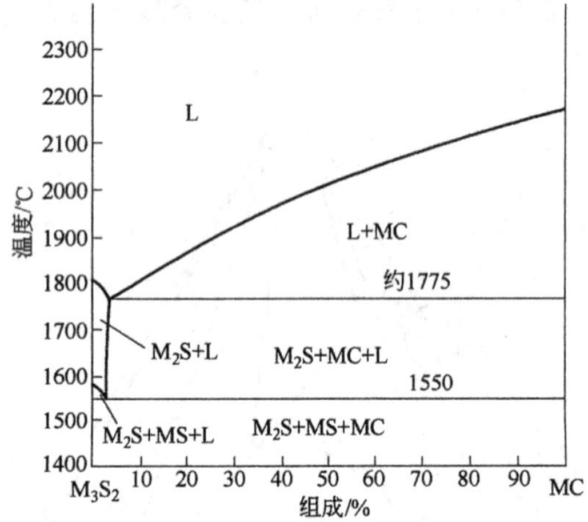

图 7-56 MC-M_2S-MS 分系统内的 M_3S_2-MC 系统多温截面图

为进一步加深对 MgO-Cr_2O_3-SiO_2 系统的认识，再在图中选择三个代表性的组成点 *X*（70% MgO，20% Cr_2O_3，10% SiO_2），*Y*（40% MgO，20%Cr_2O_3，40%SiO_2），*Z*（20%MgO，60%Cr_2O_3，20%SiO_2），分析其熔体冷却或固相加热过程的平衡相和液相组成的变化。

图 7-57 中表示了 X、Y、Z 3 个组成物的熔体冷却过程液相组成的变化途径。冷却是这样，加热呢？从相平衡的观点看，在某一特定温度下(无论是加热还是冷却)，其状态应是完全相同的，因此加热过程液相组成的变化途径即为图 7-57 中箭头相反的方向。

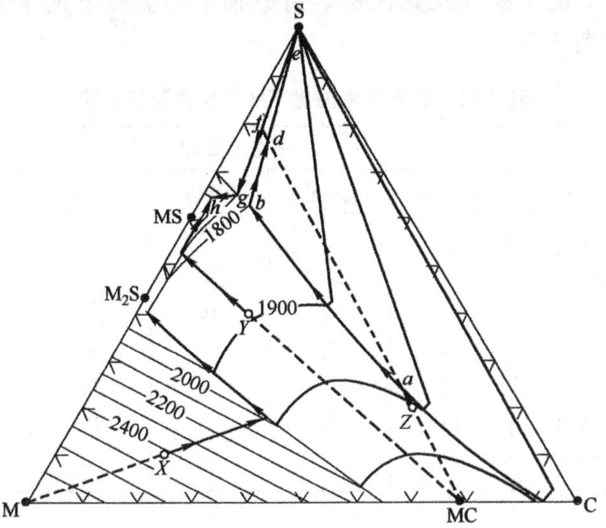

图 7-57 MgO-Cr_2O_3-SiO_2 系统组成物(X、Y、Z)
熔体冷却过程液相组成变化途径

在 X、Y、Z 组成熔体中，熔体 Z 经历了最为复杂的变化过程，这里对 Z 的冷却过程作些分析，X、Y 两点读者可自行分析。Z 点在分△MC-MS-S 内，MC 初晶区。冷却时，约从 2020℃开始析晶，液相组成变到 a 点，由 a 至 b，MC 和 C 同时析晶，液相组成沿界线曲线变化，当液相组成变化到 b-d-e 相界线上时，该线为反应线(转熔线)，将发生如下反应。

$$Cr_2O_3 + \text{熔体}(MgO \cdot Cr_2O_3 \cdot SiO_2) \longrightarrow MgCr_2O_4$$

而后，到 d 点(从 MC 组成点连线 Z 点的直线延长线与相界线 b-e 的变点)，C 消失。此后只 MC 析晶，液相组成从 d 点穿越相区向 f 点(直线 MC-Z-d 的延长线上)变化，一到达 f 点，MC 与 S(方石英)同时析晶，液相组成在相界线上变化，到达 h 点(1546℃)MC，MS，S 同时析晶，至液相消失，固化。

通过上述析晶过程的分析可以判断，由 MC、MS 和 SiO_2 组成的混合物，加热时在 1546℃开始生成共熔液相，液相组成将随加热过程沿上述冷却过程的相反方向变化。在各温度下的液相组成，由液相组成变化路线与等温线交点表示，并通过平行线法，容易求得各温度下的平衡相及其比例。组成物 Z 各温度下的平衡相及其比例列于表 7-20。

表 7-20　组成 Z 各温度下的平衡相及其含量

温度/℃	平衡相及其数量/%				
	熔融物	$MgCr_2O_4$	Cr_2O_3	SiO_2	$MgSiO_3$
约 2020℃以上	100				
1900	47	43	10		
1800	31	56	13		
1700	16	75		9	
1600	15	75		10	
1546(刚到 *h* 点)	13	76		11	
1546(离开 *h* 点)		76		13	11

请注意，在无变量点 *h* 有一个相变过程，在不同能量状态下(析晶过程温度不变，能量状态降低)的平衡相可能有三或四相，四相时无法求其数量，三相时有两种状态。最高能量状态，即冷却过程液相组成刚刚到达该点的状态，平衡相为：液相、$MgCr_2O_4$、SiO_2；最低能量状态，即析晶结束，液相消失的状态，平衡相为：$MgCr_2O_4$、SiO_2、$MgSiO_3$。

上述求得 *X*、*Y*、*Z* 组成点随温度改变的相变过程，还可以用图 7-58的形式表示。

7.8.2　相图应用

7.8.2.1　SiO_2 对 MgO-Cr_2O_3 系材料的影响

推断 SiO_2 对 MgO-Cr_2O_3 系材料的影响，可以通过求在不同 MgO/Cr_2O_3 比的材料中引入不同数量的 SiO_2，在某个温度条件下所生成的液相量来衡量。如求在 MgO-Cr_2O_3 系材料中引入 10%SiO_2，1800℃生成的液相量。

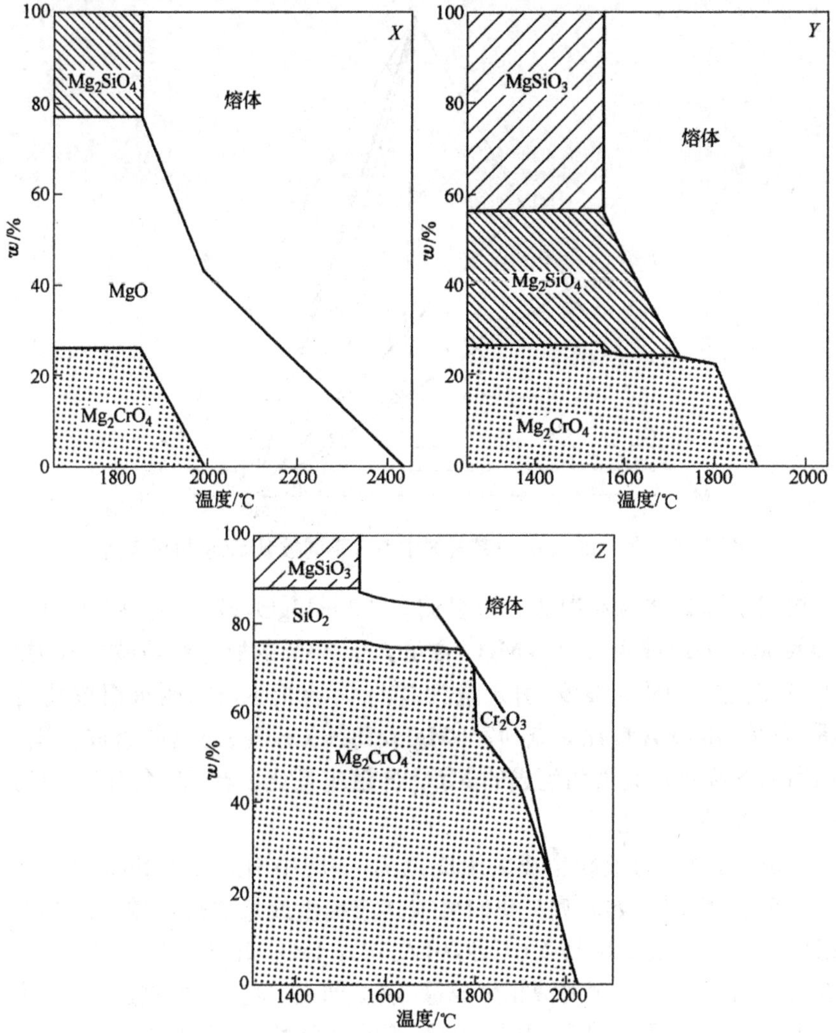

图 7-58 MgO-Cr_2O_3-SiO_2 系组成(X、Y、Z)在不同温度下的平衡相

图 7-59 中 a 和 b 分别为在 MgO 和 Cr_2O_3 中各自引入 10%SiO_2 的组成点，这样直线上所表示的组成，即为不同 MgO/Cr_2O_3 比的材料引入 10%SiO_2 的组成点，该直线在组成△M-MC-M_2S 范围内的组成点，开始生成液相的温度为 1850℃，在 1800℃无液相生成，图中 a-f 间

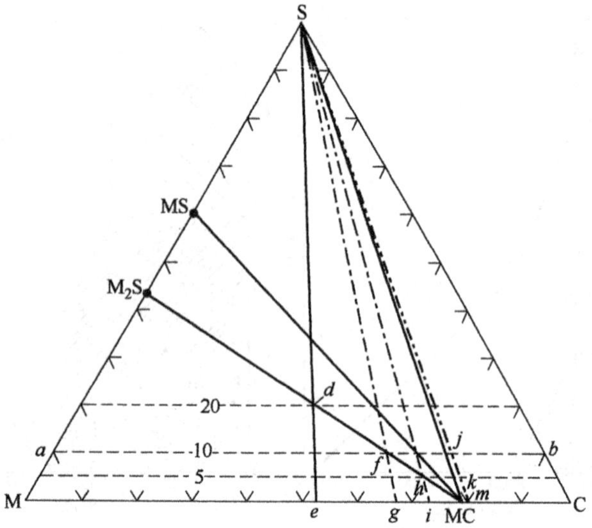

图 7-59　向 $MgO-Cr_2O_3$ 系材料中引入不同数量 SiO_2 的平衡相

的组成物即为这种状况。f 为组成 g（33%MgO，67%Cr_2O_3）中引入10%SiO_2 的组成点，因此，MgO 含量大于 33%的所有组成物，1800℃无液相生成。同样，SiO_2 引入量为 20%无液相生成的耐火组成物范围，应是 MgO 含量比 e 点（47%MgO，53% Cr_2O_3）还高的组成范围。而引入 5%SiO_2 无液相生成的 MgO 含量应是比 i 点（27%MgO，73% Cr_2O_3）高的组成范围。

那么，对于有液相生成的组成范围，如图中引入 10%SiO_2 的 f-b 组成范围，情况又如何呢？我们可求其液相生成量进行比较。如对于组成 m（20%MgO，80% Cr_2O_3），引入 10% SiO_2 组成点为 j，可求得 j 点组成物在 1800℃时的液相生成量（求法如前，这里不再重述）。如此还可以在 SiO_2 引入 5%、10%、20%等的各种情况下，对 $MgO-Cr_2O_3$ 系材料 1800℃有液相生成组成范围，求其液相量，结果如图 7-60 所示，由此可见，仅从液相生成这个角度来推断，作为耐火材料 $MgO-MgCr_2O_4$ 分系统组成的材料要优于 $MgCr_2O_4-Cr_2O_3$ 分系统组成的材料。这是否也是为什么现在纯铬制品、铬镁制品越来越少而逐步为镁铬制品所替代的原因之一。

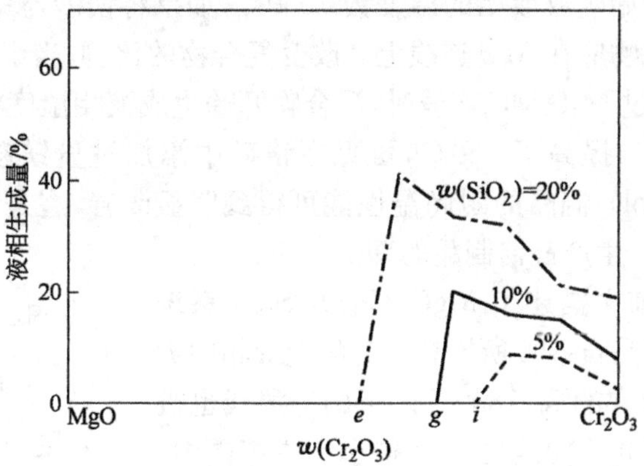

图 7-60 向 $MgO-Cr_2O_3$ 材料中引入不同数量 SiO_2 的液相生成量(1800℃)

7.8.2.2 关于镁铬耐火制品的制造原理

镁铬制品是从镁砂与铬矿复合制造的耐火制品。镁砂是以 MgO 为主要化学成分的碱性原料,其含量最高可达 97%以上,可视为 $MgO-Cr_2O_3-SiO_2$ 系统的 M 点(图 7-61),铬矿是以镁铬尖晶石 $MgCr_2O_4$ 为主,(相当于图 7-61 中 MC 点),夹杂物为蛇纹石 $3MgO \cdot 2SiO_2 \cdot 2H_2O$ 的天然原料。蛇纹石脱水后的组成点相当于图中 M-S 边上的 a 点。这样,铬矿的组成点应位于 MC-a 连线上靠近 MC 一端设为 b 点,

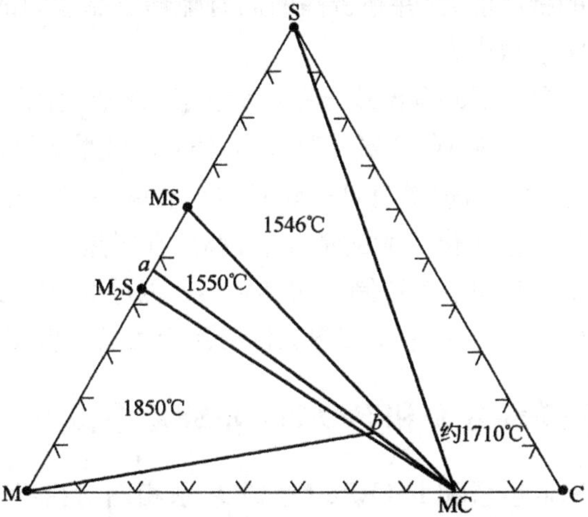

图 7-61 $MgO-Cr_2O_3-SiO_2$ 系固面图

显然加热开始生成液相的温度为1550℃，如果将镁砂与铬矿复合，复合后的组成物应在M-b连线上。改变复合物的比例，当组成点由b向M移动，越过M_2S-MC连线时，混合物开始生成液相温度将由1550℃升至1850℃，提高了300℃，可见在铬矿中添加过量镁砂，使$MgO/SiO_2 \gg 2$(mol)，制品的耐高温性能可得到明显改善，这是否是将铬矿与镁砂复合，生产镁铬制品的理由之一。

另外，前文描述了MgO-Cr_2O_3-SiO_2系统中为镁铬尖晶石MC所饱和的硅酸盐液相中尖晶石含量异常的低，1800℃以下的等温线也被压缩在紧靠界线曲线的一个狭小组成范围内，这一特征说明MC或Cr_2O_3在为其所饱和的硅酸盐液相中饱和溶解度相当低。据相关研究，为固相所饱和的液相中该固相的浓度越低，会使固-液二面角φ增大，固-固界面能γ_{SS}降低，如图7-62，从而有助于使液相趋于向晶粒间隙移动而不向晶界间渗透，易实现固相颗粒间的直接结合。Cr_2O_3在熔体硅酸盐中的饱和溶解度如此之低，这反映这种熔体对Cr_2O_3含量的变化很敏感，极易过饱和，因此含Cr_2O_3晶体(MC)有较强的析晶能力，并在析晶的同时降低了晶粒间的晶界能，提高了界面能，使φ角增大。

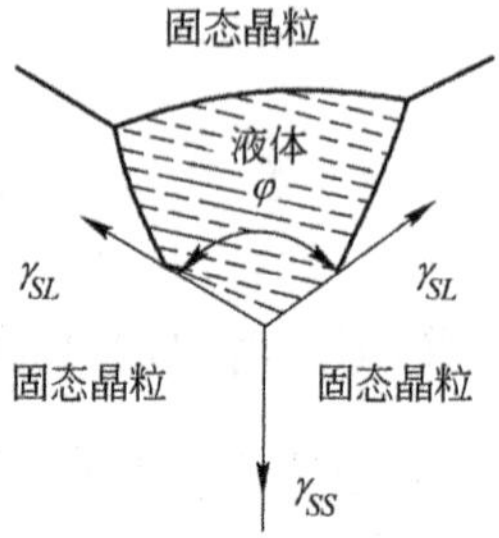

图7-62 晶粒界面形状
(固-固-液接触)

再者，1800℃以下的等温线分布如此之密，组成范围狭小，由图7-55推算，在1550～1800℃的温度范围内，Cr_2O_3含量的波动范围也只在1.5%～9.0%之间，这说明对于含Cr_2O_3晶体(MC)，在约250℃的温度范围内，液相量变化不大的情况下，都具有析晶能力，析晶温度范围很宽，这无疑也有助于镁铬制品在高温热处理过程中实现直接结合。这是否是MgO-Cr_2O_3-SiO_2系相图提供给我们的又一重要信息。

7.9 CaO-FeO-SiO_2系和FeO-Fe_2O_3-SiO_2系相图

CaO-FeO-SiO_2系和FeO-Fe_2O_3-SiO_2系相图对指导硅砖生产具有一定的指导意义。

7.9.1　CaO-FeO-SiO_2 系相图

CaO 与 FeO 常为硅砖生产的复合矿化剂，它们的复合效应可由 CaO-FeO-SiO_2 系相图获得的相关信息。

图 7-63CaO-FeO-SiO_2 系相图。在这个相图的富 SiO_2 侧，低共熔温度为 1105℃，共熔液相的组成为 11.5%CaO，45.5%FeO，43.0% SiO_2，其中 FeO/CaO 为 3.99。在 CaO-SiO_2，FeO-SiO_2 二元系中前文已作过介绍，它们有着广阔的二液区。而在 CaO-FeO-SiO_2 三元系中仍将保持这一特征。自 1%CaO 连线 3%FeO，28%CaO 连线 42% FeO，这样广阔的区域内均为二液区。这说明 SiO_2 不仅单独吸收 CaO 或 FeO 适应性很强，就是同时吸收 CaO 和 FeO，尽管出现液相温度较低(1105℃)，但它们也不会对 SiO_2 构成强熔剂作用。这满足了作为硅

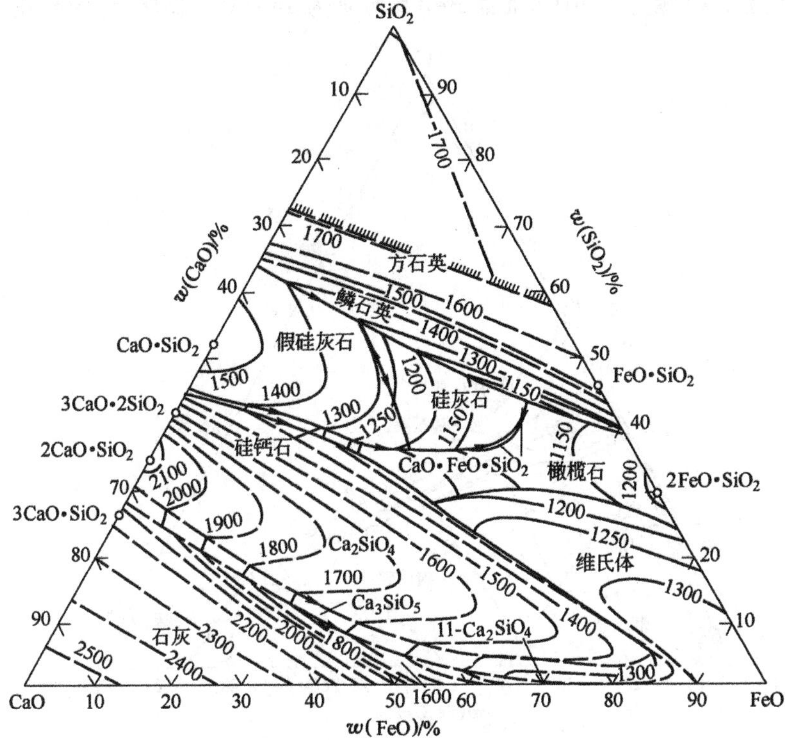

图 7-63　CaO-FeO-SiO_2 系相图

砖生产用矿化剂，开始出现液相温度要低而又不会对 SiO_2 构成强熔剂作用的基本要求。

另外，从高 SiO_2 侧的相界曲线或等温线的走向可以推断，在 CaO、FeO 总量一定时，随配料中 FeO/CaO 比提高，鳞石英在饱和液相中的溶解度减少，这有助于鳞石英的析晶作用，提高硅砖中鳞石英含量和硅质制品的稳定性。这是否就是生产硅质窑用架砖时，为什么总是比普通硅砖引入较多铁质矿化剂的理由。

7.9.2　FeO-Fe_2O_3-SiO_2 系相图

铁氧作为硅砖生产用矿化剂，它对 SiO_2 的鳞石英化效应，与其氧化程度密切相关。这可由 FeO-Fe_2O_3-SiO_2 系相图说明。

由图 7-64 可以看到，该系统在与 SiO_2 开始出现液相的低共熔温度靠近 FeO 侧为 1140℃，而靠 Fe_2O_3 侧则为 1455℃。显然，作为矿化

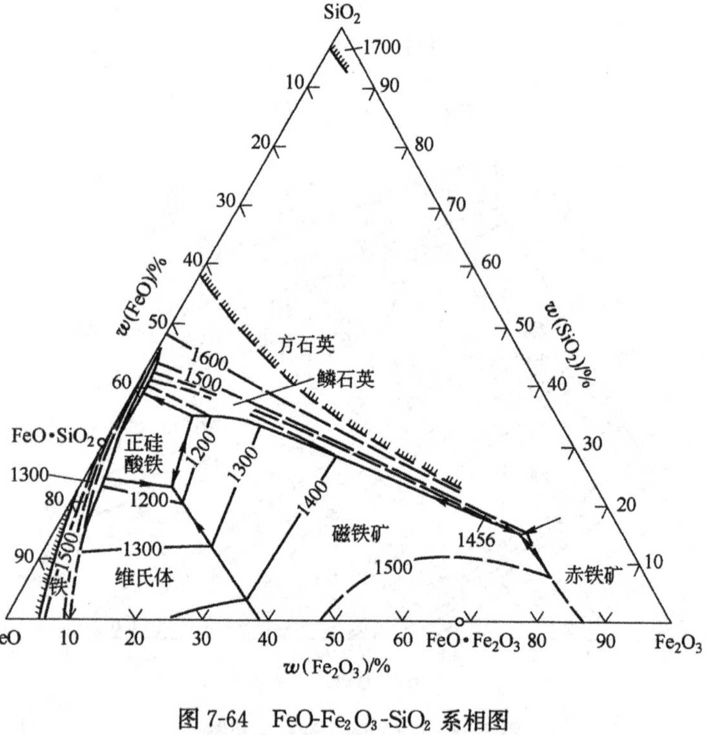

图 7-64　FeO-Fe_2O_3-SiO_2 系相图

剂 FeO 要优于 Fe_2O_3，这就是为什么铁质矿化剂要求要有较高的 FeO 含量，且硅砖宜在还原条件下烧成的重要理由之一。

图中广阔的二液区将约 1700℃以下的液化等温线压缩在远离 SiO_2 纯组成点的靠近相界曲线的窄小区域内，这说明尽管该系统出现液相温度较低，但直至约 1700℃的高温液相增长速率缓慢，所以总体上铁氧对 SiO_2 的熔剂作用不强。但从相界曲线的温降方向和等温线的走向看，随着氧压降低，开始出现液相温度降低，液相中 SiO_2 含量增加，说明熔剂作用增强，所以硅砖宜在还原条件下烧成，氧化条件下使用。

7.10 FeO-MgO-SiO_2 系相图

图 7-65 为 FeO-MgO-SiO_2 系相图。图中有三组化合物间形成固溶体，其中 MgO-FeO 和 2MgO · SiO_2-2FeO · SiO_2 间形成连续固溶体。

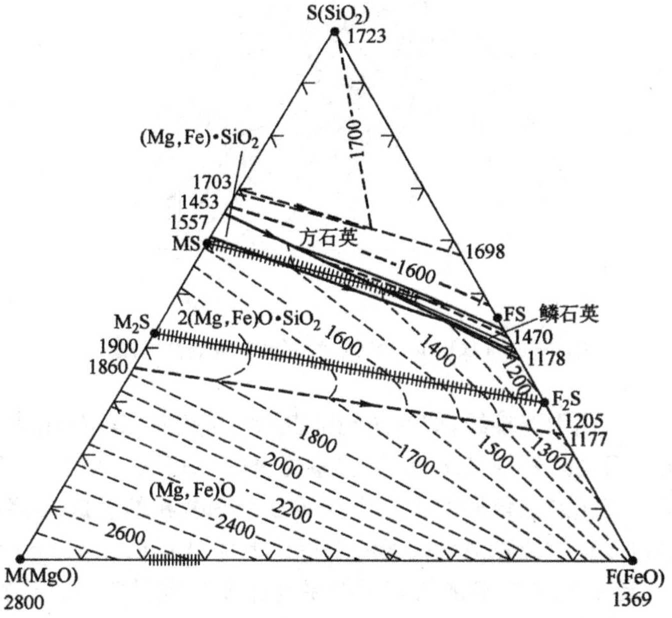

图 7-65 FeO-MgO-SiO_2 系相图

$FeO-SiO_2-FeO \cdot SiO_2$ 间形成有限固溶体。这个范围对有限固溶体而言系指最大固溶量范围。固溶体的组成应与温度有关，这一点仅从三元投影图还无法确认，只能通过作某温度下的等温截面图，由等温截面图确认相应温度下的平衡相及其数量关系。下面以 $FeO-MgO-SiO_2$ 系相图的 1450℃等温截面图为例说明这一问题。

图 7-66 为 $FeO-MgO-SiO_2$ 系 1450℃等温截面图。图中平衡相数为一相、二相、三相的区域分别记为 1、2、3。其中一相（液相）的区域 1 个，二相的区域 7 个，三相的区域 3 个共 11 个相区。

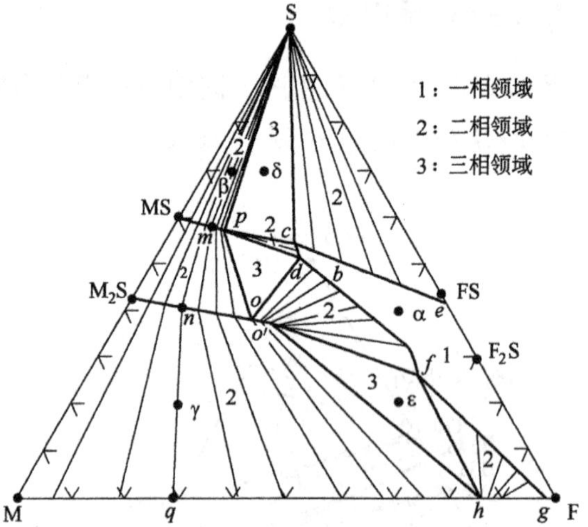

图 7-66 $FeO-MgO-SiO_2$ 系 1450℃等温截面图

在二相区内引连接线，线的两端则表示相平衡的二相的组成，两相的数量关系可由杠杆规则求得，请注意这里的二相区再也不是简单的扇形区了。三相区三角形的顶点则表示三个平衡相的组成，其数量关系视原始组成点的位置由平行线法求得。下面以 α、β、γ、δ、ε 5 个组成物为例，求其在 1450℃平衡状态下的平衡相及其数量关系。5 个组成物的组成见表 7-21。

表 7-21 组成物的组成

成分＼组成点	α	β	γ	δ	ε
MgO	10	25	60	20	20
FeO	50	5	20	10	60
SiO_2	40	70	20	70	20

组成物 α：只单一液相。

β 与 γ：位于二相区，两相平衡共存，其中组成 β 由组成为 m 的固溶体和 SiO_2（鳞石英）两相共存，其比例由杠杆规则：

$$固溶体\ m\%=\left\{\frac{(S-\beta)}{(S-m)}\right\}\times100\%$$

$$SiO_2(鳞石英)\%=\left\{\frac{(\beta-m)}{(S-m)}\right\}\times100\%$$

而固溶体 m 的组成，通过连接 MS 与 FS 的直线，求分点比例为：

$$\frac{MgSiO_3}{FeSiO_3}=\frac{(FS-m)}{(MS-m)}$$

组成物 γ：由组成为 n 和 q 的两种固溶体组成，其比例为：

$$\frac{固溶体\ n}{固溶体\ q}=\frac{(q-r)}{(n-r)}\ 或\ \begin{cases}固溶体\ n\%=\left\{\dfrac{(q-r)}{(n-q)}\right\}\times100\% \\ 固溶体\ q\%=\left\{\dfrac{(n-r)}{(n-q)}\right\}\times100\%\end{cases}$$

而 n 与 q 两种固溶体的组成，通过连接 M_2S 与 F_2S 和 M 与 F 间的直线，其组成为：

$$固溶体\ n：\frac{Mg_2SiO_4}{Fe_2SiO_4}=\frac{(F_2S-n)}{(M_2S-n)}$$

$$固溶体\ q：\frac{MgO}{FeO}=\frac{(F-q)}{(M-q)}$$

组成物 δ 与 ε 位于三相区，以三角形的顶点表示 3 个平衡相的组成，即组成物 δ 由固溶体 P，液相 C 和 SiO_2（鳞石英）三相形成，组成物 ε 由组成为 o′和 h 的固溶体和液相 f 三相构成。各固溶体的组成同样可用上述方法求得。

三相共存的比例，以组成物 ε 为例，可用前述的平衡线法说明如下：如图 7-67，自 ε 点分别引平行于 *fo* 和 *fh* 两边的直线交于 *oh* 边于 *u* 和 *v* 点，则得三平衡相的比例为：

$$固溶体\ o/\% = \left\{\frac{(h-v)}{(h-o)}\right\} \times 100\%$$

$$固溶体\ h/\% = \left\{\frac{(o-u)}{(h-o)}\right\} \times 100\%$$

$$固溶体\ f/\% = \left\{\frac{(u-v)}{(h-o)}\right\} \times 100\%$$

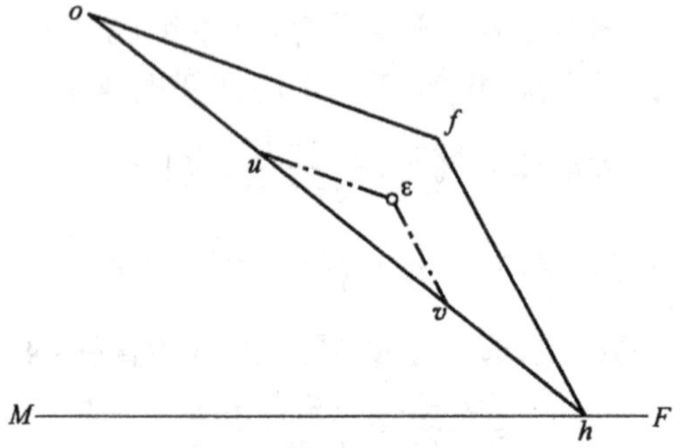

图 7-67 求组成 ε(图 7-66)1450℃平衡相比例图

其他各温度下平衡相的种类及数量关系同样可以用上述方法求得。方法适用于所有存在固溶体的相图。这样，如果作得各温度下的等温截面图，并求得对应组成物在相应相区的平衡相及其数量关系，再加以综合比较就可以得到各平衡相及其数量关系随温度改变的变化趋势，为材料的组成设计和性能分析，提供有价值的依据。

$FeO-MgO-SiO_2$ 系相图对分析镁橄榄石（$2MgO \cdot SiO_2$）质耐火材料的相组成有一定指导意义。因为不管是镁橄榄石原料还是制造过程，总会含有或混入部分 FeO，由图 7-65 可知，尽管 M_2S-F_2S 之间可以形成连续固溶体，在一定程度上能削弱 FeO 对 M_2S 的熔剂作用，但若将 M_2S 换成 F_2S，材料的液化温度将从 1890℃急剧降至 1205℃，所以从保证材料的高温性能出发，在制造镁橄榄石质耐火材料时，还是应尽量控制 FeO 含量越低越好。

另外，由图 7-65 的等温线分布与走向可以看出，向 M_2S 中引入 MgO 可显著提高材料的液化温度，如纯 M_2S 吸收 20%FeO 的液化温度约为 1600℃，而 MgO 吸收等量 FeO 的液化温度高达为 1900℃。这也是为什么在镁橄榄石质耐火材料的生产过程中总要引入一定数量 MgO 的理由之一。

7.11 $CaO-Fe_2O_3-SiO_2$ 系相图

耐火材料与熔渣接触时的侵蚀状态，可以通过在某特定温度下，随着反应渣量的改变，所引起的反应物和液相生成量的变化作出判断；还可以固定熔渣数量通过改变温度来考察反应物和液相生成的变化作出推断。相图对这样的问题照样可以为我们提供重要信息。这里仅以 $CaO-Fe_2O_3-SiO_2$ 系相图为例，来讨论 $CaO-Fe_2O_3-SiO_2$ 系熔渣对石灰质(CaO)耐火材料的侵蚀状态。

图 7-68 为 $CaO-Fe_2O_3-SiO_2$ 系相图，若石灰质耐火材料由纯 CaO 组成，为图中 C 点，熔渣的组成为 25%CaO，50% Fe_2O_3，25%SiO_2，其组成为图中 T 点，对此，请分析如下问题。

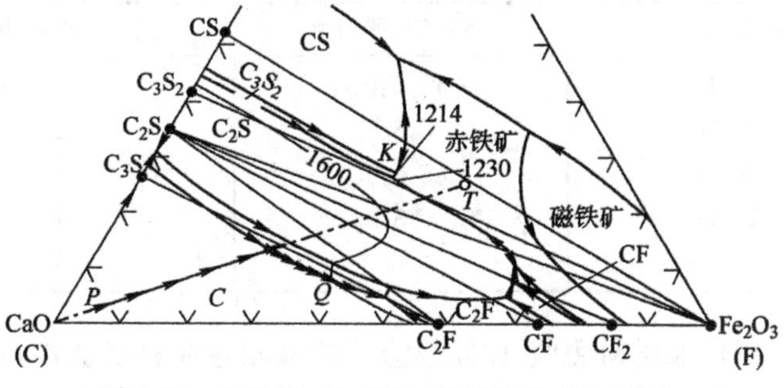

图 7-68 $CaO-Fe_2O_3-SiO_2$ 系相图贫 SiO_2 部分

(1) 熔渣 T 在温度为 1600℃条件下对石灰质耐火材料的侵蚀状态。这可由耐火材料吸收不同数量的熔渣的相变化和液相生成量的变化作出判断。

(2) 10%熔渣对耐火材料的侵蚀状态随温度改变的变化情况(液相生成量的变化)和在 1600℃时所产生的液相组成。

(3) 熔渣 T 的固化温度。

对问题(1)，研究某温度下的状态，利用该温度下的等温截面图来讨论问题更为方便。如图 7-69 为 $CaO-Fe_2O_3-SiO_2$ 系 1600℃等温截面图。

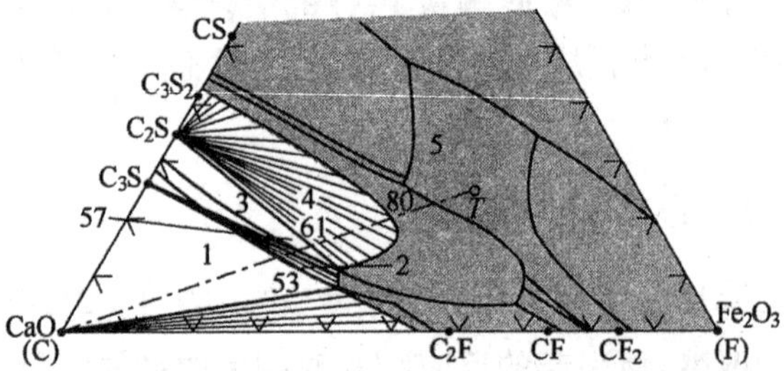

图 7-69 $CaO-Fe_2O_3-SiO_2$ 系 1600℃等温截面图

耐火材料 C 与熔渣 T 间的相互反应，反应后的产物组成点视其比例不同应在两原始组成点的连接直线上，即图中 C-T 线上，这样我们通过该线穿越的区域，就可以判断和求得耐火材料吸收不同数量的熔渣后的相组成变化情况和生成液相量的变化情况，这个结果见表 7-22 和图 7-70。

表 7-22 熔渣反应量与液相量的关系

熔渣反应量/%	1600℃的平衡相	图 7-69 中相区
0～53	CaO、C_3S、L	1
53～57	C_3S、L	2
57～61	C_3S、C_2S、L	3
61～80	C_2S、L	4
80～100	L	5

关于(2)，求材料吸收 10%熔渣后的液相生成量随温度的变化情况。首先确定材料吸收 10%熔渣后的组成点应为图 7-68 中的 P 点。然后分析熔体 P 冷却过程液相组成的变化途径，途径各点同样也绘于该图中，然后用杠杆规则或平行线法计算出途径各点的液相量，即为不同温度下的液相生成量，将液相生成量与温度的对应关系绘成曲线图，便可看出不同温度下液相生成量的变化特征，见图 7-71。

熔体 P 冷却过程液相组成的变化途径与 1600℃等温线的交点，图 7-68 中 Q 点，即为 1600℃时的液相，其组成为 54% CaO，8% SiO_2，38% Fe_2O_3。

关于(3)熔渣 T 的固化温度，首先确认熔渣 T 的组成点位于组成

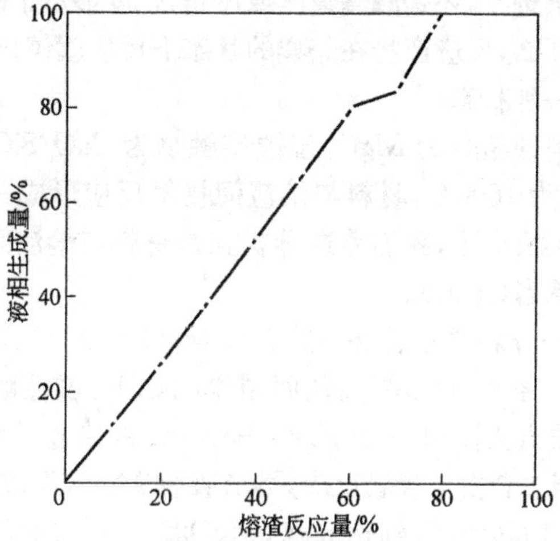

图 7-70　熔渣反应量

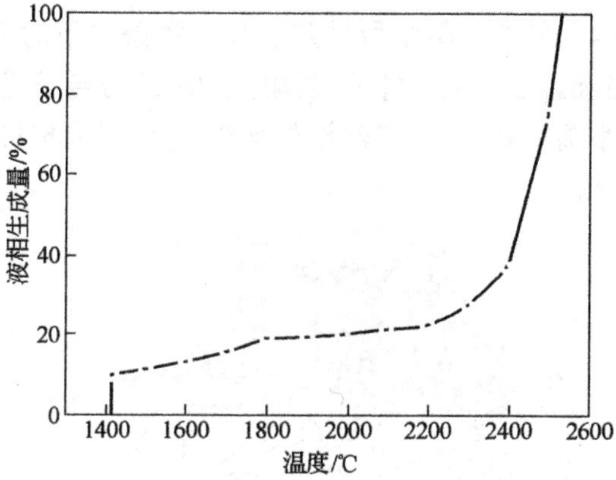

图 7-71　图 7-68 中 CaO 吸收 10%熔体的液相生成量与温度的关系

△CS-C_3S_2-F 内，三晶相 CS、C_3S_2、F 的初晶区交汇于图中 K 点(1214℃)，故该点温度即为熔渣的固化温度，当然也是固体渣加热时开始出现液相的温度，该点也表示此状态下的液相组成。

7.12　非均一异相平衡体系中的耐火材料组分

耐火材料使用中与熔渣接触反应，其产物的组成和黏度等性状，决定着反应是继续进行，还是减慢速度或停止，也就显示了耐火材料抗侵蚀性的优劣。那么，反应产物在怎样的状态下反应就停止了，这显然是我们所希望的一种状态。

若耐火材料的组分为 MgO，侵蚀接触物为 $CaO/SiO_2=1$ 的冶金炉渣，作业温度为 1600℃，材料与熔渣间接触反应形成一定厚度的反应产物层后不再反应了，我们称这种状态是材料与熔渣间处于一种非均一异相平衡状态（体系）。

所谓非均一异相平衡体系，以 $CaO\text{-}MgO\text{-}SiO_2$ 系为例，由图7-72 $CaO\text{-}MgO\text{-}SiO_2$ 系 1600℃等温截面图说明如下：碱性耐火材料由纯 MgO 组成，组成点为图中 M 点，$CaO/SiO_2=1$ 的冶金系熔渣的组成点为图中 m 点，当二者发生接触反应，熔渣吸收 MgO，组成点将由 $m\rightarrow n$ 变动，当渣中的 MgO 含量到达 n 点（MgO22%）时，MgO 就不再向液态渣中溶解了，熔液 n 与 MgO 平衡共存，这种状态就叫做 MgO 与液相 n（22%MgO，39%CaO，39%SiO_2）间是处于一种非均一异相平衡状态（体系）。其他我们在相图中所见到的在某种条件下的平衡状态（体系）均属这种情况。在一定条件下，当耐火材料组分与熔渣间经反应达到非均一异相平衡状态时，产物就相对保持稳定，耐火材料组分也就不再向渣中溶解了。

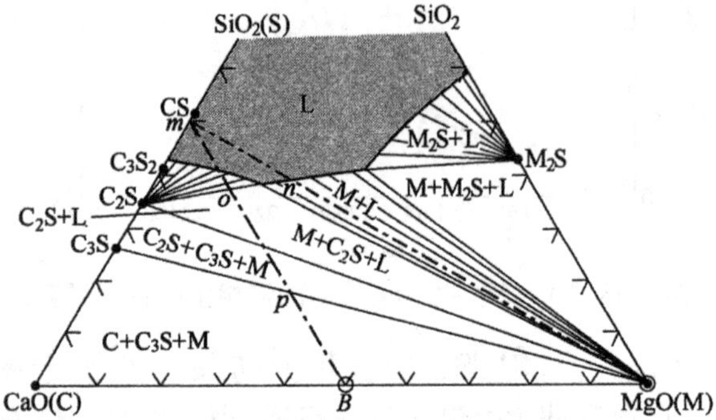

图 7-72　$CaO\text{-}MgO\text{-}SiO_2$ 系 1600℃等温截面图和 MgO、白云石、$CaO/SiO_2=1$ 的渣间反应

利用图 7-72 再来看一下白云石的情况，若白云石的组成为图中 B 点，（CaO 和 MgO 等量），在 1600℃与熔渣 m 的反应情况，随着其在渣

中的不断溶解，渣的组成将由 m→O→P 方向变动，至组成为 O 之前全部处于单一液相，进一步反应将经历 C_2S+L 体系，M+C_2S+L 体系，C_2S+C_3S+M 体系，当白云石反应量达 66%（图中 P 点）时，则处于 CaO+MgO+C_3S 三相平衡共存状态，像组成 P 这样的纯固相的非均一异相平衡体系，完全可以作为耐火材料组分了。显然，对于 CaO/SiO_2=1 的冶金炉渣，在 1600℃温度条件下的抗侵蚀能力，白云石要优于 MgO。

基于上述情况，对于同一种化学侵蚀物质选择不同的耐火材料组分与其反应，在相同的侵蚀环境中会形成不同的非均一异相平衡体系，这不同的非均一异相平衡体系反映了不同组分的耐火材料抗化学侵蚀能力的差异，就像上面所说的对 CaO/SiO_2=1 的冶金炉渣，白云石的抗侵蚀性要优于 MgO，从这样的观点出发，Cr_2O_3 应是一个最有效的耐火材料组分，这可由 CaO-Cr_2O_3-SiO_2 系相图获得相关信息。

图 7-73 为 CaO-Cr_2O_3-SiO_2 系 1600℃等温截面图，由图可知，Cr_2O_3 向 CaO/SiO_2=1 的 CaO-SiO_2 系熔渣中逐渐溶解，溶解量约达 6.5% Cr_2O_3 时（图中 q 点）就饱和了，即 Cr_2O_3 与熔液 q（6.5% Cr_2O_3，47%CaO，46.5%SiO_2）是处于非均一异相平衡状态。这个数量与前述的 MgO 达 22%时才饱和相比，要少得多，饱和溶解度低，它在

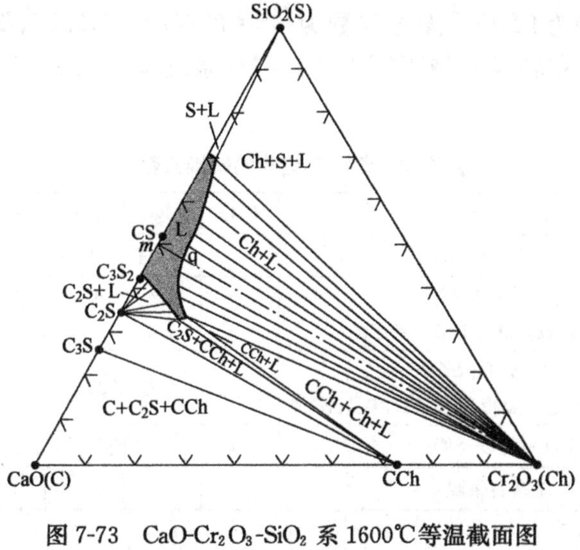

图 7-73 CaO-Cr_2O_3-SiO_2 系 1600℃等温截面图

达到非均一异相平衡状态时，消耗的耐火材料组分也就少得多，显示抗侵蚀能力强，这自然是我们所渴望的，所以非均一异相平衡体系中的耐火材料组分越少越好。由此还可以提示我们，向渣中添加耐火材料组分或增加渣中耐火材料组分含量，可减少耐火材料自身向熔渣的溶解量，就可以达到非均一异相平衡状态，从而提高了耐火材料自身的抗侵蚀性，延长使用寿命。这就是所谓的炉渣控制技术，早已广为应用。

另外，非均一异相平衡体系中液相的黏度对侵蚀速度影响也很大，虽然相图不能直接反映液相黏度的高低，不过一般来说，MgO 降低熔体黏度，而 Cr_2O_3 则提高熔体黏度，从这一点推测，Cr_2O_3 也具有优越的抗侵蚀性。

7.13 多元系统转换为三元系统

耐火材料实际上往往为多组分的多元系统。在有些场合，为了更方便有效地利用三元系相图分析问题，可先将多元系换算成三元系统。换算的方法主要是利用利希特(Richter)近似规则。就是将被转换的氧化物的质量分数，乘上它的转换系数，便转换为相应氧化物的质量分数，转换系数则等于两种互为转换的氧化物的摩尔(当量)比，摩尔(当量)质量比也等于氧化物相对分子质量对其阳离子电价之比。例如，欲将 FeO 转换为 MgO，其转换系数为(40：2)/(72：2)0.55。转换系数也根据系统和转换领域不同而变。部分系统氧化物的转换系数见表7-23。

表 7-23 部分氧化物的转换系数

系统或领域	CaO	MgO	K_2O	Na_2O	Fe_2O_3
$CaO-Al_2O_3-SiO_2$	往 CaO				往 Al_2O_3
莫来石刚玉领域	—	1.4	0.7	0.9	0.9
二氧化硅，氧化钙和硅酸三钙领域	—	1.4	0.7	0.9	0.6
$MgO-Al_2O_3-SiO_2$ 二氧化硅，斜顽辉石，镁橄榄石，方镁石，尖晶石领域	往 MgO				往 Al_2O_3
$K_2O-Al_2O_3-SiO_2$	往 K_2O				往 Al_2O_3
莫来石领域	1.7	2.5	—	1.4	0.9

以下是 $MgO-Cr_2O_3-SiO_2$ 系某些氧化物的转换系数，无领域之分。

$FeO \to MgO$ 0.55 $MnO \to MgO$ 0.56 $CaO \to MgO$ 0.71 $Na_2O \to MgO$ 0.32 $Al_2O_3 \to Cr_2O_3$ 1.47 $Fe_2O_3 \to Cr_2O_3$ 0.94 $TiO_2 \to SiO_2$ 0.76

在运用上述转换关系时，还应该注意以下几点：利希特规则，当多元系统中二元总和超过剩余总数很多时，硅酸铝系统换算第三组分时，换算前 Fe_2O_3 应该小于 3%，碱性耐火材料组成中，注意 CaO/SiO_2 比在换算后与换算前的多元系统只能有不大的偏差，这样，耐火材料的组成点，可以按换算后的结果，在三元相图中绘制。为运用上述换算关系，下面举一例说明。

某单位合成堇青石所用原料的化学组成见表 7-24，请用 $MgO-Al_2O_3-SiO_2$ 三元相图确定 3 种原料的比例。

表 7-24 堇青石所用原料的化学组成(%)

项 目	Al_2O_3	SiO_2	TiO_2	Fe_2O_3	CaO	MgO	灼减
堇青石	34.9	51.3				3.8	
高铝矾土	78.47	2.86	2.22	1.45	0.05	0.08	14.52
滑石	0.44	61.76		0.31	1.21	31.35	4.92
黏土	36.48	43.56	1.8	1.52	0.43	0.92	15.92

上述问题可按下述程序计算：

(1) 将含有灼减的原料换算成灼减为零的基础组成。见表 7-25。

表 7-25 原料组成换算为灼减为零的基本组成(%)

原料名称	Al_2O_3	SiO_2	TiO_2	Fe_2O_3	CaO	MgO
高铝矾土	92.18	3.36	2.61	1.70	0.06	0.09
滑 石	0.46	64.96		0.33	1.27	32.98
黏 土	43.38	51.80	1.40	1.81	0.51	1.09

(2) 进行组成换算：

高铝矾土：$w(Al_2O_3)=92.18+1.7\times0.6=93.20$；$w(MgO)=0.09+0.06\times0.70=0.132$

$w(SiO_2)=3.36+2.61\times0.76=5.3436$；$w(Al_2O_3+MgO+SiO_2)=98.68$

换算成百分数：$w(Al_2O_3)=94.45\%$；$w(MgO)=0.13\%$；$w(SiO_2)=5.42\%$

滑石：$w(Al_2O_3)=0.46+0.33\times0.6=0.658$；$w(MgO)=32.98+1.27\times0.70=33.87$

$w(SiO_2)=64.98$；$w(Al_2O_3+MgO+SiO_2)=99.498$

换算成百分数：$w(Al_2O_3)=0.66\%$；$w(MgO)=34.05\%$；$SiO_2=65.29\%$

黏土：$w(Al_2O_3)=43.38+1.81\times0.6=44.466$；$w(MgO)=1.09+0.51\times0.70=1.447$

$w(SiO_2)=51.80+1.40\times0.76=52.864$；$w(Al_2O_3+MgO+SiO_2)=98.777$

换算成百分数：$w(Al_2O_3)=45.01\%$；$w(MgO)=1.47\%$；$w(SiO_2)=53.52\%$。

(3) 在 $MgO-Al_2O_3-SiO_2$ 系统相图上，分别找出 3 种原料高铝矾土、滑石、黏土和堇青石组成点的位置，分别以 A、B、C 和 M 表示，见图 7-74。

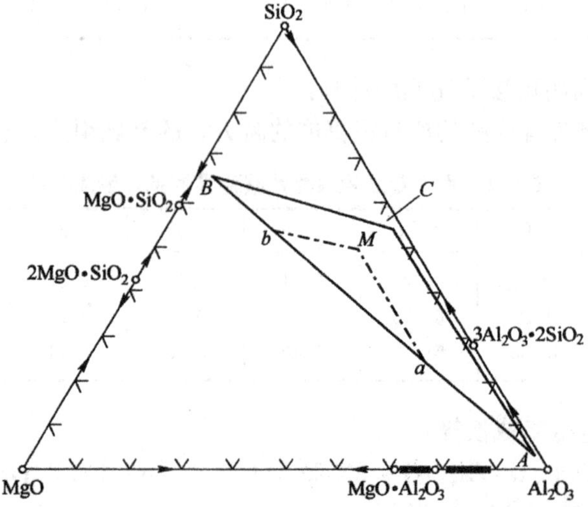

图 7-74　$MgO-Al_2O_3-SiO_2$ 系中 3 种原料与堇青石的组成关系

连接 A、B、C 三点得△ABC，堇青石组成点交 AB 边于 a、b 两点，

这样 AB 被分为 Aa、ab、bB 三段线段，测得它们的长度为 29.5 mm、44.5 mm和 10 mm，分别代表滑石、黏土和高铝矾土的量，再与 AB(长 84 mm)比之，则为 3 种原料的各自百分含量。

8　四元实际相图应用实例

与耐火材料相关的四元实际相图，主要是在 CaO-MgO-Al_2O_3(Fe_2O_3、B_2O_3)-SiO_2 系统中的相关部分，对碱性耐火材料(镁质、白云石质)有重要意义。

8.1　MgO-Mg_2SiO_4-Ca_2SiO_4-$MgAl_2O_4$ 系统

8.1.1　对相图的认识

MgO-Mg_2SiO_4-Ca_2SiO_4-$MgAl_2O_4$ 系统(以下简写 M-M_2S-C_2S-MA 系统)在 CaO-MgO-Al_2O_3-SiO_2 系统中的分布见图 8-1(图中无关的化合物未标出)。图 8-2 是索拉科卢(Solacolu)给出的该四元系统相图。该图与 CaO/SiO_2 摩尔比相对应，在 0～1.0，1.0～1.5，1.5～2.0 的范围内，各自构成一个小四面体，这三个小四面体对应的无变量点分别是 r_1，r_2，r_3，显示了不同 CaO/SiO_2 比条件下与 MgO 平衡共存的矿

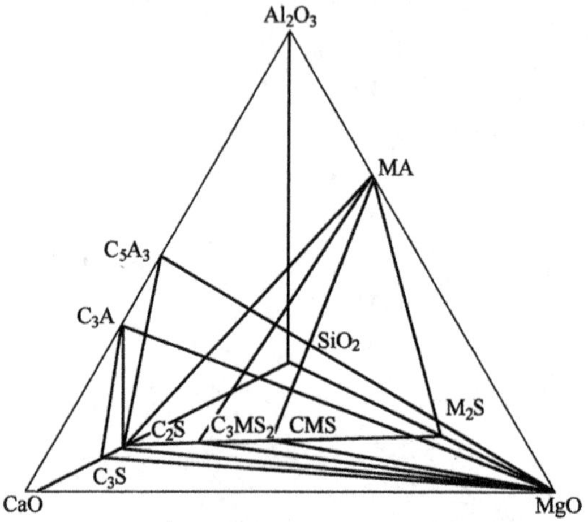

图 8-1　C-M-A-S 系统中的相分布

物，镁质耐火材料的矿物组成基本一致。图中各无变量点的组成、温度和性质列于表 8-1。对 CaO/SiO_2 比在 0～2.0 范围内的镁质耐火材料颇具指导意义。如 CaO 对镁铝制品的有害作用。它的存在使系统开始出现液相温度由 1800℃降至 1380℃，且在该温度下，每 2.9%的 CaO 就可生成 10%的液相。CaO/SiO_2 比在 0～2.0 范围内的镁质耐火材料矿物组成见表 8-2。

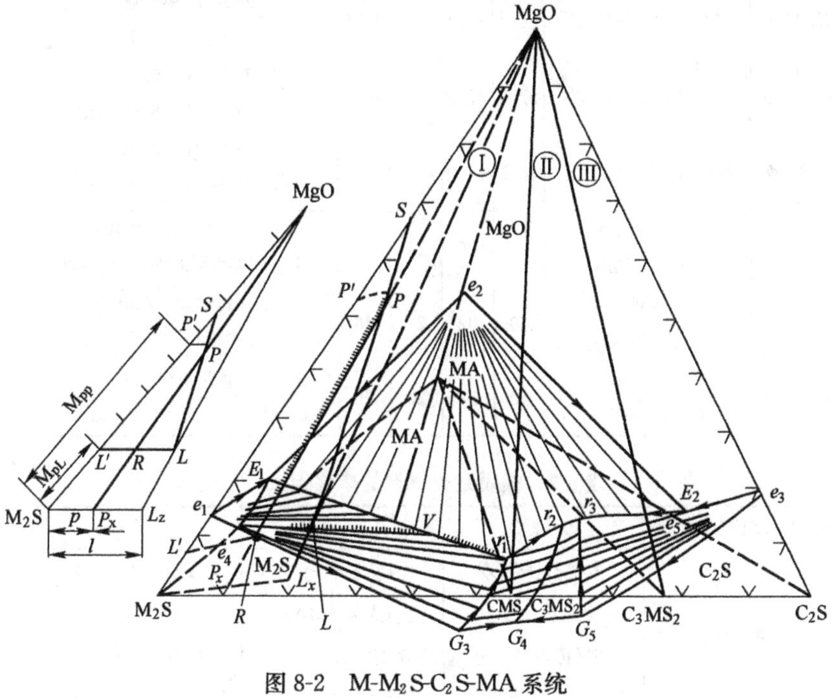

图 8-2　M-M_2S-C_2S-MA 系统

表 8-1　图 8-2 中各无变量点的温度、组成和性质

无变量点	温度/℃	平衡固相	组成/%				无变量点性质
			MgO	CaO	Al_2O_3	SiO_2	
e_1	1850	$M_P \to M_2S$	63			37	共熔点
e_2	2030	$M_P \to MA$	45		55		共熔点
e_4	1730	$MA \to M_2S$	49.8		18.6	31.6	共熔点
E_1	1700	$M_P \to MA \to M_2S$	56		16	28	共熔点

续表 8-1

无变量点	温度/℃	平衡固相	组成/%				无变量点性质
			MgO	CaO	Al_2O_3	SiO_2	
e_3	1950	$M_P \rightarrow C_2S$	18	53.4		28.6	共熔点
e_5	1418	$MA \rightarrow C_2S$	9.8	42.7	34.7	22.8	共熔点
E_2	1415	$M_P \rightarrow MA \rightarrow C_2S$	10.4	42.8	23.9	22.9	共熔点
G_3	1502	$M_P \rightarrow M_2S \rightarrow CMS$	26.4	32.1		41.5	双升点(单转熔) $L_{G_3}+M_P \rightleftharpoons M_2S+CMS$
G_4	1498	$M_P \rightarrow CMS \rightarrow C_3MS_2$	22.3	37.3		40.4	双升点(单转熔) $L_{G_4}+M_P \rightleftharpoons CMS+C_3MS_2$
G_5	1575	$M_P \rightarrow CMS \rightarrow C_3MS_2$	18.2	43.0		38.8	双降点(双转熔) $L_{G_5}+M_P+C_2S \rightleftharpoons C_3MS_2$
r_1	1380	$M_P \rightarrow MA \rightarrow M_2S \rightarrow CMS$	21	29	21	29	不一致熔点(双转熔) $L_{r_1}+M_P+M_2S \rightleftharpoons MA+CMS$
r_2	1365	$M_P \rightarrow MA \rightarrow CMS \rightarrow C_3MS_2$	20	32	22	26	不一致熔点(单转熔) $L_{r_2}+M_P \rightleftharpoons MA+CMS+C_3MS_2$
r_3	1387	$M_P \rightarrow MA \rightarrow C_3MS_2 \rightarrow C_2S$	20	33	22	25	不一致熔点(单转熔) $L_{r_3}+C_2S \rightleftharpoons M_P+MA+C_3MS_2$

表 8-2 镁质耐火材料的矿物组成

CaO/SiO_2 比(摩尔比)	0～1.0	1.0～1.5	1.5～2.0
矿物组成	方镁石(MgO) 尖晶石(MA) 镁橄榄石(M_2S) 钙镁橄榄石(CMS)	方镁石(MgO) 尖晶石(MA) 镁蔷薇辉石(C_3MS_2) 钙镁橄榄石(CMS)	方镁石(MgO) 尖晶石(MA) 硅酸二钙(C_2S) 镁蔷薇辉石(C_3MS_2)

8.1.2 析晶过程分析

见图 8-2 中组成物 P,它位于 M-MA-M_2S-CMS 小四面体内 MgO 初晶区。当组成为 P 的熔体冷却时,首先析出方镁石 M_P,随着冷却过程 M_P 的不断析出,熔体组成沿 MgO-P 连线的延长线变化至 M_P-M_2S 二初晶区的界限曲面的交点 R 后,M_P 与 M_2S 同时析晶。随着冷却过程 M_P 与 M_2S 不断析晶,熔体组成将沿 M_P-M_2S 界面上 RV 线变化,固相组成也离开 MgO 点在 MgO-M_2S 线上变化，并始终保持固相组成点-原始组成点（P）-液相组成点在一条直线上，而 RV 线是由 MgO、M_2S 与 R 三点决定的平面与 M_P-M_2S 界限曲面相交面得到的。当熔体组成点移至 V 点时，MA 固溶体开始出现，此后熔体组成点从 V 点向 r_1 点移动的过程中，将同时与 M_P＋M_2S＋MA 三个固相处于平衡。与此同时，固相组成点也相应地由 MgO-M_2S 边移至△MgO-M_2S-MA 内。熔体在 r_1 点按照 $L_{r_1}+M_P+M_2S \rightleftharpoons MA+CMS$ 发生二次不一致转熔过程，即过程的进行是已析出的 M_P、M_2S 在减少，MA 和 CMS 同时增加至最后一滴液相消失，结晶结束。与转熔过程相应的，固相组成点离开△MgO-M_2S-MA 面进入四面体内逐步移向原始组成点 P（在液相消失时）。如果分析组成物 P 的固体物加热过程，其与熔体 P 的冷却过程相应，只是沿着同一变化过程的相反方向变化，读者可自行分析。

8.1.3 相组成的计算方法

结合表 8-2 和图 8-2，考虑到实际的镁质耐火材料还可能有少量 Fe_2O_3 存在，属 CaO-MgO-Fe_2O_3-Al_2O_3-SiO_2 五元系统，增加的组分 Fe_2O_3 仅与 MgO 形成 MgO · Fe_2O_3（铁酸镁），即五元系统的平衡矿物为 MgO-MA-CMS-C_3MS_2-C_2S-MF 6 种，它们的平衡条件和计算公式列于表 8-3。

表 8-3 五元系 CaO/SiO_2（mol）0～2.0 下 MgO 矿物组成的计算公式

组别	条件（摩尔或质量）比	平衡矿物及其百分含量的计算公式	备 注
1	$0<\frac{C}{S}<1.0$ （或 $0<\frac{C}{S}<0.93$）	$M_P=M-0.4A-0.25F-0.34(4S-2.14C)$ $MA=1.40A$；$CMS=2.81C$；$MF=1.25F$ $M_2S=2.34(S-1.07C)$	M、C、S、F、A 依次表示 MgO、CaO、SiO_2、Fe_2O_3、Al_2O_3 的质量百分含量；M_P、MA、MF、CMS 依次表示方镁石、尖晶石、铁酸镁、钙镁橄榄石等矿物的质量百分含量
2	$1.0<\frac{C}{S}<1.5$ （或 $0.93<\frac{C}{S}<1.401$）	$M_P=M-0.4A-0.25F-0.34(4S-2.14C)$ $MA=1.40A$；$CMS=2.60(3S-2.14C)$； $MF=1.25F$ $C_3MS_2=2.73(2.14C-2S)$	
3	$1.5<\frac{C}{S}<2.0$ （或 $1.40<\frac{C}{S}<1.87$）	$M_P=M-0.4A-0.25F-0.34(4S-2.14C)$ $MA=1.40A$；$C_3MS_2=2.73(4S-2.14C)$； $MF=1.25F$ $C_2S=2.87(2.14C-3S)$	

表 8-3 中的计算公式，可按其化学反应平衡时摩尔质量比例求得。以表 8-3 第二组为例，或导出各矿物组成的计算公式为：

MA 的计算公式：

因为全部 Al_2O_3 都与 MgO 反应仅生成 $MgO \cdot Al_2O_3$

所以 $MA=\dfrac{MgO \cdot Al_2O_3}{Al_2O_3\text{ 摩尔质量}}\times A$

即 MA=1.40A

MF 的计算公式：

因为全部 Fe_2O_3 都与 MgO 反应仅生成 $MgO \cdot Fe_2O_3$

所以 $MF=\dfrac{MgO \cdot Fe_2O_3\text{ 摩尔质量}}{Fe_2O_3}\times F$

即 MF=1.25F

CMS 和 C_3MS_2 的计算公式：

CaO 与 SiO_2 与 MgO 反应会生成 CMS 和 C_3MS_2，设 x%CaO 和 y%SiO_2 与 MgO 结合生成 $CaO \cdot MgO \cdot SiO_2$，则 $(C-x)$%CaO 和 $(S-y)$%SiO_2 与 MgO 结合生成 $3CaO \cdot MgO \cdot 2SiO_2$，这样，下列关系必然成立：

$$\frac{x}{y}=\frac{CaO\text{ 摩尔质量}}{SiO_2\text{ 摩尔质量}}\text{（对于 CMS）}$$

$$\frac{C-x}{S-y}=\frac{3\times CaO\text{ 摩尔质量}}{2\times SiO_2\text{ 摩尔质量}}\text{（对于 }C_3MS_2\text{）}$$

联立解得：

$$y=3S-2.14C$$

$$S-y=2.14C-2S$$

所以　$C_3MS_2=\dfrac{3CaO \cdot MgO \cdot 2SiO_2\text{ 摩尔质量}}{2\times SiO_2\text{ 摩尔质量}}\times(S-y)$

$$CMS=\frac{CaO \cdot MgO \cdot SiO_2\text{ 摩尔质量}}{SiO_2\text{ 摩尔质量}}\times y$$

即：$C_3MS_2=2.73(2.14C-2S)$

　CMS=2.60(3S−2.14C)

方镁石(MgO)的计算公式：

方镁石含量的最简单计算方法可由 100 减去其他各种矿物的百分

含量，也可由组成中的 MgO 含量减去生成各种矿物所消耗的 MgO 数量，即表 8-3 中的 M_P 计算式。这里举一例说明应用：

一种镁铝砖的化学组成为：3%SiO_2，10%Al_2O_3，2.1%CaO，84.9% MgO，求其矿物组成含量。

解：$CaO/SiO_2=2.1/3=0.7$，属表 8-3 第一组，由该组计算公式可得：$M_P=84.9-0.4\times10-0.34(4\times3-2.14\times2.1)=78.5\%$

$MA=1.4\times10=14\%$；

$CMS=2.18\times2.1=5.9\%$；

$M_2S=2.34(3-1.07\times2.1)=1.7\%$。

8.1.4　高温相组成的计算

由图 8-2，若组成为 P 的固体物料，加热至某温度 t_x℃时，处于固、液两相共存状态，此时的液相组成为 L 点，与其平衡的固相组成为 S 点，由杠杆原理可知：

$$t_x\text{ 时的液相含量}(\%)=\frac{SP}{SL}\times100\%$$

借助于图中左上角附图的相似三角形关系得到：$\frac{SP}{SL}=\frac{PP'}{LL'}$（将 MgO-L 线延长与底面交于 L_x 点，在△MgO-M_2S-L_x 内，有 $PP'//LL'//M_2S-L_x$）而 $\frac{PP'}{p}=\frac{100-M_{PP}}{100}$，$\frac{LL'}{l}=\frac{100-M_{PL}}{100}$，从而得到：

$$t_x\text{ 时的液相百分含量}(\%)=\frac{100-M_{PP}}{100-M_{PL}}\times\frac{p}{l}\times100\%$$

$$t_x\text{ 时的固相百分含量}(\%)=\left[1-\frac{100-M_{PP}}{100-M_{PL}}\times\frac{p}{l}\right]\times100\%$$

式中，M_{PP} 为 MP-M_2S-MA-C_2S 系统中组成点 P 的方镁石（MP）含量（%），其数值可根据 P 点的化学组成利用表 8-3 中所列公式计算；M_{PL} 为 MP-M_2S-MA-C_2S 系统中组成点 L 的方镁石含量（%），其数值也可以根据 L 点的化学组成利用表 8-3 中公式计算；p 和 l 是组成点 P 和 L 在底面 M_2S-MA-C_2S 面上的锥形投影在某矿物顶点的几何距离（图 8-3）。图中分为 5 个三相区（二固一液），按固相可分为：①MgO＋MA；②MgO＋M_2S；③MgO＋CMS；④MgO＋C_3MS_2；⑤MgO＋C_2S

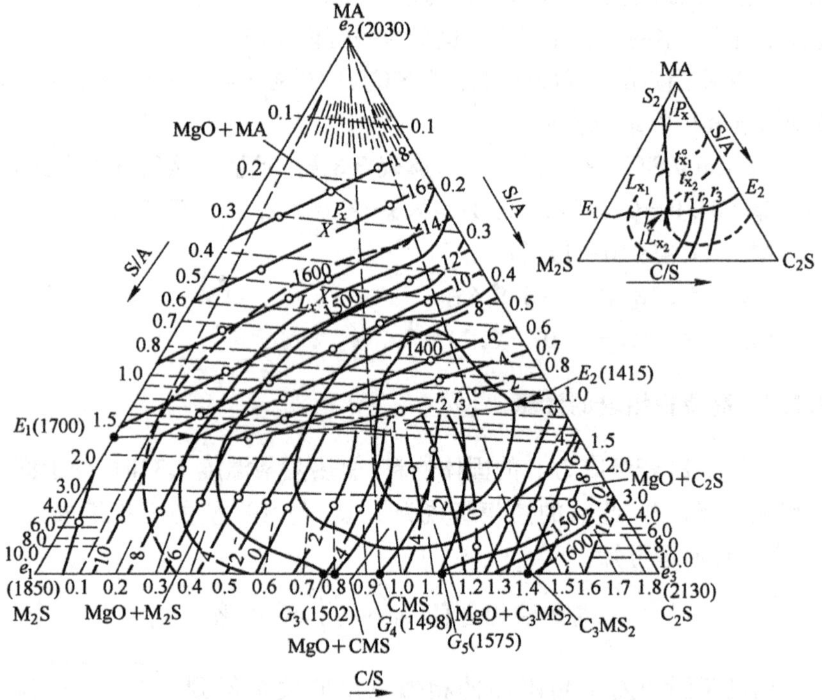

图 8-3 MgO-M₂S-MA-C₂S 系统中与 MgO 初晶区邻接的各界限曲面在 M₂S-MA-C₂S 底面上的锥形投影

区。各相区上的组成点表示除液相外，将析出该区的两个固相。而在各相区的交界线上除有液相外，应有两个相邻初晶区共有的三个固相。此外，投影图还标注了等温线、等 CaO/SiO_2 比线，等 SiO_2/Al_2O_3 比线和等 M_P 线（液相中方镁石含量相等的线）几个重要的计算要素。这样，利用该锥形投影图，就可以很方便地计算 MgO-M₂S-MA-C₂S 系统中的镁质耐火材料在高温下液相与两个固相（相区）或三个固相（相界）处于平衡时的各相百分含量。对于液相仅仅与方镁石一个固相处于平衡共存的情况，利用这一锥形投影图只能计算方镁石以外的其他矿物刚刚全部处于液相时的极限情况下的固、液两相的组成和含量，这时（锥形投影图上）L_x 和 P_x 重叠为一点。

还以上述问题为例，计算该种镁铝质耐火材料在 1550℃时各平衡相的百分含量。

利用图 8-3 和表 8-3 所进行的计算，过程和结果列于表 8-4。

表 8-4 MgO-M_2S-MA-C_2S 系统镁铝质耐火材料高温(1550℃)相组成计算

序号	化学组成	SiO_2	Al_2O_3	CaO	MgO	总计	M_P	C/S	S/A
1	耐火材料组成/%	3	10	2.1	84.9	100	78.4	0.7	0.3
2	1550℃的液相量/%	$=\frac{100-M_{PP}}{100-M_{PL}}\times\frac{p}{l}\times100=\frac{100-78.4}{100-13}\times\frac{42.5}{60}\times100=17.5$							
3	1550℃的液相组成/%	17.1	31.7	12	39.2	100	13	0.7	0.54
4	以物料总量为基液相组成/%	3	5.54	2.1	6.86	17.5			
5	1550℃固相含量/%	=100−17.5=82.5							
6	以物料总量为基固相组成/%	0	4.40	0	78.04	82.5			
7	1550℃固相组成/%	0	5.4	0	94.6	100			
8	1550℃固相量/%	=82.5，其中 $M_PA=1.4\times4.45=6.2\%$ $M_P=82.5-6.2=76.3\%$							

表 8-4 计算过程说明如下：

(1) 第 1 项中的 M_{PP} 由表 8-3 列举的公式计算。

(2) 第 2 项中的 M_{PL} 由 l_x 在图 8-3 中的位置(C/S=0.7 与 1550℃等温线交点)直接读出，p、l 的数值系顶点 MA 至 P_x 和 L_x 的几何距离，直接测量。

(3) 第 3 项中的 S/A=0.54 由 l_x 位置决定，由于 SiO_2、CaO 都全部进入液相，它们的数值就由每一项中的相应数值乘以 $\frac{100}{17.5}$ 求得，至于 Al_2O_3 的含量，由 S/A=0.54，已求得 S=17.1%，很容易求出。

(4) 第 6 项数值为第 1 项与第 4 项之差。

由上述过程分析，可知利用索拉科卢锥形投影图计算 MgO-M_2S-MA-C_2S 系统镁质耐火材料高温相组成的要点可归纳如下：

(1) 由材料的化学组成，算出 C/S、S/A 比值，并由此确定材料在投影图中的位置 P_x，并由图 8-3 中公式计算出 P_x 中的含量。

(2) 连接 P_x 与所在相区顶点，并延长与等温线 t_x℃(所求温度)相交得 L_x 点(液相组成点在底面上的锥形投影)，并由 L_x 的位置直接读出其中的方镁石含量。

(3) 连接并测定与 MgO 共存的固相组成点至 P_x、L_x 距离 p、l 可求得要求温度下的液相量，自然也可知固相量。

(4) 据 $L_x:x$ 位置读出液相中的 C/S、S/A 比值，可知晓液相组成，当然也能求出固相组成。

8.1.5 MgO-M_2S-MA-C_2S-MF 系统高温相组成计算

处于 MgO-M_2S-MA-C_2S-MF 五元系统中的常温平衡矿物及其共存时开始出现液相的温度列于表 8-5。

表 8-5 MgO-M_2S-MA-C_2S-MF 系统中各组平衡矿物共存时开始出现液相温度

组别	条 件	平 衡 矿 物	开始出现液相温度/℃
1	$0<\frac{C}{S}<0.93$	MgO-M_2S-CMS-MA-MF	>1400
2	$0.93<\frac{C}{S}<1.4$	MgO-CMS-C_3MS_2-MA-MF	1300～1400
3	$1.4<\frac{C}{S}<1.86$	MgO-C_3MS_2-MA-C_2S-MF	1300～1400

由 MgO-M_2S-C_2S-MA 四元系统过渡到 MgO-M_2S-MA-C_2S-MF 五元系统时，物系不再存在固定不变的变量点，由于 MF 高温下在方镁石和尖晶石中都可能有一定的溶解度形成固溶体，开始出现液相的温度将随物系组成不同而发生变化，表 8-5 列举的开始出现液相的温度范围与表 8-1 中的无变量点温度基本上是吻合的。

为运用索拉科卢提供的 MgO-M_2S-C_2S-MA 四元系锥形投影图对 MgO-M_2S-MA-C_2S-MF 五元系进行高温相平衡计算，沈继耀在对以方镁石为主晶相的镁质耐火材料研究基础上，作出如下假设：

(1) 在以方镁石为主晶相的镁质耐火材料中，MF 在高温下主要溶于方镁石形成镁富氏体(MW)；

(2) MW-M_2S-C_2S-MA 系统与 MgO-M_2S-C_2S-MA 系统相图的结构是近似的。

这样，就可以把 MgO-M_2S-C_2S-MA 系统中高温相组成的计算方法推广到 MW-M_2S-C_2S-MA 系统，即 MgO-M_2S-C_2S-MA-MF 五元系统中，其区别仅在于把图 8-2 和图 8-3 中的 MgO 改为 MW。

如：一种镁铝质耐火材料的组成为：

化学组成	SiO_2	Al_2O_3	CaO	Fe_2O_3	MgO	C/S	S/A
%	3.0	10.0	2.1	2.0	82.9	0.7	0.3

计算这种耐火材料在 1500℃时各平衡相的百分含量，计算过程中，只要将图 8-3 中的 MgO 顶点看作是 MW，把含 MgO 的相界曲面看作是包含 MW 的相界曲面，这样就可以利用图 8-3 和表 8-3，按照 MgO-M_2S-C_2S-MA 四元系统的计算方法进行计算，计算过程和结果如表 8-6所示。

表 8-6　MgO-M_2S-C_2S-MA-MF 系统中高温相组成计算

序号	化学组成	SiO_2	Al_2O_3	CaO	Fe_2O_3	MgO	总计	M_P	MF	MW	C/S	S/A
1	耐火材料组成/%	3.0	10.0	2.1	2.0	82.9	100	75.9	2.5	28.4	0.7	0.3
2	1550℃的液相量/%	$=\frac{100-M_{WP}}{100-M_{WL}}\times\frac{p}{l}\times100=\frac{100-78.4}{100-12}\times\frac{42.5}{66}\times100=15.8$										
3	1550℃的液相组成/%	19.0	29.2	13.3	Fe_2O_3+MgO=38.5						0.7	0.65
4	以物料总量为基液相组成/%	3	4.6	2.1	6.1	15.8						
5	1550℃固相含量/%	=100−15.8=84.2										
6	以物料总量为基固相组成/%	0	5.4	0	78.8	84.2						
7	1550℃固相组成/%	0	6.4	0	93.6	100						
8	1550℃固相量/%	=84.2，其中 MA=1.39×5.4=7.5% MW=82.5−6.2=76.17%										

在应用上述计算方法和计算结果时，还要注意对计算过程中没有考虑高温下铁氧组分的析氧以及其他组分间可能产生的互溶情况，如1500℃以上可能产生的 MA 在方镁石中的溶解等，而假设本身也可能有不足之处，因而计算结果就不会完全无误地反映客观实际情况。但是应用这种方法对 $MgO\text{-}M_2S\text{-}C_2S\text{-}MA\text{-}MF$ 五元系统的镁质耐火材料高温相组成计算，一般可以得到比较满意的结果，因而可以对镁质耐火材料的生产、使用起指导作用。

8.2 $MgO\text{-}CaO\text{-}C_2S\text{-}C_4AF$ 系统

8.2.1 白云石耐火材料的相平衡计算

$MgO\text{-}CaO\text{-}C_2S\text{-}C_4AF$ 系统对白云石质耐火材料有重要意义。白云石质耐火材料也属于 $CaO\text{-}MgO\text{-}Fe_2O_3\text{-}Al_2O_3\text{-}SiO_2$ 五元系统，其组成的分布特征是 CaO、MgO 为两个主要成分，CaO/SiO_2（摩尔比）大于3，除不含 MgO 矿物外，矿物组成还与 Al_2O_3/SiO_2 比有关，当 Al_2O_3/SiO_2 比 <0.64 时，为 $CaO\text{-}MgO\text{-}C_3S\text{-}C_4AF\text{-}C_2F$ 5 项组合（$C_3S=3CaO\cdot SiO_2$，$C_4AF=4CaO\cdot Al_2O_3\cdot Fe_2O_3$，$C_2F=2CaO\cdot Fe_2O_3$，以下同）；当 Al_2O_3/SiO_2 比 >0.64 时，为 $CaO\text{-}MgO\text{-}C_3S\text{-}C_4AF\text{-}C_3A$ 5 项组合（$C_3A=3CaO\cdot Al_2O_3$），而当 $Al_2O_3/SiO_2=0.64$，则为 $CaO\text{-}MgO\text{-}C_3S\text{-}C_4AF$ 4 项组合，白云石耐火材料固态平衡时的相组成计算方法与前述的镁质耐火材料相似，相关计算公式列于表8-7。

表 8-7 白云石耐火材料固态平衡矿物组成计算公式

组别	条件		与 MgO 平衡的矿物组成计算公式
1	$0.67<KH<1$	$Al_2O_3/SiO_2<0.64$	$C_2F=1.70(F-1.57A)$；$C_4AF=4.77A$；$C_2S=8.61(1-KH)$；$C_3S=3.80(3KH-2)S$
2		$Al_2O_3/SiO_2>0.64$	$C_4AF=3.04F$；$C_3A=2.65(A-0.64F)$；$C_3S=3.80(3KH-2)S$
3	$KH>1$	$Al_2O_3/SiO_2<0.64$	$C_4AF=4.77A$；$C_3S=3.80S$；$C_2F=1.70(F-1.57A)$；$CaO=C-2.20A-2.80S-0.41C_2F$
4		$Al_2O_3/SiO_2>0.64$	$C_4AF=3.04F$；$C_3A=2.65(A-0.64F)$；$C_3S=3.80S$；$CaO=C-1.40F-2.80S-0.42C_3A$

表中 C、A、F、S 分别表示 CaO、Al_2O_3、Fe_2O_3、SiO_2；*KH* 称为石灰饱和系数，表示系统中全部 Fe_2O_3、Al_2O_3 都结合成 C_4AF、C_2F 或 C_3A 剩余的 CaO 对 SiO_2 的饱和程度，计算方法为：

当 $Al_2O_3/SiO_2<0.64$　$KH=(C-0.7F-1.1A)/2.8S$

当 $Al_2O_3/SiO_2>0.64$　$KH=(C-0.35F-1.65A)/2.8S$

下面介绍当 $Al_2O_3/SiO_2=0.64$ 这一特定条件下，CaO-MgO-C_3S-C_4AF 系白云石耐火材料高温相平衡计算方法。

8.2.2　CaO-MgO-C_3S-C_4AF 系相图及高温相平衡计算

图 8-4 为 M. A 塞理（Serry）和 A. 巴布利斯卡（Barbulescu）在 1981 年提出 CaO-MgO-C_2S-C_4AF 系统相图（图(a)）和系统液相边界面在 CaO-C_2S-C_4AF 底面上的锥形投影图（图(b)）。

由图可知 MgO-CaO-C_3S-C_4AF 系统为 MgO-CaO-C_2S-C_4AF 系统中 2 个子四元系统（MgO-CaO-C_3S-C_4AF 和 MgO-CaO-C_2S-C_4AF）中的一个，我们可以利用前述 MgO-M_2S-C_2S-MA 四元系统镁质耐火材料高温相组成计算类似的方法，通过图解测量法，利用图 8-4 对 MgO-CaO-C_3S-C_4AF 系白云石材料进行高温相平衡计算，其液相量的计算公式为：

$$L=\frac{100-M_P}{100-M_L}\times\frac{p}{l}\times 100$$

式中　M_P——耐火混合物(P)中的 MgO 含量；

M_L——液相(L)中的 MgO 含量(可在投影图中读得)；

p，l——在锥形投影图中测得的 p 和 l 点到 CaO 顶角（或 CaO-C_3S 或 CaO-C_4AF）的距离。

为了确定原始混合物(P)在锥形投影图上的位置(p)，塞理等对锥形投影图建立起一套模数系统，即 CaO 的模数 M_{Ca} 和 SiO_2 的模数 M_{Si}，其值为：

$$M_{Ca}=\frac{CaO\%}{SiO_2\%+Al_2O_3\%+Fe_2O_3\%}$$

$$M_{Si}=\frac{SiO_2\%}{Al_2O_3\%+Fe_2O_3\%}$$

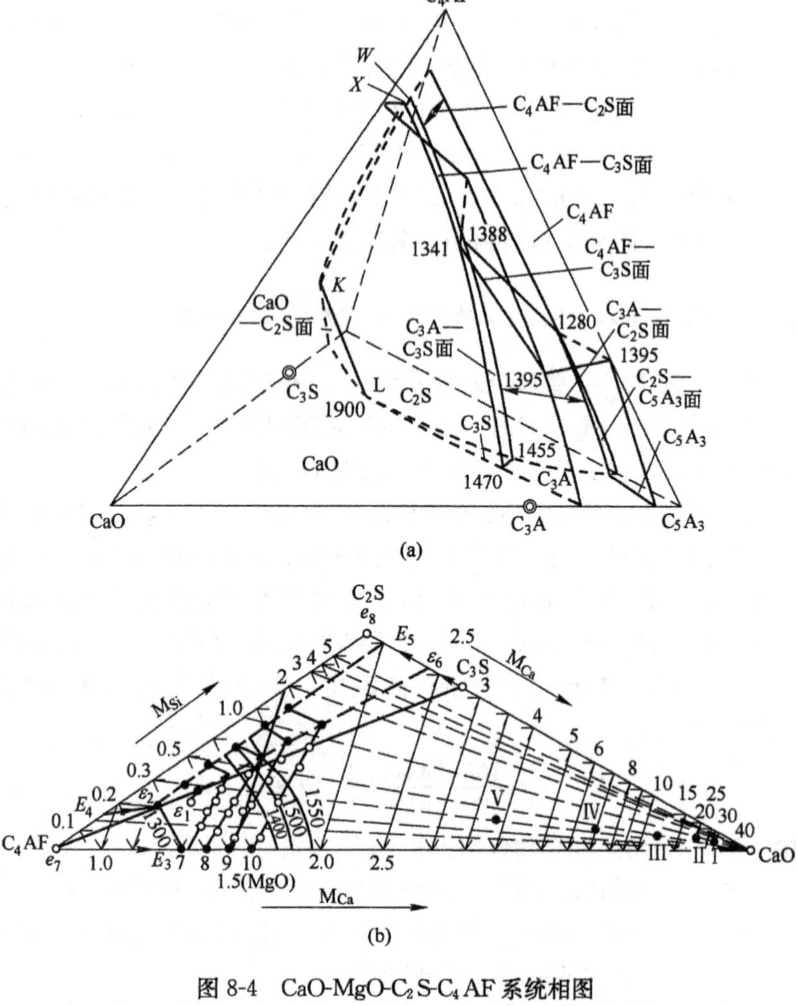

图 8-4　CaO-MgO-C_2S-C_4AF 系统相图

(a) CaO-MgO-C_2S-C_4AF 系统；(b) CaO-C_2S-C_4AF 底面投影

从而根据析晶路线，通过作图，测量获得的相关 p, l 值，读得（或计算）的 M_l 值，可应用上述液相量计算公式算出给定组成和给定温度的液相量。

值得注意的是，应用上述方法的条件是要求原始白云石组成的

$\frac{Al_2O_3}{Fe_2O_3}=0.64$。对于$\frac{Al_2O_3}{Fe_2O_3}\neq0.64$的白云石，M. A. 塞理和 A. 巴布利斯卡提出要预先进行组成调整，使调整后的$\frac{Al_2O_3}{Fe_2O_3}=0.64$，然后按调整后的组成进行相平衡计算。这实际上是利用四元相图对 MgO-CaO-C_3S-C_4AF-C_2F(或 C_3A)五元系白云石的一种近似计算方法。下面将 M. A. 塞理和 A. 巴布利斯卡对五元 p 组成白云石进行调整的实例和计算的结果列于表 8-8 和表 8-9。调整后 5 种白云石组成点的位置见图 8-4(b)。

表 8-8 5 种白云石的化学组成

白云石组成点	调整前化学组成/%					调整后化学组成/%					模数 M
	MgO	CaO	SiO_2	Al_2O_3	Fe_2O_3	MgO	CaO	SiO_2	Al_2O_3	Fe_2O_3	
1	39.88	58.40	0.80	0.24	0.68	39.80	58.29	0.80	0.43	0.68	0.40
2	49.06	48.82	0.96	0.56	0.60	48.92	48.68	0.96	0.56	0.88	0.42
3	58.26	39.24	1.11	0.87	0.53	57.77	38.92	1.10	0.86	1.35	0.50
4	67.43	29.66	1.27	1.19	0.45	66.50	29.25	1.25	1.17	1.83	0.54
5	76.62	20.09	1.42	1.50	0.37	75.14	19.70	1.39	1.47	2.30	0.57

表 8-9 表 8-8 中 5 种白云石耐火材料的相平衡数据

白云石组成点	相组成/%							
	1295℃				1550℃			
	液相	MgO	CaO	C_3S	液相	MgO	CaO	C_3S
Ⅰ	3.00	39.65	55.06	2.29	4.73	39.42	55.24	0.61
Ⅱ	3.87	48.73	44.72	2.68	6.13	48.43	44.95	0.49
Ⅲ	5.94	57.47	33.89	2.70	9.25	56.96	33.79	—
Ⅳ	8.06	66.10	23.10	2.74	12.17	65.38	23.45	—
Ⅴ	10.14	74.63	12.48	2.75	14.94	73.82	11.24	—

8.3 CaO-MgO-SiO_2-B_2O_3 四元系及 B_2O_3 对碱性耐火材料的影响

D. A. 埃斯特拉达(Estrada)等用 CMS、C_3MS_2 及含有不同数量 B_2O_3 的镁砂配制成不同成分的试样，在 1100℃烧结，然后用 X 射线检验矿物相结构的变化。他们发现，随着 B_2O_3 含量增加，C_3MS_2 及 CMS 相依次消失，而 $C_3B(3\ CaO \cdot B_2O_3)$ 和 M_2S 相出现。根据这一观察结果他们提出了 $CaO\text{-}MgO\text{-}SiO_2\text{-}B_2O_3$ 共存关系的四元相图，见图 8-5。

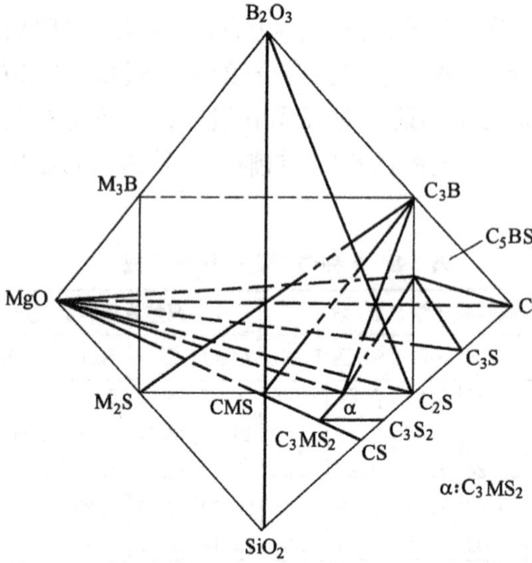

图 8-5 $CaO\text{-}MgO\text{-}SiO_2\text{-}B_2O_3$ 系的固相关系

利用这个相图可以看出，在含 C_2S 的镁砂中，如果加入 B_2O_3，且随着 B_2O_3 加入量增加，平衡矿物相的结构变化依次是：

$MgO+C_2S$

↓

$MgO+C_2S+C_3MS_2+C_5BS$

↓

$MgO+C_5BS+C_3MS_2+C_3B$

↓

$MgO+CMS+C_3MS_2+C_3B$

↓

$MgO+CMS+M_2S+C_3B$

↓

$MgO+M_3B+M_2S+C_3B$

对以 MgO 为主晶相含 C_2S 的碱性耐火材料，我们关注的问题是 MgO 吸收多少 B_2O_3，使 MgO＋C_2S＋L 中固相 C_2S 消失，变成 MgO＋L二相共存。因为在方镁石颗粒之间，除少量液相外，如果还有高熔点 C_2S 固相存在，那么就会增加固-固直接结合程度，从而使耐火材料的高温强度和耐侵蚀性提高。如果 C_2S 相消失，方镁石颗粒间只有液相，那么固-固接触程度降低，耐火材料高温强度和耐侵蚀度降低。

泰勒(Taylor)等用淬冷法在 1550℃温度下测定了 MgO＋C_2S＋B_2O_3 混合物在不同配比时，方镁石相与 C_2S 相与液相平衡共存的结线三角形比，见图 8-6。图 8-6 中曲线 *aLb* 是液相面上 1550℃全部成为液相。作为对比，他们还测定了 MgO＋C_2S＋Fe_2O_3 三元混合物中，出现方镁石＋C_2S＋液相三相平衡共存的结线三角形，如图 8-6 中△A-L-C_2S，图中曲线 *hLfg* 是液相面上 1550℃的等温线。

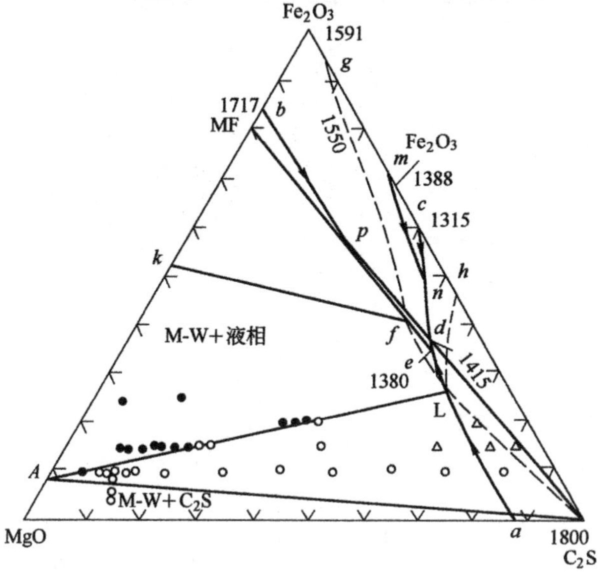

• —MW(镁方铁矿)　　○ —MW+C_2S+L

△—由于C_2S相过高试样粉化；MF—MgO-Fe_2O_3

图 8-6　C-M-S-F 四元系内 MgO-C_2S-Fe_2O_3 成分三角形在 1550℃时的等温截面

对比这两个图可以清楚看出:方镁石吸收 8% Fe_2O_3 后才刚刚出现液相,即进入镁方铁矿+C_2S+液相三相共存区。同样在 1550℃时,但方镁石+C_2S+液相三相共存时的 B_2O_3 含量范围都很小,例如在图 8-6 中 L 点 18%MgO+75%C_2S 混合物中只要加入 7%B_2O_3 就足以使 C_2S 全部消失。以此推算,如果 MgO+C_2S 混合物中含有 3%C_2S 相,那么只要加入 0.25%B_2O_3 就足以使全部 C_2S 相消失,进入 MgO+L二相区,含有 2%C_2S 相混合物,只要加入 0.17%B_2O_3,就可使 C_2S 消失。

由此可以看出,B_2O_3 对含 C_2S 相的镁质耐火材料的有害作用就在于,只要吸收千分之几的 B_2O_3,就可以使 C_2S 消失,使方镁石颗粒间固-固直接结合程度大大降低,高温强度和耐侵蚀性也随之下降,这一点对海水镁砂非常重要。而相比之下,氧化铁的有害作用较 B_2O_3 小,就因为要使 C_2S 消失,需要吸收大量 Fe_2O_3 才能实现。

参考文献

1 饶东生. 硅酸盐物理化学. 北京:冶金工业出版社, 1980
2 张垂昌等. 相图计算及其在耐火材料中的应用. 北京:冶金工业出版社, 1993
3 李广平等. 相图基础与耐火材料相平衡. 北京:冶金工业出版社,1994
4 陆佩文. 无机材料科学基础. 武汉:武汉理工大学出版社,2005
5 南京化工学院等. 陶瓷物理化学. 北京:中国建筑工业出版社, 1981
6 A. M. 阿尔珀编. 李广平译. 碱性耐火材料. 北京: 冶金工业出版社, 1980
7 王诚训等. 镁铬铝系耐火材料. 北京:冶金工业出版社,1995
8 张圣弼等. 相图原理计算及在冶金中的应用. 北京:冶金工业出版社, 1986
9 王恩惠主编. 菱镁耐火材料. 沈阳:辽宁科学技术出版社,1999
10 徐平坤等编著. 耐火材料新工艺技术. 北京:冶金工业出版社, 2005
11 山口明良著. 相平衡状态图の读み方. 耐火物技术协会, 平成 4 年
12 丁子上等. 硅酸盐物理化学. 北京:中国建筑工业出版社, 1980
13 J. H. 切斯特斯著. 毛东森等译. 耐火材料生产和性能. 北京:冶金工业出版社, 1982